Annales de Mathématiques
Baccalauréat C et E
Cameroun
2008 − 2018

Annales de Mathématiques
Baccalauréat C et E
Cameroun
2008 – 2018

Sujets et Corrigés

Christian V. Nguembou Tagne

© 2024, Christian Valéry Nguembou Tagne

« Cette œuvre est protégée par le droit d'auteur et strictement réservée à l'usage privé du client. Toute reproduction ou diffusion au profit de tiers, à titre gratuit ou onéreux, de tout ou partie de cette œuvre, est strictement interdite et constitue une contrefaçon prévue par les articles L 335-2 et suivants du Code de la Propriété Intellectuelle. L'auteur se réserve le droit de poursuivre toute atteinte à ses droits de propriété intellectuelle devant les juridictions civiles ou pénales. »

Édition : BoD - Books on Demand, info@bod.fr

Impression : BoD – Books on Demand,

In de Tarpen 42, Norderstedt (Allemagne)

Impression à la demande

ISBN : 978-2-3220-9326-7

(Première édition, avril 2019)

Dépôt légal : Avril 2019

À la mémoire de
Pauline Tchuenguem
(1906 – 2011)

Avant-propos

Conformément à son titre, cet ouvrage est une chronique de l'épreuve de mathématiques au baccalauréat C et E du Cameroun, pour les onze sessions de 2008 à 2018. Il est composé de onze chapitres correspondants à ces sessions. Chaque chapitre se décline en trois sections. La première section reprend l'énoncé original du sujet. La deuxième section propose dans la foulée un corrigé du sujet. La troisième section, conclusion du chapitre, est dédiée à des notes et commentaires succincts sur l'énoncé ou le corrigé proposé.

Traditionnellement, les annales sont des outils mis à la disposition des apprenants pour la préparation aux épreuves des examens officiels des divers ordres d'enseignement. Le présent texte s'inscrit dans cette tradition didactique. En effet, il présente des corrigés détaillés, des notes informatives, des commentaires explicatifs, et un index thématique pour une lecture ciblée et un apprentissage méthodique.

En plus d'être des textes didactiques, les annales sont manifestement des documents d'archives. Cette dimension historique a été un moteur de la rédaction de ce livre, qui est le premier opus d'une collection visant la constitution d'archives pour le présent et la postérité.

Verviers, le 15 mai 2024

Christian V. Nguembou Tagne

nguembou.net

Table des matières

Avant-propos vii

1. **Session 2008** 1
   1.1. Sujet 2008 1
         Exercice 1 (C) : Équation diophantienne – Suites de complexes............. 1
         Exercice 2 (E) : Suites réelles. 2
         Exercice 3 : Projection orthogonale – Sphère – Tétraèdre................... 3
         Problème : Probabilités et coniques – Fonctions – Similitudes. 3
   1.2. Corrigé 2008 6
   1.3. Notes et commentaires sur le sujet 2008 31
         Équations diophantiennes... 31
         Distance d'un point à un plan. 32
         Intersection d'un plan et d'une sphère. 35
         Théorème de l'angle au centre. 36

2. **Session 2009** 43
   2.1. Sujet 2009 43
         Exercice 1 (E) : Alignement – Points coplanaires – Calcul d'aire........... 43
         Exercice 2 (C) : Somme des diviseurs et carré parfait. 44

    Exercice 3 : Lancer d'un dé pipé. 44

    Problème : Fonctions – Applications affines - Plan complexe. 44

  2.2. Corrigé 2009 47

  2.3. Notes et commentaires sur le sujet 2009 64

    Théorème de la bijection. 65

    Points d'inflexion. 65

3. Session 2010 67

  3.1. Sujet 2010 67

    Exercice 1 : Racines d'un polynôme complexe et similitude plane. 67

    Exercice 2 : Conique et application affine. 68

    Exercice 3 : Tétraèdre régulier – Endomorphisme de l'espace vectoriel. 68

    Problème : Équations différentielles – Fonctions – Suites réelles. 69

  3.2. Corrigé 2010 71

  3.3. Notes et commentaires sur le sujet 2010 92

    Corollaire du théorème de l'angle au centre. 92

    Bijectivité, noyau et image d'un endomorphisme. 93

4. Session 2011 95

  4.1. Sujet 2011 95

    Exercice 1 : Suites réelles définies par des intégrales. 95

    Exercice 2 : Plan, sphère et projection plane dans l'espace. 96

    Exercice 3 : Rotations dans le plan complexe. 96

    Problème : Étude d'une famille de fonctions – Suite réelle. 97

  4.2. Corrigé 2011 98

  4.3. Notes et commentaires sur le sujet 2011 119

5. Session 2012 121

  5.1. Sujet 2012 121

    Exercice 1 (E) : Bijection, réciproque et calcul intégral. 121

    Exercice 2 (C) : Congruences et coordonnées entières d'une parabole. 122

    Exercice 3 : Racines d'un polynôme complexe et triangle. 122

Problème : Fonctions – Suites réelles – Rotation et conique. 123
  5.2. Corrigé 2012 125
  5.3. Notes et commentaires sur le sujet 2012 142
    Caractérisation des triangles isocèles. 142
    Image d'un repère cartésien par une application affine. 142

6. Session 2013 143

  6.1. Sujet 2013 143
    Exercice 1 (C) : Numération et division euclidienne. 143
    Exercice 2 (E) : Minoration d'une fonction définie par une intégrale. 144
    Exercice 3 : Barycentre et lieux géométriques dans l'espace. 144
    Exercice 4 : Racines complexes et mesures d'angles vectorielles. 145
    Problème : Fonctions, calcul d'aire et suites réelles. 145
  6.2. Corrigé 2013 147
  6.3. Notes et commentaires sur le sujet 2013 166
    Construction d'un parallélogramme. 167
    Construction de la médiatrice et du milieu d'un segment. 168

7. Session 2014 171

  7.1. Sujet 2014 171
    Exercice 1 : Volume d'un tétraèdre – Sphère et réflexion. 171
    Exercice 2 : Équations différentielles – Étude d'une fonction. 172
    Exercice 3 : Encadrement et convergence d'une suite réelle. 172
    Problème : Inversion dans un cercle – Application non-linéaire. 173
  7.2. Corrigé 2014 175
  7.3. Notes et commentaires sur le sujet 2014 193
    Inversion dans un cercle. 193

8. Session 2015 197

  8.1. Sujet 2015 197
    Exercice 1 : Résolution d'un système d'équations non-linéaire. 197
    Exercice 2 : Suites adjacentes – Dérivée d'une fonction. 199

        Exercice 3 : Endomorphismes du plan vectoriel et probabilités. 199

        Problème : Racines cubiques d'un complexe – Aire d'une section. 200

    8.2. Corrigé 2015 202

    8.3. Notes et commentaires sur le sujet 2015 226

9. Session 2016 227

    9.1. Sujet 2016 227

        Exercice 1 : Tirage aléatoire de jetons et nombres complexes. 227

        Exercice 2 : Surfaces dans l'espace – Volume d'un tétraèdre. 228

        Problème : Isométries laissant invariante une partie du plan. 229

    9.2. Corrigé 2016 231

    9.3. Notes et commentaires sur le sujet 2016 257

        Sur la formulation de la Section III de l'Exercice 2 257

        Invariance locale et invariance globale. 258

10. Session 2017 259

    10.1. Sujet 2017 259

        Exercice 1 : Arithmétique – Tirage aléatoire de boules numérotées. 259

        Exercice 2 : Endomorphisme de l'espace vectoriel. 260

        Exercice 3 : Isométries affines et lieux géométriques du plan. 261

        Problème : Géométrie de l'espace – Étude de fonctions. 261

    10.2. Corrigé 2017 264

    10.3. Notes et commentaires sur le sujet 2017 290

        Endomorphismes, changement de bases et matrices de passage. 290

11. Session 2018 293

    11.1. Sujet 2018 293

        Exercice 1 (C) : Équation diophantienne et droite dans le plan. 293

        Exercice 2 (E) : Test de recrutement et calcul de probabilités. 294

        Exercice 3 : Calcul du volume d'un tétraèdre. 294

        Problème : Lignes de niveau – Fonctions et calcul d'aire. 295

    11.2. Corrigé 2018 297

    11.3. Notes et commentaires sur le sujet 2018.............................317

        Volume d'un tétraèdre et distance d'un point à un plan..................317

Index thématique 319
Liste des tableaux..331
Liste des schémas 333
Bibliographie 335
Index 337

Chapitre 1

Session 2008

1.1. Sujet 2008

Ce sujet comporte trois exercices et un problème. Le premier exercice s'adresse exclusivement aux candidats de la série C. Le deuxième est réservé aux postulants de la série E. L'exercice 3 et le problème sont communs à tous les aspirants des deux séries C et E.

Exercice 1 (C) : Équation diophantienne – Suites de complexes.

1. Résoudre dans $\mathbb{Z}^2$ l'équation $12x - 5y = 3$.
2. On considère la suite de nombres complexes $(Z_n)_{n\in\mathbb{N}}$ définie par

$$Z_0 = i \quad \text{et} \quad Z_{n+1} = \left(-\frac{\sqrt{3}}{2} + \frac{1}{2}i\right) Z_n$$

pour tout $n \geqslant 0$. On désigne par M_n le point image de Z_n dans le plan complexe d'origine O.

(a) Montrer par récurrence que $Z_n = e^{i(\frac{\pi}{2} + \frac{5n\pi}{6})}$ pour chaque entier naturel n.

(b) Déterminer l'ensemble des entiers naturels n pour lesquels M_n appartient à la demi-droite $[Ox)$.

Exercice 2 (E) : Suites réelles.

Soient les deux suites numériques u et v définies pour tout $n \in \mathbb{N}^*$ par

$$u_n = \sum_{i=1}^{n} \sin\left(\frac{i}{n^2}\right) \quad \text{et} \quad v_n = \sum_{i=1}^{n} \frac{i}{n^2}.$$

1. Démontrer que la suite $v = (v_n)_{n \in \mathbb{N}^*}$ converge vers $\frac{1}{2}$.

2. Soient les fonctions numériques f, g et h définies par

$$f(x) = x - \sin x,$$

puis

$$g(x) = -1 + \frac{x^2}{2} + \cos x$$

et

$$h(x) = -x + \frac{x^3}{6} + \sin x.$$

Montrer que $f(x) \geq 0$, puis $g(x) \geq 0$ et $h(x) \geq 0$ pour chaque réel positif x.

3. Démontrer par récurrence que $\sum_{i=1}^{n} i^3 \leq n^4$ pour tout entier naturel non nul n.

4. En déduire que

$$v_n - \frac{1}{6n^2} \leq u_n \leq v_n$$

pour tout entier naturel non nul n, et calculer la limite de la suite u.

Exercice 3 : Projection orthogonale – Sphère – Tétraèdre.

Soit l'espace $\mathcal{E}$ rapporté à un repère orthonormé direct $\left(O, \vec{i}, \vec{j}, \vec{k}\right)$. On considère les points $A(3, -2, 2)$; $B(6, 1, 5)$; $C(6, -2, -1)$ et $D(0, 4, -1)$.

1. Déterminer le produit vectoriel $\overrightarrow{AB} \wedge \overrightarrow{AC}$ et en déduire que les points A, B et C sont non alignés.
2. (a) Montrer que le triangle ABC est rectangle en A.
   (b) Écrire une équation cartésienne du plan (P_1) orthogonal à la droite (AC) passant par A.
   (c) Vérifier que le plan (P_2) d'équation $x + y + z - 3 = 0$ est orthogonal à la droite (AB) et passe par A.
3. Donner l'expression analytique de la projection orthogonale p sur le plan (P_2).
4. (a) Écrire une équation cartésienne de la sphère (S) de centre B et de rayon $R = 5\sqrt{3}$.
   (b) Donner la nature et les éléments caractéristiques de l'ensemble
   $$L = (S) \cap (P_2).$$
5. (a) Calculer les produits scalaires $\overrightarrow{AD} \cdot \overrightarrow{AB}$ et $\overrightarrow{AD} \cdot \overrightarrow{AC}$. En déduire que la droite (AD) est orthogonale au plan (ABC).
   (b) On rappelle que le volume du tétraèdre $ABCD$ est
   $$V = \frac{1}{3} \times \mathfrak{a} \times AD,$$
   où $\mathfrak{a}$ est l'aire du triangle ABC. Déterminer alors la valeur de V.

Problème : Probabilités et coniques – Fonctions – Similitudes.

Partie A.

On considère trois urnes U, V et W contenant chacune des boules portant le numéro 1 ou le numéro 2. Le probabilité de tirer une boule numérotée 1 de U est $P_1 = 0{,}4$; celle de tirer 1 de V est $P_2 = 0{,}5$; et enfin celle de tirer 1 de W est $P_3 = 0{,}7$.

On tire une boule de U, une boule de V et une autre de W. Soient a, b et c les numéros respectifs de ces boules.

Soit (Q) le plan d'équation $ax + by + cz + 6 = 0$, et soit (E) la conique d'équation
$$\frac{x^2}{a^2} - (-1)^c \cdot \frac{y^2}{b^2} = 1.$$
Calculer la probabilité de chacun des événements suivants :

(a) « Le plan (Q) est parallèle au plan (P) d'équation $x + 2y + z - 4 = 0$. »
(b) « Le plan (Q) contient le point $M(0, -2, -1)$. »
(c) « La conique (E) est une ellipse. »
(d) « La conique (E) est une hyperbole équilatère. »

Partie B.

On considère la fonction f définie de $[-\pi, \pi]\setminus\{0\}$ vers $\mathbb{R}$ par
$$f(x) = \int_x^{3x} \frac{\cos t}{t} dt.$$

1. Soit la fonction
$$g : x \mapsto 1 - \frac{x^2}{2} - \cos x.$$
Étudier la et dresser son tableau de variation sur l'intervalle $[-\pi, \pi]$.

2. Démontrer que $1 - \frac{t^2}{2} \leqslant \cos t \leqslant 1$ pour tout $t \in [-\pi, \pi]$.

3. En déduire que, si x est un réel non nul de $[-\pi, \pi]$, alors
$$\ln 3 - 2x^2 \leqslant \int_x^{3x} \frac{\cos t}{t} dt \leqslant \ln 3,$$
où $\ln$ désigne le logarithme népérien. Vous distinguerez obligatoirement les cas « x positif » et « x négatif ».

4.(a) En déduire $\lim_{x \to 0} f(x)$.
  (b) Peut-on prolonger par continuité f en 0 ? Justifier la réponse.

5. Montrer que f est dérivable sur $[-\pi, \pi]\setminus\{0\}$, puis calculer le nombre dérivé de f en $\frac{\pi}{6}$.

On considère la fonction h définie de $]0, +\infty[$ vers $\mathbb{R}$ par $h(x) = \dfrac{\cos x}{x}$.

6. La fonction h est-elle deux fois dérivable sur $]0, +\infty[$?

7. Vérifier que h est solution de l'équation différentielle

$$xh''(x) + 2h'(x) + xh(x) = 0$$

pour tout x de l'intervalle $]0, +\infty[$.

Partie C.

Le plan étant direct, on considère un carré direct $ABCD$. Par ailleurs, E désignant le milieu du segment $[CD]$, soient F et G des points tels que $DEFG$ soit aussi un carré direct.

1. Faire une figure.

2. Soit s la similitude de centre D qui transforme A en B. Donner le rapport et l'angle de s.

3. Déterminer $s(E)$.

4. Soit Γ le cercle circonscrit à $ABCD$ et I le point d'intersection des droites (AE) et (BF).

   (a) Calculer $\text{Mes}\left(\widehat{\overrightarrow{EA}, \overrightarrow{FB}}\right)$. En déduire que $I \in \Gamma$.

   (b) Montrer que les droites (IB) et (ID) sont orthogonales.

5. On suppose le plan rapporté au repère orthonormé $\left(A, \dfrac{\overrightarrow{AB}}{AB}, \dfrac{\overrightarrow{AD}}{AD}\right)$ et $AB = 3$.

   (a) Donner l'écriture complexe de s.

   (b) Soit $\overrightarrow{i} = \dfrac{\overrightarrow{AB}}{AB}$ et $\overrightarrow{j} = \dfrac{\overrightarrow{AD}}{AD}$, puis $\overrightarrow{u} = \overrightarrow{i} + \overrightarrow{j}$ et $\overrightarrow{v} = \overrightarrow{i} - \overrightarrow{j}$. Montrer que $(\overrightarrow{u}, \overrightarrow{v})$ est une base et donner la matrice de l'application linéaire associée à s dans cette base.

1.2. Corrigé 2008

Solution de l'Exercice 1 (C).

1.

Soit S l'ensemble des solutions dans $\mathbb{Z}^2$ de l'équation
$$12x - 5y = 3. \tag{$*$}$$

Le nombre premier 5 n'intervient pas dans la décomposition en facteurs premiers $2^2 \times 3$ de 12. De ce fait, les nombres 12 et -5 sont premiers entre eux. Selon le théorème de BÉZOUT, il existe donc un couple $(u, v) \in \mathbb{Z}^2$ tel que $12u - 5v = 1$. Ainsi, $(3u, 3v) \in S$. Autrement dit, le couple $(3u, 3v)$ est une solution particulière de l'equation $(*)$ dans $\mathbb{Z}^2$. Il en résulte que
$$S = \Big\{ (5\ell + 3u, 12\ell + 3v) \mid \ell \in \mathbb{Z} \Big\}.$$

Ainsi, pour conclure la résolution de l'équation $(*)$, il suffit de déterminer le couple (u,v) dont l'existence est garantie par le théorème de BÉZOUT. À cet effet, nous mettons à contribution l'algorithme d'EUCLIDE. Ce dernier livre
$$2 = 12 - 5 \times 2 \quad \text{et} \quad 1 = 5 - 2 \times 2.$$

De ce fait,
$$1 = 5 - (12 - 5 \times 2) \times 2 = 12 \times (-2) + 5 + 5 \times 4 = 12 \times (-2) + 5 \times 5$$
$$= 12 \times (-2) - 5 \times (-5).$$

Donc, $u = -2$ et $v = -5$. Cependant, $5\ell + 3u = 5\ell - 6 = 5(\ell - 1) - 1$ et $12\ell + 3v = 12\ell - 15 = 12(\ell - 1) - 3$ pour chaque $\ell \in \mathbb{Z}$. Par conséquent,
$$S = \Big\{ (5k - 1, 12k - 3) \mid k \in \mathbb{Z} \Big\}.$$

2.

Soit $(Z_n)_{n \in \mathbb{N}}$ la suite de nombres complexes définie par
$$Z_0 = i \quad \text{et} \quad Z_{n+1} = \left(-\frac{\sqrt{3}}{2} + \frac{1}{2}i\right) Z_n$$

pour tout $n \geq 0$. Soit du reste M_n le point d'affixe Z_n dans le plan complexe d'origine O.

(a) Montrons par récurrence que
$$Z_n = e^{i\left(\frac{\pi}{2} + \frac{5n\pi}{6}\right)} \qquad (**)$$
pour tout entier naturel n. De toute évidence,
$$e^{i\left(\frac{\pi}{2} + \frac{5 \cdot 0 \cdot \pi}{6}\right)} = e^{i\frac{\pi}{2}} = \cos\frac{\pi}{2} + i\sin\frac{\pi}{2} = 0 + i \cdot 1 = i = Z_0.$$

Maintenant, supposons que $Z_n = e^{i\left(\frac{\pi}{2} + \frac{5n\pi}{6}\right)}$ pour un entier naturel n quelconque. Alors,
$$Z_{n+1} = \left(-\frac{\sqrt{3}}{2} + \frac{1}{2}i\right) e^{i\left(\frac{\pi}{2} + \frac{5n\pi}{6}\right)}.$$

Cependant, $\cos\frac{\pi}{6} = \frac{\sqrt{3}}{2}$ et $\sin\frac{\pi}{6} = \frac{1}{2}$, tandis que
$$\cos(\pi - \alpha) = -\cos\alpha \qquad \text{et} \qquad \sin(\pi - \alpha) = \sin\alpha$$
pour chaque $\alpha \in \mathbb{R}$. De ce fait,
$$\cos\frac{5\pi}{6} = \cos\left(\pi - \frac{\pi}{6}\right) = -\cos\frac{\pi}{6} = -\frac{\sqrt{3}}{2}$$
et
$$\sin\frac{5\pi}{6} = \sin\left(\pi - \frac{\pi}{6}\right) = \sin\frac{\pi}{6} = \frac{1}{2}.$$

Par conséquent,
$$-\frac{\sqrt{3}}{2} + \frac{1}{2}i = \cos\frac{5\pi}{6} + i\sin\frac{5\pi}{6} = e^{i\frac{5\pi}{6}}.$$

Il en résulte que
$$Z_{n+1} = e^{i\frac{5\pi}{6}} \cdot e^{i\left(\frac{\pi}{2} + \frac{5n\pi}{6}\right)} = e^{i\left(\frac{\pi}{2} + \frac{5n\pi}{6} + \frac{5\pi}{6}\right)} = e^{i\left(\frac{\pi}{2} + \frac{5(n+1)\pi}{6}\right)}.$$

Ceci conclut la démonstration par récurrence sur n de l'égalité $(**)$.

(b) Soit E l'ensemble des entiers naturels n pour lesquels M_n appartient à la demi-droite $[Ox)$. Par définition, $n \in E$ si et seulement si abscisse et ordonnée du point M_n sont respectivement positive ou nulle, et nulle. Or, par définition, abscisse et ordonnée de M_n sont respectivement partie réelle et partie imaginaire de Z_n. Puisque

$$Z_n = e^{i\left(\frac{\pi}{2}+\frac{5n\pi}{6}\right)} = \cos\left(\frac{\pi}{2}+\frac{5n\pi}{6}\right) + i\sin\left(\frac{\pi}{2}+\frac{5n\pi}{6}\right)$$
$$= -\sin\left(\frac{5n\pi}{6}\right) + i\cos\left(\frac{5n\pi}{6}\right),$$

il s'ensuit que $n \in E$ si et seulement si

$$-\sin\left(\frac{5n\pi}{6}\right) \geqslant 0 \quad \text{et} \quad \cos\left(\frac{5n\pi}{6}\right) = 0,$$

c'est-à-dire

$$\sin\left(\frac{5n\pi}{6}\right) \leqslant 0 \quad \text{et} \quad \cos\left(\frac{5n\pi}{6}\right) = 0. \tag{\dag}$$

En outre, $\cos^2 \alpha + \sin^2 \alpha = 1$ pour tout réel α. Donc, $\cos \alpha = 0$ si et seulement si $\sin \alpha \in \{-1, 1\}$. De ce fait, la conjonction (†) est équivalente à

$$\sin\left(\frac{5n\pi}{6}\right) = -1 \quad \text{et} \quad \cos\left(\frac{5n\pi}{6}\right) = 0.$$

Notoirement, le réel $-\frac{\pi}{2}$ est l'unique $\alpha \in \,]-\pi,\pi]$ satisfaisant $\cos \alpha = 0$ et $\sin \alpha = -1$. Un réel α vérifie donc $\cos \alpha = 0$ et $\sin \alpha = -1$ si et seulement s'il existe un entier relatif a tel que $\alpha = -\frac{\pi}{2} + 2a\pi$. Par conséquent, un entier naturel n appartient à E si et seulement s'il existe un entier relatif a tel que

$$\frac{5n\pi}{6} = -\frac{\pi}{2} + 2a\pi = \frac{(-1-4a)\pi}{2},$$

c'est-à-dire $\frac{5n}{3} = -1 - 4a$, ou encore $3 = 12a - 5n$. Ainsi, un point M_n, avec $n \in \mathbb{N}$, appartient à la demi-droite $[Ox)$ si et seulement s'il existe un entier relatif a tel que le couple (a, n) soit solution de l'équation (∗) de la question (1). Par conséquent, l'ensemble E des entiers naturels n, pour lesquels M_n appartient à la demi-droite $[Ox)$, est déterminé par

$$E = \left\{12k - 3 \mid k \in \mathbb{Z} \,\wedge\, 12k - 3 \geqslant 0\right\}.$$

Or l'inégalité $12k - 3 \geqslant 0$ est équivalente à $k \geqslant \frac{3}{12} = \frac{1}{4}$. De ce fait,

$$E = \left\{12k - 3 \mid k \in \mathbb{N}^*\right\}.$$

Solution de l'Exercice 2 (E).

Soient u et v les suites numériques définies pour tout $n \in \mathbb{N}^*$ par

$$u_n = \sum_{i=1}^{n} \sin\left(\frac{i}{n^2}\right) \quad \text{et} \quad v_n = \sum_{i=1}^{n} \frac{i}{n^2}.$$

1.

Montrons que la suite $v = (v_n)_{n \in \mathbb{N}^*}$ converge vers $\frac{1}{2}$. À cet effet, notons que chaque terme de cette suite est le produit de l'inverse d'un monôme par la somme d'une suite arithmétique. Notamment,

$$v_n = \sum_{i=1}^{n} \frac{i}{n^2} = \frac{1}{n^2} \cdot \sum_{i=1}^{n} i.$$

Il s'agit en l'espèce de la somme des $n+1$ premiers termes consécutifs de la suite arithmétique ayant 0 pour terme initial et 1 pour raison, c'est-à-dire

$$\sum_{i=1}^{n} i = 0 + 1 + \cdots + n = \frac{n(n+1)}{2}.$$

Par conséquent,

$$v_n = \frac{1}{n^2} \cdot \frac{n(n+1)}{2} = \frac{n+2}{2n} = \frac{1}{2} \cdot \left(1 + \frac{1}{n}\right)$$

pout tout $n \in \mathbb{N}^*$. Cependant, $\lim\limits_{n \to +\infty} \frac{1}{n} = 0$. De ce fait,

$$\lim_{n \to +\infty} v_n = \frac{1}{2} \cdot (1 + 0) = \frac{1}{2}.$$

2.

Soient les fonctions numériques f, g et h définies par

$$f(x) = x - \sin x,$$

puis

$$g(x) = -1 + \frac{x^2}{2} + \cos x$$

et
$$h(x) = -x + \frac{x^3}{6} + \sin x.$$

La fonction f est dérivable sur $\mathbb{R}$, en tant que somme de deux fonctions dérivables : l'identité et l'opposé du sinus. Du reste,
$$f'(x) = (x)' - \sin' x = 1 - \cos x \geqslant 0$$
pour tout $x \in \mathbb{R}$. De ce fait, la fonction f est croissante sur $\mathbb{R}$. Donc,
$$f(x) \geqslant f(0) = 0 - \sin 0 = 0$$
pour tout réel $x \geqslant 0$.

De manière analogue à f, la fonction g, somme d'un polynôme et du cosinus, est dérivable sur $\mathbb{R}$. Par ailleurs,
$$g'(x) = \left(-1 + \frac{x^2}{2}\right)' + \cos' x = x - \sin x = f(x) \geqslant 0$$
pour tout réel $x \geqslant 0$. Donc, g est croissante sur l'intervalle $[0, +\infty[$. D'où
$$g(x) \geqslant g(0) = -1 + \frac{0^2}{2} + \cos 0 = -1 + 1 = 0$$
pour chaque réel $x \geqslant 0$.

Comme f et g, la fonction h, somme d'un polynôme et du sinus, est dérivable sur $\mathbb{R}$ avec
$$h'(x) = (-x)' + \left(\frac{x^3}{6}\right)' + \sin' x = -1 + \frac{x^2}{2} + \cos x = g(x) \geqslant 0$$
pour tout $x \in [0, +\infty[$. Ainsi, la fonction h est croissante sur l'intervalle $[0, +\infty[$. Ceci induit
$$h(x) \geqslant h(0) = -0 + \frac{0^3}{6} + \sin 0 = 0$$
pour chaque réel $x \geqslant 0$.

Somme toute, pour tout nombre réel $x \geqslant 0$, les images respectives de x par f, g et h sont supérieures ou égales à 0.

3.

À l'évidence, l'égalité $n = 1$ entraîne $\sum_{i=1}^{n} i^3 = 1^3 = 1 \leqslant 1^4$. Maintenant, supposons la validité de l'inégalité

$$\sum_{i=1}^{n} i^3 \leqslant n^4$$

pour un entier naturel non nul n quelconque. Alors,

$$\sum_{i=1}^{n+1} i^3 = \left(\sum_{i=1}^{n} i^3\right) + (n+1)^3 \leqslant n^4 + (n+1)^3.$$

Cependant,

$$(n+1)^3 = (n+1)(n+1)^2 = (n+1)(n^2 + 2n + 1) = n^3 + 3n^2 + 3n + 1$$

et

$$(n+1)^4 = (n+1)(n^3 + 3n^2 + 3n + 1) = n^4 + 4n^3 + 6n^2 + 4n + 1.$$

Par conséquent,

$$\sum_{i=1}^{n+1} i^3 \leqslant n^4 + n^3 + 3n^2 + 3n + 1 \leqslant n^4 + 4n^3 + 6n^2 + 4n + 1 = (n+1)^4.$$

Eu égard à la règle de récurrence, il en résulte que

$$\sum_{i=1}^{n} i^3 \leqslant n^4$$

pour chaque $n \in \mathbb{N}^*$.

4.

Soit $n \in \mathbb{N}^*$ et $i \in \mathbb{N}$ tel que $1 \leqslant i \leqslant n$. Alors, $f\left(\frac{i}{n^2}\right) \geqslant 0$. Autrement dit,

$$\frac{i}{n^2} - \sin\left(\frac{i}{n^2}\right) \geqslant 0 \qquad \text{ou} \qquad \sin\left(\frac{i}{n^2}\right) \leqslant \frac{i}{n^2}.$$

Du reste, $h\left(\frac{i}{n^2}\right) \geqslant 0$. Ceci signifie que

$$-\frac{i}{n^2} + \frac{1}{6} \cdot \left(\frac{i}{n^2}\right)^3 + \sin\left(\frac{i}{n^2}\right) \geqslant 0,$$

c'est-à-dire

$$\frac{i}{n^2} - \frac{1}{6n^6} \cdot i^3 \leqslant \sin\left(\frac{i}{n^2}\right).$$

Tout compte fait,

$$\frac{i}{n^2} - \frac{1}{6n^6} \cdot i^3 \leqslant \sin\left(\frac{i}{n^2}\right) \leqslant \frac{i}{n^2}$$

pour chaque $i \in \{1, \ldots, n\}$. Ainsi,

$$\sum_{i=1}^{n} \frac{i}{n^2} - \frac{1}{6n^6} \cdot \sum_{i=1}^{n} i^3 \leqslant \sum_{i=1}^{n} \sin\left(\frac{i}{n^2}\right) \leqslant \sum_{i=1}^{n} \frac{i}{n^2}.$$

En d'autres termes,

$$v_n + \frac{1}{6n^6} \cdot \left(-\sum_{i=1}^{n} i^3\right) \leqslant u_n \leqslant v_n.$$

Or, la question **(3)** assure la validité de l'inégalité $-n^4 \leqslant -\sum_{i=1}^{n} i^3$. Donc,

$$v_n - \frac{1}{6n^2} = v_n + \frac{1}{6n^6} \cdot (-n^4) \leqslant v_n + \frac{1}{6n^6} \cdot \left(-\sum_{i=1}^{n} i^3\right).$$

Par conséquent,

$$v_n - \frac{1}{6n^2} \leqslant u_n \leqslant v_n. \tag{††}$$

Au demeurant, la suite $\left(\frac{1}{n^2}\right)_{n \in \mathbb{N}^*}$ converge notoirement vers 0. De ce fait,

$$\lim_{n \to +\infty} \frac{1}{6n^2} = \frac{1}{6} \times 0 = 0$$

et

$$\lim_{n \to +\infty} \left(v_n - \frac{1}{6n^2}\right) = \lim_{n \to +\infty} v_n = \frac{1}{2}.$$

D'après le *théorème des gendarmes* et selon les inégalités (††), il s'ensuit

$$\lim_{n \to +\infty} u_n = \lim_{n \to +\infty} v_n = \frac{1}{2}.$$

Solution de l'Exercice 3.

Soit l'espace $\mathcal{E}$ rapporté à un repère orthonormé direct $\left(O, \vec{i}, \vec{j}, \vec{k}\right)$. On considère les points $A(3, -2, 2)$; $B(6, 1, 5)$; $C(6, -2, -1)$ et $D(0, 4, -1)$.

1.

Pour déterminer le produit vectoriel $\overrightarrow{AB} \wedge \overrightarrow{AC}$, il convient de noter que

$$\overrightarrow{AB} = (6-3)\vec{i} + (1-(-2))\vec{j} + (5-2)\vec{k} = 3\vec{i} + 3\vec{j} + 3\vec{k}$$

et

$$\overrightarrow{AC} = (6-3)\vec{i} + (-2-(-2))\vec{j} + (-1-2)\vec{k} = 3\vec{i} + 0\vec{j} - 3\vec{k}.$$

Alors,

$$\overrightarrow{AB} \wedge \overrightarrow{AC} = \begin{vmatrix} 3 & 0 \\ 3 & -3 \end{vmatrix} \cdot \vec{i} + \begin{vmatrix} 3 & -3 \\ 3 & 3 \end{vmatrix} \cdot \vec{j} + \begin{vmatrix} 3 & 0 \\ 3 & -3 \end{vmatrix} \cdot \vec{k}$$

$$= -9\vec{i} + 18\vec{j} - 9\vec{k} = -9\left(\vec{i} - 2\vec{j} + \vec{k}\right).$$

De toute évidence, $\overrightarrow{AB} \wedge \overrightarrow{AC} \neq \vec{0}$. Les vecteurs $\overrightarrow{AB}$ et $\overrightarrow{AC}$ sont de ce fait non colinéaires. Ceci signifie que les points A, B et C sont non alignés.

2.

(a) Observons que

$$\overrightarrow{AB} \cdot \overrightarrow{AC} = 3 \times 3 + 3 \times 0 + 3 \times (-3) = 9 - 9 = 0.$$

Les droites (AB) et (AC), sécantes en A, sont donc perpendiculaires en A. Le triangle ABC est par conséquent rectangle en A.

(b) Soit (P_1) le plan orthogonal à la droite (AC) passant par A. Alors, un point $M(x, y, z)$ de l'espace $\mathcal{E}$ appartient au plan (P_1) si et seulement si $\overrightarrow{AM} \cdot \overrightarrow{AC} = 0$. Cependant,

$$\overrightarrow{AM} = (x-3)\vec{i} + (y+2)\vec{j} + (z-2)\vec{k}$$

et
$$\overrightarrow{AM} \cdot \overrightarrow{AC} = 3 \cdot (x-3) + 0 \cdot (y+2) - 3 \cdot (z-2) = 3x - 9 - 3z + 6$$
$$= 3(x - z - 1).$$

Par conséquent, $x - z - 1 = 0$ est une équation cartésienne du plan (P_1).

(c) Soit (P_2) le plan d'équation $x + y + z - 3 = 0$. Alors, le vecteur $\overrightarrow{n} = \overrightarrow{i} + \overrightarrow{j} + \overrightarrow{k}$ est normal à (P_2). Par ailleurs,
$$x_A + y_A + z_A - 3 = 3 + (-2) + 2 - 3 = 0.$$

Ainsi, le point A appartient à (P_2). Du reste,
$$\overrightarrow{AB} = 3\overrightarrow{i} + 3\overrightarrow{j} + 3\overrightarrow{k} = 3\left(\overrightarrow{i} + \overrightarrow{j} + \overrightarrow{k}\right) = 3\overrightarrow{n}.$$

Le vecteur $\overrightarrow{AB}$ est de ce fait colinéaire au vecteur $\overrightarrow{n}$, normal au plan (P_2) contenant le point A. Par conséquent, (P_2) est orthogonal à la droite (AB) en A.

3.

Soit p la projection orthogonale sur le plan (P_2). Alors, pour des points $M(x, y, z)$ et $M'(x', y', z')$, l'égalité $M' = p(M)$ est satisfaite si et seulement si $M' \in (P_2)$ et s'il existe un réel λ tel que $\overrightarrow{MM'} = \lambda \cdot \overrightarrow{n}$, où $\overrightarrow{n} = \overrightarrow{i} + \overrightarrow{j} + \overrightarrow{k}$. Ceci équivaut à la validité du système suivant :
$$\begin{cases} x' + y' + z' - 3 = 0, \\ x' - x = \lambda, \\ y' - y = \lambda, \\ z' - z = \lambda. \end{cases}$$

D'où
$$\begin{cases} x' = x + \lambda, \\ y' = y + \lambda, \\ z' = z + \lambda, \\ x + y + z + 3\lambda - 3 = 0. \end{cases}$$

Donc,
$$\begin{cases} \lambda = 1 - \tfrac{1}{3}(x+y+z), \\ x' = x - \tfrac{1}{3}(x+y+z) + 1 = \tfrac{2}{3}x - \tfrac{1}{3}y - \tfrac{1}{3}z + 1, \\ y' = y - \tfrac{1}{3}(x+y+z) + 1 = -\tfrac{1}{3}x + \tfrac{2}{3}y - \tfrac{1}{3}z + 1, \\ z' = z - \tfrac{1}{3}(x+y+z) + 1 = -\tfrac{1}{3}x - \tfrac{1}{3}y + \tfrac{2}{3}z + 1. \end{cases}$$

Par conséquent, la projection orthogonale sur le plan (P_2) est donnée de manière analytique par
$$p : \mathcal{E} \to \mathcal{E}, \quad M(x,y,z) \mapsto M'(x',y',z'),$$

où
$$\begin{cases} x' = \tfrac{2}{3}x - \tfrac{1}{3}y - \tfrac{1}{3}z + 1, \\ y' = -\tfrac{1}{3}x + \tfrac{2}{3}y - \tfrac{1}{3}z + 1, \\ z' = -\tfrac{1}{3}x - \tfrac{1}{3}y + \tfrac{2}{3}z + 1. \end{cases}$$

4.

(a) Soit $(\mathcal{S})$ la sphère de centre B et de rayon $R = 5\sqrt{3}$. Le plan étant rapporté à un repère orthonormé, une équation cartésienne de $(\mathcal{S})$ est
$$(x-6)^2 + (y-1)^2 + (z-5)^2 = \left(5\sqrt{3}\right)^2$$

ou encore
$$x^2 + y^2 + z^2 - 12x - 2y - 10z - 13 = 0.$$

(b) Soit $L = (\mathcal{S}) \cap (P_2)$. La nature de L dépend de la valeur de la distance du centre B au plan (P_2). Celle-ci,
$$d(B,(P_2)) = \frac{|x_B + y_B + z_B - 3|}{\sqrt{1^2 + 1^2 + 1^2}} = \frac{|6+1+5-3|}{\sqrt{3}} = \frac{9}{\sqrt{3}} = 3\sqrt{3},$$

est en l'occurrence strictement inférieure au rayon $R = 5\sqrt{3}$ de la sphère $(\mathcal{S})$. De ce fait, L est un cercle de centre $B' = p(B)$ et de rayon
$$R' = \sqrt{R^2 - d(B,(P_2))^2} = \sqrt{\left(5\sqrt{3}\right)^2 - \left(3\sqrt{3}\right)^2} = \sqrt{25 \cdot 3 - 9 \cdot 3}$$
$$= \sqrt{16 \cdot 3}$$
$$= 4\sqrt{3}.$$

Du reste, d'après la question **(3)**, les coordonnées du point B' sont déterminées par

$$x_{B'} = \frac{2x_B}{3} - \frac{y_B}{3} - \frac{z_B}{3} + 1 = \frac{2 \times 6}{3} - \frac{1}{3} - \frac{5}{3} + 1 = 3,$$

$$y_{B'} = -\frac{x_B}{3} + \frac{2y_B}{3} - \frac{z_B}{3} + 1 = -\frac{6}{3} + \frac{2 \times 1}{3} - \frac{5}{3} + 1 = -2,$$

$$z_{B'} = -\frac{x_B}{3} - \frac{y_B}{3} + \frac{2z_B}{3} + 1 = -\frac{6}{3} - \frac{1}{3} + \frac{2 \times 5}{3} + 1 = 2.$$

En conclusion, l'ensemble $L = (\mathcal{S}) \cap (P_2)$ est le cercle de centre $B'(3, -2, 2)$ et de rayon $R' = 4\sqrt{3}$.

5.

(a) Par définition,

$$\begin{aligned}\overrightarrow{AD} &= (x_D - x_A)\overrightarrow{i} + (y_D - y_A)\overrightarrow{j} + (z_D - z_A)\overrightarrow{k} \\ &= (0 - 3)\overrightarrow{i} + (4 - (-2))\overrightarrow{j} + (-1 - 2)\overrightarrow{k} \\ &= -3\overrightarrow{i} + 6\overrightarrow{j} - 3\overrightarrow{k}.\end{aligned}$$

Il a déjà été établi plus haut que

$$\overrightarrow{AB} = 3\overrightarrow{i} + 3\overrightarrow{j} + 3\overrightarrow{k} \qquad \text{et} \qquad \overrightarrow{AC} = 3\overrightarrow{i} + 0 \cdot \overrightarrow{j} - 3\overrightarrow{k}.$$

Donc,

$$\overrightarrow{AD} \cdot \overrightarrow{AB} = (-3) \times 3 + 6 \times 3 + (-3) \times 3 = -9 + 18 - 9 = 0$$

et

$$\overrightarrow{AD} \cdot \overrightarrow{AC} = (-3) \times 3 + 6 \times 0 + (-3) \times (-3) = -9 + 9 = 0.$$

Il en résulte que la droite (AD) est perpendiculaire simultanément aux droites (AB) et (AC). Ces dernières, sécantes en A, définissent le plan (ABC). La droite (AD) est de ce fait orthogonale au plan (ABC) en A.

(b) Le volume du tétraèdre $ABCD$ est

$$V = \frac{1}{3} \times \mathfrak{a} \times AD,$$

où $\mathfrak{a}$ désigne l'aire du triangle ABC. Ce dernier étant rectangle en A, nous avons
$$\mathfrak{a} = \frac{1}{2} \times AB \times AC.$$
Donc, $V = \frac{1}{6} \times AB \times AC \times AD$. Cependant,
$$AB = \left\|\overrightarrow{AB}\right\| = \sqrt{3^2 + 3^2 + 3^2} = \sqrt{3^2 \times 3} = 3\sqrt{3},$$
$$AC = \left\|\overrightarrow{AC}\right\| = \sqrt{3^2 + 0^2 + (-3)^2} = \sqrt{3^2 \times 2} = 3\sqrt{3},$$
$$AD = \left\|\overrightarrow{AD}\right\| = \sqrt{(-3)^2 + 6^2 + (-3)^2} = \sqrt{3^2 \times 6} = 3\sqrt{6}.$$
Par conséquent,
$$V = \frac{1}{6} \times 3^3 \times \sqrt{3 \times 2 \times 6} = \frac{1}{6} \times 3^3 \times \sqrt{6^2} = 3^3 = 27.$$

Solution du Problème.

Partie A.

On considère trois urnes U, V et W contenant chacune des boules portant le numéro 1 ou le numéro 2. Le probabilité de tirer une boule numérotée 1 de U est $P_1 = 0{,}4$; celle de tirer 1 de V est $P_2 = 0{,}5$; et enfin celle de tirer 1 de W est $P_3 = 0{,}7$.

On tire une boule de U, une boule de V et une autre de W. Soient a, b et c les numéros respectifs de ces boules.

Soit (Q) le plan d'équation $ax + by + cz + 6 = 0$, et soit (E) la conique d'équation
$$\frac{x^2}{a^2} - (-1)^c \cdot \frac{y^2}{b^2} = 1.$$

Soit Ω l'univers de l'expérience aléatoire définie ci-dessus. Alors, les numéros respectifs a, b et c des boules tirées des urnes U, V et W déterminent des variables sur Ω à valeurs dans la paire $\{1, 2\}$. Chacune de ces variables aléatoires correspond à une épreuve de BERNOULLI. Leurs lois de probabilité sont donc données respectivement par

$$\mathbb{P}(a = 1) = P_1 = 0{,}4 \quad \text{et} \quad \mathbb{P}(a = 2) = 1 - P_1 = 0{,}6;$$

puis
$$\mathbb{P}(b = 1) = P_2 = 0{,}5 \quad \text{et} \quad \mathbb{P}(b = 2) = 1 - P_2 = 0{,}5;$$

ainsi que
$$\mathbb{P}(c = 1) = P_3 = 0{,}7 \quad \text{et} \quad \mathbb{P}(c = 2) = 1 - P_3 = 0{,}3.$$

(a) Soit l'événement A : « le plan (Q) est parallèle au plan (P) d'équation $x+2y+z-4=0$ ». Pour déterminer sa probabilité $\mathbb{P}(A)$, il convient d'observer que (Q) est parallèle à (P) si et seulement si

$$\frac{a}{1} = \frac{b}{2} = \frac{c}{1},$$

c'est-à-dire si $b = 2a$ et $a = c$. Or, 2 est l'unique nombre pair de $\{1, 2\}$, ensemble-image de la variable aléatoire b. Ainsi, $b = 2$ et $a = c = 1$. De plus,

$$\frac{1}{1} = \frac{2}{2} = \frac{1}{1}.$$

Donc, pour $(a, b, c) \in \{1, 2\}^3$, l'assertion $\frac{a}{1} = \frac{b}{2} = \frac{c}{1}$ est équivalente à $(a, b, c) = (1, 2, 1)$. De ce fait, $(Q) \parallel (P)$ si et seulement si $(a, b, c) = (1, 2, 1)$. Les variables aléatoires a, b et c étant indépendantes, il en résulte que

$$\mathbb{P}(A) = \mathbb{P}(a = 1) \times \mathbb{P}(b = 2) \times \mathbb{P}(c = 1) = 0{,}4 \times 0{,}5 \times 0{,}7 = 0{,}14.$$

(b) Le plan (Q) contient le point $M(0, -2, -1)$ si et seulement si

$$0 = a \cdot 0 + b \cdot (-2) + c \cdot (-1) + 6 = -2b - c + 6,$$

c'est-à-dire si $2b + c = 6$. Cependant, $b \leqslant 2$. L'égalité $c = 1$ induirait donc

$$2b + c \leqslant 4 + 1 = 5 < 6.$$

Ainsi, pour $(b, c) \in \{1, 2\}^2$, l'égalité $2b + c = 6$ entraîne $c = 2$ et $2b = 4$ (c'est-à-dire $b = 2$). Par ailleurs, la conjonction $b = 2$ et $c = 2$ implique $2b + c = 6$.

De ce fait, $M \in (Q)$ si et seulement si $(b,c) = (2,2)$. La probabilité de l'événement

$$B : \text{« le plan } (Q) \text{ contient le point } M(0,-2,-1) \text{ »},$$

est par conséquent

$$\mathbb{P}(A) = \mathbb{P}(b=2 \wedge c=2) = \mathbb{P}(b=2) \times \mathbb{P}(c=2) = 0{,}5 \times 0{,}3 = 0{,}15.$$

(c) La conique (E) est une ellipse si et seulement si

$$-(-1)^c > 0 \qquad \text{et} \qquad a \neq b,$$

c'est-à-dire $(-1)^c < 0$ et $a \neq b$, ou encore $(-1)^c = -1$ et $a \neq b$. Dans le mesure où $(a,b,c) \in \{1,2\}^3$, ceci équivaut à

$$(a,b,c) \in \{(1,2,1); (2,1,1)\}.$$

La probabilité de l'événement,

$$C : \text{« la conique } (E) \text{ est une ellipse »},$$

est déterminée par

$$\begin{aligned}\mathbb{P}(C) &= \mathbb{P}\Big((a,b,c) \in \{(1,2,1);(2,1,1)\}\Big) \\ &= \mathbb{P}\Big((a,b,c)=(1,2,1)\Big) + \mathbb{P}\Big((a,b,c)=(2,1,1)\Big) \\ &= \mathbb{P}(a=1) \times \mathbb{P}(b=2) \times \mathbb{P}(c=1) + \mathbb{P}(a=2) \times \mathbb{P}(b=1) \times \mathbb{P}(c=1) \\ &= 0{,}4 \times 0{,}5 \times 0{,}7 + 0{,}6 \times 0{,}5 \times 0{,}7 \\ &= 0{,}35.\end{aligned}$$

(d) Par définition, la conique (E) est une hyperbole équilatère si et seulement si $(-1)^c = 1$ et $a = b$, c'est-à-dire $c = 2$ et $a = b$. Cette conjonction est équivalente à

$$(a,b,c) \in \{(1,1,2); (2,2,2)\},$$

car $(a,b,c) \in \{1,2\}^3$. La probabilité de l'événement,

$$C : \text{« la conique } (E) \text{ est une ellipse »},$$

vaut de ce fait

$$\mathbb{P}(D) = \mathbb{P}\Big((a,b,c) \in \{(1,1,2); (2,2,2)\}\Big)$$

$$= \mathbb{P}\Big((a,b,c) = (1,1,2)\Big) + \mathbb{P}\Big((a,b,c) = (2,2,2)\Big)$$

$$= \mathbb{P}(a=1) \times \mathbb{P}(b=1) \times \mathbb{P}(c=2) + \mathbb{P}(a=2) \times \mathbb{P}(b=2) \times \mathbb{P}(c=2)$$

$$= 0{,}4 \times 0{,}5 \times 0{,}3 + 0{,}6 \times 0{,}5 \times 0{,}3$$

$$= 0{,}15.$$

Partie B.

Soit f la fonction définie de $[-\pi, \pi]\setminus\{0\}$ vers $\mathbb{R}$ par

$$f(x) = \int_x^{3x} \frac{\cos t}{t} dt.$$

1.

La fonction

$$g : x \mapsto 1 - \frac{x^2}{2} - \cos x.$$

est dérivable, et donc continue, sur $\mathbb{R}$, en tant que somme d'un polynôme et de l'opposé du cosinus. Du reste, pour tout $x \in \mathbb{R}$, nous avons

$$g'(x) = \left(1 - \frac{x^2}{2}\right)' - \cos' x = -x + \sin x$$

et

$$g''(x) = (-x)' + \sin' x = -1 + \cos x.$$

Cependant, $\cos x \leqslant 1$ pour chaque réel x, tandis que $\cos x = 1$ si et seulement si $x = 2k\pi$ pour un entier $n \in \mathbb{Z}$. Ainsi, $g'(0) = 0$ et $g''(x) < 0$ pour chaque $x \in [-\pi, 0[\,\cup\,]0, \pi]$. Par conséquent, la fonction g' est strictement décroissante sur l'intervalle $[-\pi, \pi]$. Puisque

$$g'(0) = -0 + \sin 0 = 0,$$

il en résulte que $g'(x) > 0$ pour chaque $x \in [-\pi, 0[$ et $g'(x) < 0$ pour tout $x \in]0, \pi]$. Au demeurant, la continuité de g sur $\mathbb{R}$ livre

$$\lim_{x \to -\pi} g(x) = g(-\pi) = 1 - \frac{(-\pi)^2}{2} - \cos(-\pi) = 2 - \frac{\pi^2}{2}$$

et

$$\lim_{x \to \pi} g(x) = g(\pi) = 1 - \frac{\pi^2}{2} - \cos(\pi) = 2 - \frac{\pi^2}{2}.$$

Par ailleurs,

$$g(0) = 1 - \frac{0^2}{2} - \cos 0 = 1 - 1 = 0.$$

Ces informations conduisent au tableau de variation ci-dessous.

x	$-\pi$		0		$+\pi$
$g'(x)$		$+$	0	$-$	
$g(x)$	$2 - \frac{\pi^2}{2}$	↗	0	↘	$2 - \frac{\pi^2}{2}$

2.

Ce tableau de variation montre que $g(x) \leqslant 0$, c'est-à-dire $1 - \frac{x^2}{2} \leqslant \cos x$, pour chaque $x \in [-\pi, \pi]$. Par ailleurs, l'inégalité $\cos x \leqslant 1$ est consubstantielle à la définition du cosinus. En somme, pour tout $x \in [-\pi, \pi]$, nous avons

$$1 - \frac{x^2}{2} \leqslant \cos x \leqslant 1.$$

3.

Soit un nombre réel $t > 0$. Alors, il existe un réel $s \in]0, \pi]$ et un nombre entier $n \in \mathbb{N}$ tel que $t = s + 2n\pi$. Ainsi,

$$1 - \frac{t^2}{2} \leqslant 1 - \frac{s^2}{2} \leqslant \cos s = \cos(s + 2n\pi) = \cos t \leqslant 1.$$

Puisque $\frac{1}{t} > 0$, il en résulte que
$$\frac{1}{t} - \frac{t}{2} \leqslant \frac{\cos t}{t} \leqslant \frac{1}{t}$$
pour tout $t > 0$. Nous avons de ce fait
$$\int_x^{3x} \left(\frac{1}{t} - \frac{t}{2}\right) dt \leqslant \int_x^{3x} \frac{\cos t}{t} dt \leqslant \int_x^{3x} \frac{dt}{t}$$
pour chaque $x \in]0, \pi]$. Or,
$$\int_x^{3x} \frac{dt}{t} = \Big[\ln t\Big]_x^{3x} = \ln(3x) - \ln(x) = \ln\left(\frac{3x}{x}\right) = \ln 3$$
et
$$\int_x^{3x} \left(\frac{1}{t} - \frac{t}{2}\right) dt = \int_x^{3x} \frac{dt}{t} - \int_x^{3x} \frac{t}{2} dt = \ln 3 - \left[\frac{t^2}{4}\right]_x^{3x} = \ln 3 - 2x^2.$$
Ceci induit
$$\ln 3 - 2x^2 \leqslant \int_x^{3x} \frac{\cos t}{t} dt \leqslant \ln 3$$
pour tout $x \in]0, \pi]$.

Dans le même esprit, soit un réel $t < 0$. Alors, il existe un réel $s \in [-\pi, 0[$ et un entier relatif $k \leqslant 0$ tel que $t = s + 2k\pi$. Donc,
$$1 - \frac{t^2}{2} = 1 - \frac{(s+2k\pi)^2}{2} \leqslant 1 - \frac{s^2}{2} \leqslant \cos s = \cos(s + 2k\pi) = \cos t.$$
Par conséquent,
$$1 - \frac{t^2}{2} \leqslant \cos t \leqslant 1 \qquad \text{et} \qquad \frac{1}{t} \leqslant \frac{\cos t}{t} \leqslant \frac{1}{t} - \frac{t}{2}$$
pour tout réel $t < 0$. Pour chaque $x \in [-\pi, 0[$, nous avons donc
$$\int_{3x}^x \frac{dt}{t} \leqslant \int_{3x}^x \frac{\cos t}{t} dt \leqslant \int_{3x}^x \left(\frac{1}{t} - \frac{t}{2}\right) dt,$$
c'est-à-dire
$$-\int_x^{3x} \frac{dt}{t} \leqslant -\int_x^{3x} \frac{\cos t}{t} dt \leqslant -\int_x^{3x} \left(\frac{1}{t} - \frac{t}{2}\right) dt$$

ou encore
$$\int_x^{3x} \left(\frac{1}{t} - \frac{t}{2}\right) dt \leqslant \int_x^{3x} \frac{\cos t}{t} dt \leqslant \int_x^{3x} \frac{dt}{t}.$$

D'où
$$\ln 3 - 2x^2 \leqslant \int_x^{3x} \frac{\cos t}{t} dt \leqslant \ln 3.$$

Tout compte fait, pour chaque $x \in [-\pi, 0[\cup]0, \pi]$, nous obtenons
$$\ln 3 - 2x^2 \leqslant \int_x^{3x} \frac{\cos t}{t} dt \leqslant \ln 3. \qquad (\ddagger)$$

4.

(a) Eu égard à la continuité des fonctions polynômes,
$$\lim_{x \to 0} \left(\ln 3 - 2x^2\right) = \ln 3.$$

D'après le théorème des gendarmes et compte tenu de l'égalité ($\ddagger$), il s'ensuit
$$\lim_{x \to 0} f(x) = \lim_{x \to 0} \int_x^{3x} \frac{\cos t}{t} dt = \ln 3.$$

(b) La fonction f peut être prolongée par continuité en 0. En effet, bien que n'étant pas définie en 0, elle admet une limite finie en 0. Précisément, si la continuité de f sur les intervalles $[-\pi, 0[$ et $]0, \pi]$ est établie, alors la fonction
$$\tilde{f} : [-\pi, \pi] \to \mathbb{R}, \quad x \mapsto \tilde{f}(x) = \begin{cases} f(x) & \text{pour } x \in [-\pi, 0[\cup]0, \pi], \\ \ln 3 & \text{pour } x = 0, \end{cases}$$
est le prolongement par continuité de f en 0.

5.

Soit $x \in]0, \pi]$. Alors, $3x \in]0, 3\pi]$. Or, la fonction
$$\ell : t \mapsto \frac{\cos t}{t},$$
est continue sur l'intervalle $]0, +\infty[$. Ainsi, la fonction
$$L : a \mapsto \int_1^a \frac{\cos t}{t} dt,$$

primitive de ℓ s'annulant en 1, est dérivable sur $]0, +\infty[$. En outre,

$$f(x) = \int_1^{3x} \frac{\cos t}{t} dt - \int_1^x \frac{\cos t}{t} dt = L(3x) - L(x).$$

La fonction f est par conséquent dérivable sur $]0, \pi]$ avec

$$f'(x) = (3x)' \cdot L'(3x) - L'(x) = 3 \cdot \ell(3x) - \ell(x) = \frac{3\cos(3x)}{3x} - \frac{\cos x}{x}$$

$$= \frac{1}{x}\Big(\cos(3x) - \cos(x)\Big)$$

pour chaque $x \in]0, \pi]$. Un raisonnement analogue montre que f est dérivable sur l'intervalle $[-\pi, 0[$ et que

$$f'(x) = \frac{1}{x}\Big(\cos(3x) - \cos(x)\Big)$$

pour tout $x \in [-\pi, 0[\cup]0, \pi]$. En particulier,

$$f'\left(\frac{\pi}{6}\right) = \frac{1}{\pi/6}\left(\cos\frac{3\pi}{6} - \cos\frac{\pi}{6}\right) = \frac{6}{\pi}\left(\cos\frac{\pi}{2} - \cos\frac{\pi}{6}\right) = \frac{6}{\pi}\left(0 - \frac{\sqrt{3}}{2}\right).$$

D'où

$$f'\left(\frac{\pi}{6}\right) = -\frac{3\sqrt{3}}{\pi}.$$

6.

Soit la fonction h définie de $]0, +\infty[$ vers $\mathbb{R}$ par $h(x) = \dfrac{\cos x}{x}$. Elle est dérivable, en tant que quotient du cosinus et de l'identité. Du reste,

$$h'(x) = \frac{\cos' x \times x - (x)' \times \cos x}{x^2} = \frac{-x \sin x - \cos x}{x^2} = -\frac{\sin x}{x} - \frac{\cos x}{x^2}$$

pour chaque $x \in]0, +\infty[$. Au même titre que h, les fonctions

$$x \mapsto \frac{\sin x}{x} \qquad \text{et} \qquad x \mapsto \frac{\cos x}{x^2}$$

sont dérivables sur $]0, +\infty[$. Par conséquent, h est deux fois dérivable sur l'intervalle $]0, +\infty[$.

7.

Au demeurant, pour chaque $x \in\,]0, +\infty[$, nous avons

$$\begin{aligned}
h''(x) &= -\left(\frac{\sin x}{x}\right)' - \left(\frac{\cos x}{x^2}\right)' \\
&= -\frac{\sin' x \cdot x - (x)' \sin x}{x^2} - \frac{\cos' x \cdot x^2 - (x^2)' \cos x}{x^4} \\
&= -\frac{x \cos x - \sin x}{x^2} - \frac{-x^2 \sin x - 2x \cos x}{x^4} \\
&= -\frac{\cos x}{x} + \frac{\sin x}{x^2} + \frac{\sin x}{x^2} + \frac{2 \cos x}{x^3} \\
&= -\frac{\cos x}{x} + \frac{2 \sin x}{x^2} + \frac{2 \cos x}{x^3}.
\end{aligned}$$

Ceci entraîne

$$xh''(x) + 2h'(x) + xh(x) = -\cos x + \frac{2\sin x}{x} + \frac{2\cos x}{x^2} - \frac{2\sin x}{x} - \frac{2\cos x}{x^2} + \cos x,$$

puis

$$xh''(x) + 2h'(x) + xh(x) = 0$$

pour tout $x \in\,]0, +\infty[$.

Partie C.

Le plan étant direct, on considère un carré direct $ABCD$. Par ailleurs, E désignant le milieu du segment $[CD]$, soient F et G des points tels que $DEFG$ soit aussi un carré direct.

1.

Ces éléments sont représentés sur le schéma 1.1 ci-dessous.

2.

Soit s la similitude de centre D qui transforme A en B. Son rapport est

$$k = \frac{DB}{BA} = \frac{\sqrt{DA^2 + AB^2}}{DA} = \frac{\sqrt{DA^2 + DA^2}}{DA} = \frac{DA\sqrt{2}}{DA} = \sqrt{2},$$

tandis que son angle est $\alpha \equiv \text{Mes}\left(\widehat{\overrightarrow{DA}, \overrightarrow{DB}}\right) [\text{mod}\, 2\pi]$. Puisque la droite (DB) est la bissectrice de l'angle $\widehat{ADC}$ et

$$\text{Mes}\left(\widehat{\overrightarrow{DA}, \overrightarrow{DC}}\right) \equiv \frac{\pi}{2}\, [\text{mod}\, 2\pi],$$

il en résulte que

$$\alpha \equiv \text{Mes}\left(\widehat{\overrightarrow{DA}, \overrightarrow{DB}}\right)[\text{mod}\, 2\pi] \equiv \frac{1}{2} \times \text{Mes}\,\widehat{ADC}\,[\text{mod}\, 2\pi] \equiv \frac{\pi}{4}\,[\text{mod}\, 2\pi].$$

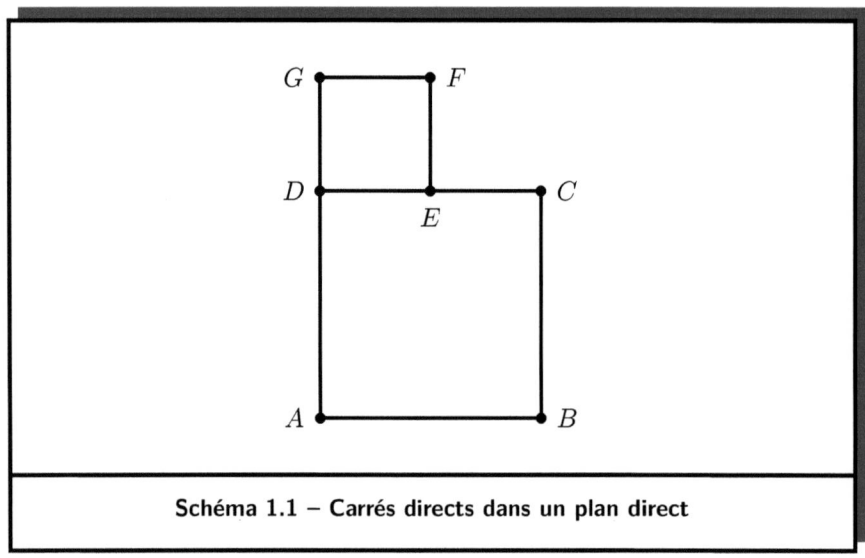

Schéma 1.1 – Carrés directs dans un plan direct

3.

En vertu du théorème de Pythagore,

$$DF^2 = DE^2 + EF^2 = DE^2 + DE^2 = 2 \cdot DE^2.$$

D'où $DF = \sqrt{2} \cdot DE$. Au demeurant,

$$\text{Mes}\left(\widehat{\overrightarrow{DE}, \overrightarrow{DF}}\right) \equiv \frac{1}{2} \cdot \text{Mes}\left(\widehat{\overrightarrow{DE}, \overrightarrow{DG}}\right)[\text{mod}\, 2\pi] \equiv \frac{\pi}{4}\,[\text{mod}\, 2\pi].$$

Par conséquent, $s(E) = F$.

4.

Soit Γ le cercle circonscrit à $ABCD$ et I le point d'intersection des droites (AE) et (BF).

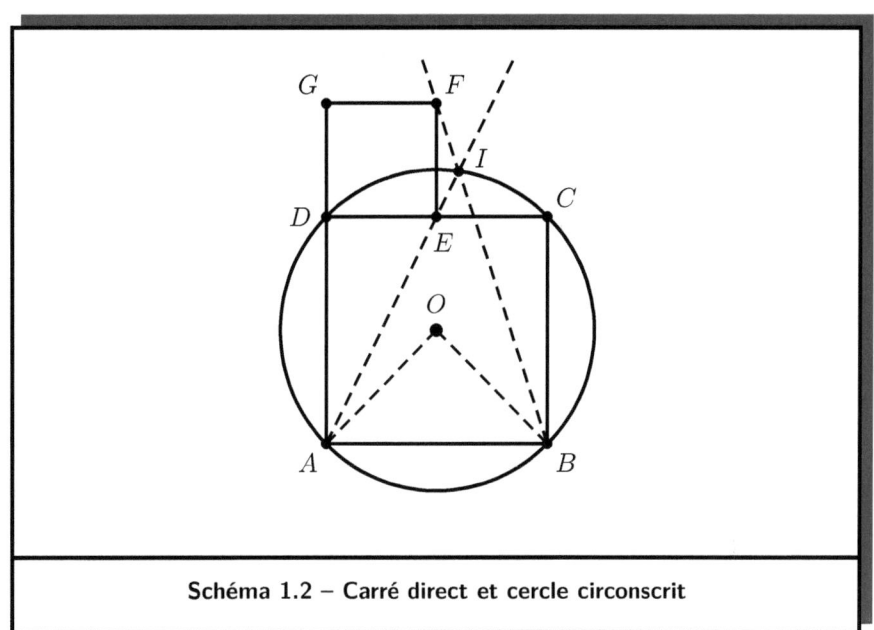

Schéma 1.2 – Carré direct et cercle circonscrit

(a) Soit φ l'isométrie vectorielle associée à l'angle orienté de mesure $\alpha = \frac{\pi}{4}$. Alors, $k \cdot \varphi$, où $k = \sqrt{2}$, est l'application vectorielle associée à la similitude s. De ce fait,

$$\overrightarrow{FB} = \overrightarrow{s(E)s(A)} = (k \cdot \varphi)\left(\overrightarrow{EA}\right) = k \cdot \varphi\left(\overrightarrow{EA}\right).$$

Par conséquent,

$$\left(\widehat{\overrightarrow{EA}, \overrightarrow{FB}}\right) = \left(\widehat{\overrightarrow{EA}, k \cdot \varphi\left(\overrightarrow{EA}\right)}\right) = \left(\widehat{\overrightarrow{EA}, \varphi\left(\overrightarrow{EA}\right)}\right)$$

et

$$\mathrm{Mes}\left(\widehat{\overrightarrow{EA}, \overrightarrow{FB}}\right) \equiv \mathrm{Mes}\left(\widehat{\overrightarrow{EA}, \varphi\left(\overrightarrow{EA}\right)}\right) [\mathrm{mod}\, 2\pi] \equiv \alpha\, [\mathrm{mod}\, 2\pi] \equiv \frac{\pi}{4}\, [\mathrm{mod}\, 2\pi].$$

Il convient de noter que le point I appartient aux demi-droites $[AE)$ et $[BF)$. Il existe en conséquence des réels strictement positifs x et y tels que

$$\vec{IA} = x \cdot \vec{EA} \quad \text{et} \quad \vec{IB} = y \cdot \vec{FB}.$$

Ainsi,

$$\text{Mes}\left(\widehat{\vec{IA}, \vec{IB}}\right) \equiv \text{Mes}\left(\widehat{x \cdot \vec{EA}, y \cdot \vec{FB}}\right) [\text{mod } 2\pi] \equiv \text{Mes}\left(\widehat{\vec{EA}, \vec{FB}}\right) [\text{mod } 2\pi]$$

et

$$\text{Mes}\left(\widehat{\vec{IA}, \vec{IB}}\right) \equiv \frac{\pi}{4} [\text{mod } 2\pi].$$

Maintenant, soit O le centre du cercle Γ. Il se confond au point de rencontre des diagonales $[AC]$ et $[BD]$ du carré $ABCD$ (voir le schéma 1.2 à la page 27). Ces diagonales étant perpendiculaires, le triangle direct OAB est rectangle en O. D'où

$$\text{Mes}\left(\widehat{\vec{OA}, \vec{OB}}\right) \equiv \frac{\pi}{2} [\text{mod } 2\pi] \equiv 2 \cdot \frac{\pi}{4} [\text{mod } 2\pi] \equiv 2 \cdot \text{Mes}\left(\widehat{\vec{IA}, \vec{IB}}\right) [\text{mod } 2\pi].$$

Eu égard au *théorème de l'angle au centre*, il en résulte que $I \in \Gamma$.

(b) Le segment $[BD]$ est un diamètre du cercle Γ. Puisque $I \notin \{B, D\}$, il en découle que IBD est un triangle rectangle en I. Par conséquent, les droites (IB) et (ID) sont orthogonales en I.

5.

On suppose que le plan est rapporté au repère orthonormé $\left(A, \frac{\vec{AB}}{AB}, \frac{\vec{AD}}{AD}\right)$ et que $AB = 3$.

(a) La similitude s est directe, car elle conserve les angles orientés. Son écriture complexe est donc donnée par

$$\mathbb{C} \to \mathbb{C}, \quad z \mapsto az + b,$$

où $|a|$ est le rapport de s et $\arg a$ une mesure de son angle, tandis que $\frac{b}{1-a}$ est l'affixe du centre D de la similitude. Ainsi donc,

$$|a| = k = \sqrt{2} \quad \text{et} \quad \arg a \equiv \frac{\pi}{4} [\text{mod } 2\pi],$$

puis
$$a = \sqrt{2}e^{i\frac{\pi}{4}} = \sqrt{2}\cdot\left(\cos\frac{\pi}{4} + i\sin\frac{\pi}{4}\right) = \sqrt{2}\cdot\left(\frac{\sqrt{2}}{2} + i\frac{\sqrt{2}}{2}\right) = 1+i.$$

Cependant,
$$AD = AB = 3 \quad \text{et} \quad \overrightarrow{AD} = AD\cdot\frac{\overrightarrow{AD}}{AD} = 0\cdot\frac{\overrightarrow{AB}}{AB} + 3\cdot\frac{\overrightarrow{AD}}{AD}.$$

Ainsi, l'affixe du point D dans le plan complexe est $3i$. De ce fait,
$$3i = \frac{b}{1-a},$$
c'est-à-dire
$$b = 3i(1-a) = 3i(1-1-i) = -3i^2 = 3.$$

Tout compte fait, l'écriture complexe de la similitude s est l'application
$$\mathbb{C}\to\mathbb{C},\ z\mapsto (1+i)z + 3.$$

(b) On pose $\vec{i} = \frac{\overrightarrow{AB}}{AB}$ et $\vec{j} = \frac{\overrightarrow{AD}}{AD}$. Soit $\vec{u} = \vec{i} + \vec{j}$ et $\vec{v} = \vec{i} - \vec{j}$. Alors,
$$\det(\vec{u},\vec{v}) = \begin{vmatrix} 1 & 1 \\ 1 & -1 \end{vmatrix} = -1 - 1 = -2 \neq 0.$$

De ce fait, le couple $(\vec{u},\vec{v})$ détermine une famille libre de deux vecteurs du plan vectoriel. Ce dernier étant de dimension 2, il en découle que $(\vec{u},\vec{v})$ est une base de ce plan vectoriel.

À présent, soit σ l'application linéaire associée à la similitude s. Considérons par ailleurs les bases $\mathcal{B} = (\vec{i},\vec{j})$ et $\mathcal{B}' = (\vec{u},\vec{v})$. L'écriture complexe déterminée plus haut permet de déterminer l'expression analytique de la similitude s. En effet, si $z = x + iy$, alors
$$(1+i)(x+iy) + 3 = x + iy + ix + i^2 y + 3 = (x-y+3) + (x+y)i.$$

Par conséquent, le plan étant rapporté au repère orthonormé $\left(A,\vec{i},\vec{j}\right)$, l'expression analytique de la similitude s est donnée par
$$s: M(x,y) \mapsto M'(x',y') \quad \text{avec} \quad \begin{cases} x' = x - y + 3, \\ y' = x + y. \end{cases}$$

De ce fait, la matrice de σ, application linéaire associée à s, dans la base $\mathcal{B} = \left(\vec{i}, \vec{j}\right)$, est
$$A = \begin{pmatrix} 1 & -1 \\ 1 & 1 \end{pmatrix}.$$

En outre,
$$\sigma\left(\vec{i}\right) = A\begin{pmatrix} 1 \\ 0 \end{pmatrix} = \begin{pmatrix} 1 & -1 \\ 1 & 1 \end{pmatrix}\begin{pmatrix} 1 \\ 0 \end{pmatrix} = \begin{pmatrix} 1 \\ 1 \end{pmatrix} = \vec{i} + \vec{j}$$

et
$$\sigma\left(\vec{j}\right) = A\begin{pmatrix} 0 \\ 1 \end{pmatrix} = \begin{pmatrix} 1 & -1 \\ 1 & 1 \end{pmatrix}\begin{pmatrix} 0 \\ 1 \end{pmatrix} = \begin{pmatrix} -1 \\ 1 \end{pmatrix} = -\vec{i} + \vec{j}.$$

Donc,
$$\sigma\left(\vec{u}\right) = \sigma\left(\vec{i} + \vec{j}\right) = \sigma\left(\vec{i}\right) + \sigma\left(\vec{j}\right) = \vec{i} + \vec{j} - \vec{i} + \vec{j} = 2\vec{j}$$

et
$$\sigma\left(\vec{v}\right) = \sigma\left(\vec{i} - \vec{j}\right) = \sigma\left(\vec{i}\right) - \sigma\left(\vec{j}\right) = \vec{i} + \vec{j} + \vec{i} - \vec{j} = 2\vec{i}.$$

Cependant, les égalités $\vec{u} = \vec{i} + \vec{j}$ et $\vec{v} = \vec{i} - \vec{j}$ entraînent
$$\vec{u} + \vec{v} = 2\vec{i} \quad \text{et} \quad \vec{u} - \vec{v} = 2\vec{j}.$$

Ceci induit
$$\sigma\left(\vec{u}\right) = \vec{u} - \vec{v} \quad \text{et} \quad \sigma\left(\vec{v}\right) = \vec{u} + \vec{v}.$$

La matrice de σ, application linéaire associée à s, dans la base $\mathcal{B}' = (\vec{u}, \vec{v})$ est par conséquent
$$A' = \begin{pmatrix} 1 & 1 \\ -1 & 1 \end{pmatrix}.$$

De manière alternative, cette matrice s'obtient aussi au moyen des matrices de changement de bases. L'une d'elles, celle de passage de $\mathcal{B} = \left(\vec{i}, \vec{j}\right)$ à $\mathcal{B}' = (\vec{u}, \vec{v})$ vaut
$$P = \begin{pmatrix} 1 & 1 \\ 1 & -1 \end{pmatrix},$$

car $\vec{u} = \vec{i} + \vec{j}$ et $\vec{v} = \vec{i} - \vec{j}$. Ces dernières égalités impliquent par ailleurs

$$\vec{i} = \frac{1}{2}\vec{u} + \frac{1}{2}\vec{v} \quad \text{et} \quad \vec{j} = \frac{1}{2}\vec{u} - \frac{1}{2}\vec{v}.$$

De ce fait, la matrice de passage de $\mathcal{B}' = (\vec{u}, \vec{v})$ à $\mathcal{B} = (\vec{i}, \vec{j})$ est

$$P' = \begin{pmatrix} \frac{1}{2} & \frac{1}{2} \\ \frac{1}{2} & -\frac{1}{2} \end{pmatrix}.$$

Il en découle que

$$A' = P'AP = \begin{pmatrix} \frac{1}{2} & \frac{1}{2} \\ \frac{1}{2} & -\frac{1}{2} \end{pmatrix} \begin{pmatrix} 1 & -1 \\ 1 & 1 \end{pmatrix} \begin{pmatrix} 1 & 1 \\ 1 & -1 \end{pmatrix}$$

$$= \begin{pmatrix} \frac{1}{2} & \frac{1}{2} \\ \frac{1}{2} & -\frac{1}{2} \end{pmatrix} \begin{pmatrix} 0 & 2 \\ 2 & 0 \end{pmatrix}$$

$$= \begin{pmatrix} 1 & 1 \\ -1 & 1 \end{pmatrix}.$$

1.3. Notes et commentaires sur le sujet 2008

Équations diophantiennes.

La première question de l'Exercice 1 de ce sujet invite à la résolution dans $\mathbb{Z}^2$ d'une *équation diophantienne* de la forme

$$ax + by = c, \tag{1.1}$$

où a et b sont entiers relatifs premiers entre eux, puis c un entier relatif quelconque. L'ensemble des solutions de (1.1) est

$$\{(-bk + cu, ak + cv) \mid k \in \mathbb{Z}\},$$

où (u, v) désigne n'importe quel couple satisfaisant $au + bv = 1$. L'existence de tels couples est garantie par le théorème de BÉZOUT.

Dans la pratique, pour tout couple (a, b) d'entiers relatifs, l'*algorithme* d'EUCLIDE permet de déterminer un couple $(u, v) \in \mathbb{Z}^2$ vérifiant

$$au + bv = \mathbf{pgcd}(a, b).$$

Pour mémoire, l'algorithme d'EUCLIDE, appliqué au couple (a, b), par une série de divisions euclidiennes, révèle $\mathbf{pgcd}(a, b)$, qui est au demeurant le dernier *reste* non nul du processus. Un rapprochement approprié des expressions des divisions euclidiennes obtenues au moyen de l'algorithme conduit au couple (u, v) recherché.

De manière générale, pour tout couple (a, b) d'entiers relatifs, l'équation

$$ax + by = c \tag{1.2}$$

admet une solution dans $\mathbb{Z}^2$ si et seulement si $\mathbf{pgcd}(a, b)$ divise c. Le cas échéant, (1.2) équivaut à

$$a'x + b'y = c' \tag{1.3}$$

avec

$$a = a' \times \mathbf{pgcd}(a, b) \qquad \text{et} \qquad b = b' \times \mathbf{pgcd}(a, b)$$

puis

$$c = c' \times \mathbf{pgcd}(a, b).$$

L'équation (1.3) est soluble au même titre que (1.1), car $\mathbf{pgcd}(a', b') = 1$.

Distance d'un point à un plan.

La quatrième question de l'Exercice 3 invite les candidats à déterminer l'intersection d'un plan et d'un cercle. La solution élaborée ici fait intervenir la notion de distance d'un point à un plan qu'il sied de clarifier.

Dans l'espace euclidien, soit M un point et $(\mathcal{P})$ un plan. La distance du point M au plan $(\mathcal{P})$ est le réel positif ou nul, noté $d(M, (\mathcal{P}))$, et définie par

$$d(M, (\mathcal{P})) = MH,$$

où H est le projeté orthogonal de M sur $(\mathcal{P})$. Il s'agit là de la plus petite distance entre M et un point du plan $(\mathcal{P})$.

Dans l'espace euclidien, un plan est entièrement déterminé, soit par un point et un vecteur normal, soit par un point et deux vecteurs directeurs non colinéaires, ou par trois points non alignés, ou encore par une équation cartésienne. La distance d'un point à ce plan s'exprime en fonction dudit point et des éléments définissant le plan.

Proposition 1. Dans l'espace euclidien muni d'un repère orthonormé, soit M un point, puis $(\mathcal{P})$ un plan passant par un point A et de vecteur normal $\vec{n}$. Alors,
$$d(M,(\mathcal{P})) = \frac{\left|\vec{n} \cdot \overrightarrow{AM}\right|}{\|\vec{n}\|}.$$

Preuve. En effet, $d(M,(\mathcal{P})) = \left\|\overrightarrow{HM}\right\|$. Cependant, $\vec{n} \cdot \overrightarrow{AH} = 0$ et il existe un réel λ tel que $\overrightarrow{HM} = \lambda \cdot \vec{n}$. De ce fait,
$$d(M,(\mathcal{P})) = \|\lambda \cdot \vec{n}\| = |\lambda| \cdot \|\vec{n}\|.$$

Au demeurant,
$$\vec{n} \cdot \overrightarrow{AM} = \vec{n} \cdot \left(\overrightarrow{AH} + \overrightarrow{HM}\right) = \vec{n} \cdot \overrightarrow{AH} + \vec{n} \cdot \overrightarrow{HM} = \vec{n} \cdot (\lambda \cdot \vec{n}) + 0$$
$$= \lambda \cdot \vec{n}^2 = \lambda \cdot \|\vec{n}\|^2.$$

Il en résulte que
$$\lambda = \frac{\vec{n} \cdot \overrightarrow{AM}}{\|\vec{n}\|^2} \quad \text{et} \quad |\lambda| = \frac{\left|\vec{n} \cdot \overrightarrow{AM}\right|}{\|\vec{n}\|^2},$$
puis
$$d(M,(\mathcal{P})) = \frac{\left|\vec{n} \cdot \overrightarrow{AM}\right|}{\|\vec{n}\|^2} \cdot \|\vec{n}\| = \frac{\left|\vec{n} \cdot \overrightarrow{AM}\right|}{\|\vec{n}\|}.$$

Proposition 2. Dans l'espace euclidien muni d'un repère orthonormé, soit M un point, puis $(\mathcal{P})$ un plan passant par un point A, de vecteurs directeurs $\vec{u}$ et $\vec{v}$. Alors,
$$d(M,(\mathcal{P})) = \frac{\left|(\vec{u} \wedge \vec{v}) \cdot \overrightarrow{AM}\right|}{\|\vec{u} \wedge \vec{v}\|}.$$

Preuve. Le produit vectoriel $\vec{u} \wedge \vec{v}$ est notoirement un vecteur normal au plan $(\mathcal{P})$. Eu égard à la Proposition 1 ci-dessus, il s'ensuit que

$$d(M,(\mathcal{P})) = \frac{\left|(\vec{u} \wedge \vec{v}) \cdot \overrightarrow{AM}\right|}{\|\vec{u} \wedge \vec{v}\|}.$$

Proposition 3. Dans l'espace euclidien muni d'un repère orthonormé, soit M un point, puis $(\mathcal{P})$ un plan contenant des points non alignés A, B et C. Alors,

$$d(M,(\mathcal{P})) = \frac{\left|\left(\overrightarrow{AB} \wedge \overrightarrow{AC}\right) \cdot \overrightarrow{AM}\right|}{\left\|\overrightarrow{AB} \wedge \overrightarrow{AC}\right\|}.$$

Preuve. Les points A, B et C étant non alignés, les vecteurs $\overrightarrow{AB}$ et $\overrightarrow{AC}$ sont non colinéaires et directeurs du plan $(\mathcal{P})$. En vertu de la Proposition 2, ceci entraîne

$$d(M,(\mathcal{P})) = \frac{\left|\left(\overrightarrow{AB} \wedge \overrightarrow{AC}\right) \cdot \overrightarrow{AM}\right|}{\left\|\overrightarrow{AB} \wedge \overrightarrow{AC}\right\|}.$$

Proposition 4. Dans l'espace euclidien muni d'un repère orthonormé $\left(O, \vec{i}, \vec{j}, \vec{k}\right)$, soit $M(x_M, y_M, z_M)$ un point, puis $(\mathcal{P})$ un plan d'équation cartésienne $ax + by + cz + d = 0$. Alors,

$$d(M,(\mathcal{P})) = \frac{|ax_M + by_M + cz_M + d|}{\sqrt{a^2 + b^2 + c^2}}.$$

Preuve. Par hypothèse, le vecteur $\vec{n} = a\vec{i} + b\vec{j} + c\vec{k}$ est normal au plan $(\mathcal{P})$. Du reste, étant donné un point $A(x_A, y_A, z_B)$ ce plan, nous avons

$$ax_A + by_A + cz_A = -d$$

et

$$d(M,(\mathcal{P})) = \frac{\left|\vec{n} \cdot \overrightarrow{AM}\right|}{\|\vec{n}\|}.$$

Par ailleurs,

$$\|\vec{n}\| = \sqrt{a^2 + b^2 + c^2}$$

et
$$\vec{n} \cdot \overrightarrow{AM} = a(x_M - x_A) + b(y_M - y_A) + c(z_M - z_A)$$
$$= ax_M + by_M + cz_M - (ax_A + by_A + cz_A)$$
$$= ax_M + by_M + cz_M + d.$$

Par conséquent,
$$d(M,(\mathcal{P})) = \frac{|ax_M + by_M + cz_M + d|}{\sqrt{a^2 + b^2 + c^2}}.$$

Intersection d'un plan et d'une sphère.

Dans l'espace euclidien, soit $(\mathcal{P})$ un plan, $(\mathcal{S})$ une sphère de centre I et de rayon $r \in \mathbb{R}_+^*$, puis H le projeté orthogonale de I sur le plan $(\mathcal{P})$. Alors, chacune des assertions suivantes est vraie :

(1) Si $d(I,(\mathcal{P})) > r$, alors $(\mathcal{P}) \cap (\mathcal{S}) = \emptyset$.
(2) Si $d(I,(\mathcal{P})) = r$, alors $(\mathcal{P}) \cap (\mathcal{S}) = \{H\}$. Le cas échéant, le plan $(\mathcal{P})$ est dit tangent à la sphère $(\mathcal{S})$ au point H.
(3) Si $d(I,(\mathcal{P})) < r$, alors l'intersection $(\mathcal{P}) \cap (\mathcal{S})$ est le cercle de centre H et de rayon $\sqrt{r^2 - d(I,(\mathcal{P}))^2}$, contenu dans le plan $(\mathcal{P})$.

Preuve. En effet, au regard du théorème de PYTHAGORE, pour tout point M du plan $(\mathcal{P})$, nous avons $IM^2 = IH^2 + HM^2$, c'est-à-dire
$$IM^2 = d(I,(\mathcal{P}))^2 + HM^2 \quad \text{ou} \quad HM^2 = IM^2 - d(I,(\mathcal{P}))^2.$$

Ainsi, chaque point $M \in (\mathcal{P}) \cap (\mathcal{S})$ satisfait l'égalité
$$HM^2 = r^2 - d(I,(\mathcal{P}))^2. \tag{1.4}$$

Premièrement, soit $d(I,(\mathcal{P})) > r$. Alors, $r^2 - d(I,(\mathcal{P}))^2 < 0$. L'égalité (1.4) n'est donc pas valide. De ce fait, $(\mathcal{P}) \cap (\mathcal{S}) = \emptyset$ si $d(I,(\mathcal{P})) > r$.

Deuxièmement, soit $d(I,(\mathcal{P})) = r$. Alors, $M \in (\mathcal{P}) \cap (\mathcal{S})$ implique
$$HM^2 = r^2 - r^2 = 0,$$

puis $M = H$. D'où $(\mathcal{P}) \cap (\mathcal{S}) \subseteq \{H\}$. Du reste, $IH = d(I,(\mathcal{P})) = r$. Ceci signifie que $H \in (\mathcal{S})$. Or, par définition, $H \in (\mathcal{P})$. Ainsi, $H \in (\mathcal{P}) \cap (\mathcal{S})$. Par conséquent, $(\mathcal{P}) \cap (\mathcal{S}) = \{H\}$.

Troisièmement, soit $d(I,(\mathcal{P})) < r$. Alors, $M \in (\mathcal{P}) \cap (\mathcal{S})$ entraîne
$$HM = \sqrt{r^2 - d(I,(\mathcal{P}))^2}.$$
L'intersection $(\mathcal{P}) \cap (\mathcal{S})$ est donc une partie du cercle $(\mathcal{C})$, contenu dans le plan $(\mathcal{P})$, de centre H et de rayon $\sqrt{r^2 - d(I,(\mathcal{P}))^2}$. À présent, soit M un point du cercle $(\mathcal{C})$. Alors,
$$M \in (\mathcal{P}) \quad \text{et} \quad HM = \sqrt{r^2 - d(I,(\mathcal{P}))^2}.$$
Ceci induit
$$IM^2 = d(I,(\mathcal{P}))^2 + HM^2 = d(I,(\mathcal{P}))^2 + r^2 - d(I,(\mathcal{P}))^2 = r^2,$$
Ainsi, $M \in (\mathcal{S})$. Il en découle que $(\mathcal{C}) \subseteq (\mathcal{P}) \cap (\mathcal{S})$. Tout compte fait,
$$(\mathcal{P}) \cap (\mathcal{S}) = (\mathcal{C}).$$
Cette observation conclut la preuve.

La proposition ainsi prouvée a été employée dans la résolution de la question **(4.b)** de l'Exercice 3.

Théorème de l'angle au centre.

Dans la solution de la question **(2.d)** de l'Exercice 3, nous faisons usage du *théorème de l'angle au centre*, formulé et démontré ci-dessous.

Dans le plan ou l'espace euclidien, soient A, B et C des points tels que $A \neq B$ et $A \neq C$. Alors, ces points déterminent l'*angle géométrique*
$$\widehat{BAC},$$
qui correspond à la paire de demi-droites $\{[AB), [AC)\}$. Si du reste le plan euclidien (ou l'espace euclidien), muni d'un repère, est orienté, alors ces mêmes points définissent l'*angle orienté* (encore appelé *angle vectoriel*)
$$\widehat{\left(\overrightarrow{AB}, \overrightarrow{AC}\right)}.$$

Il existe deux variantes du théorème de l'angle au centre : l'une pour les angles géométriques et l'autre pour les angles orientés. Avant de les formuler, il convient de faire un rappel sur les arcs de cercle.

Pour des points A et B d'un cercle $(\mathcal{C})$, le segment $[AB]$ est appelé *corde* de $(\mathcal{C})$. Toute corde passant par le centre du cercle est appelée *diamètre*. Chaque corde partage le cercle en deux arcs :

- Si la corde $[AB]$ n'est pas un diamètre, les arcs définis sont symbolisés respectivement par

$$\text{int}(\widehat{AB}) \quad \text{et} \quad \text{ext}(\widehat{AB}),$$

où la longueur de $\text{int}(\widehat{AB})$ est strictement inférieure à celle de $\text{ext}(\widehat{AB})$.

- Si la corde $[AB]$ est un diamètre, les arcs définis sont des *demi-cercles*, notés respectivement

$$\text{int}(\widehat{APB}) \quad \text{et} \quad \text{ext}(\widehat{APB}),$$

où P est un point quelconque du cercle distinct de A et B, vérifiant

$$P \in \text{int}(\widehat{APB}) \quad \text{et} \quad P \notin \text{ext}(\widehat{APB}).$$

Théorème de l'angle au centre (angles géométriques).

Dans le plan euclidien, soient A et B des points d'un cercle $(\mathcal{C})$ de centre O. De plus, soit M un point de $(\mathcal{C})$ distinct de A et de B. Alors, chacune des assertions suivantes est valide :

(1) Si la corde $[AB]$ n'est pas un diamètre de $(\mathcal{C})$ et $M \in \text{int}(\widehat{AB})$, alors

$$2 \cdot \text{Mes}\,\widehat{AMB} = 2\pi - \text{Mes}\,\widehat{AOB}.$$

(2) Si la corde $[AB]$ n'est pas un diamètre de $(\mathcal{C})$ et $M \in \text{ext}(\widehat{AB})$, alors

$$2 \cdot \text{Mes}\,\widehat{AMB} = \text{Mes}\,\widehat{AOB}.$$

(3) Si la corde $[AB]$ un diamètre de $(\mathcal{C})$, alors

$$\text{Mes}\,\widehat{AMB} = \frac{\pi}{2}.$$

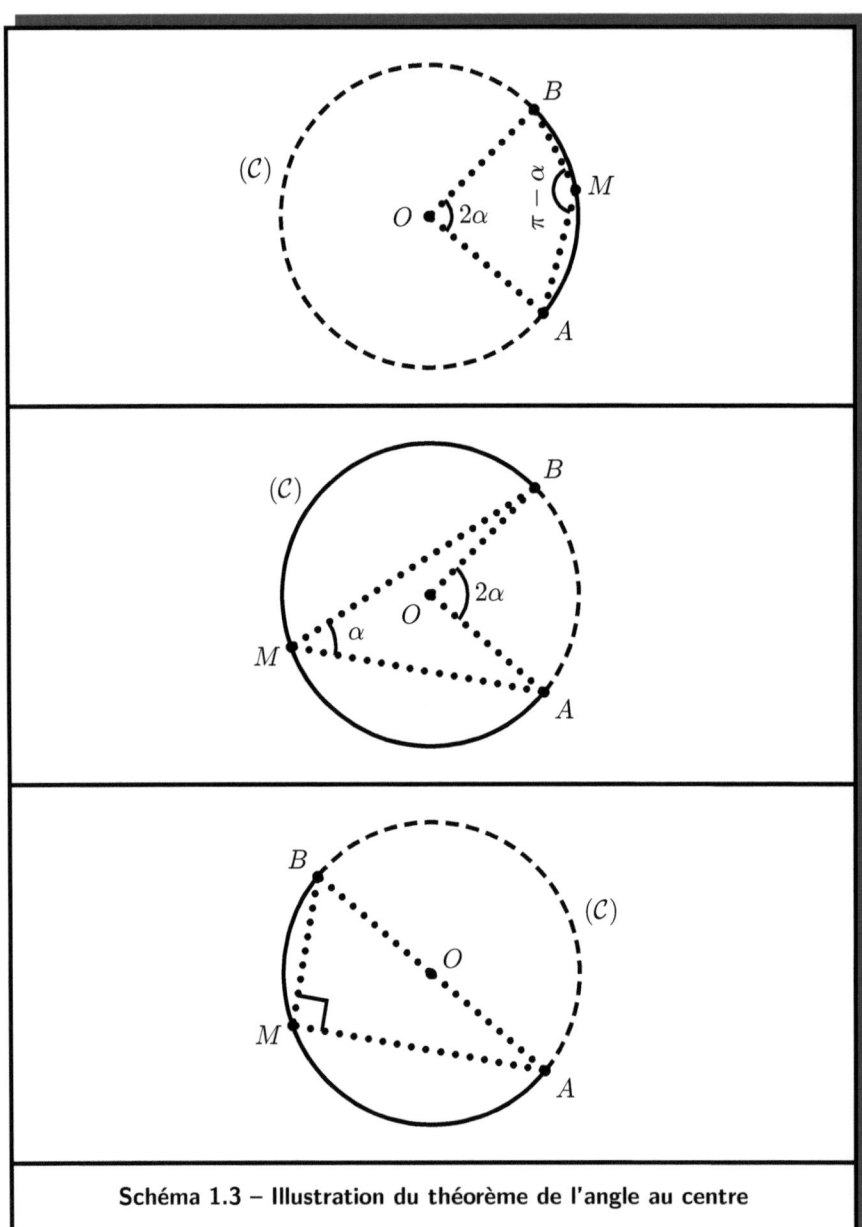

Schéma 1.3 – Illustration du théorème de l'angle au centre

Des éléments de preuve de cette variante du *théorème de l'angle au centre* sont donnés notamment dans l'ouvrage [2]. Ce dernier propose du reste un exposé détaillé sur les arcs de cercle, les angles et leur mesure.

Théorème de l'angle au centre (angles orientés).

Dans le plan euclidien rapporté à un repère orthonormé direct, soient A et B des points d'un cercle $(\mathcal{C})$ de centre O. Alors, un point M du plan, distinct de A et de B, appartient au cercle $(\mathcal{C})$ si et seulement si

$$\mathrm{Mes}\left(\widehat{\overrightarrow{OA},\overrightarrow{OB}}\right) \equiv 2 \cdot \mathrm{Mes}\left(\widehat{\overrightarrow{MA},\overrightarrow{MB}}\right) [\mathrm{mod}\, 2\pi].$$

Cette seconde variante est celle mise à contribution dans le corrigé de la Partie C du Problème (voir la page 28). Elle est plus robuste que la première variante. En effet, elle donne une condition nécessaire et suffisante d'appartenance au cercle, alors que la première donne des conséquences de l'appartenance à l'un ou l'autre des arcs du cercle.

En prélude de la preuve du théorème de l'angle au centre, il sied de rappeler la caractérisation suivante de la médiatrice d'un segment :

Dans le plan euclidien rapporté à un repère direct, soient P et Q des points distincts. Alors, un point M appartient à la médiatrice du segment $[PQ]$ si et seulement si

$$\left(\widehat{\overrightarrow{PM},\overrightarrow{PQ}}\right) = \left(\widehat{\overrightarrow{QP},\overrightarrow{QM}}\right).$$

En particulier, un triangle MPQ est isocèle en M si et seulement si

$$\left(\widehat{\overrightarrow{PM},\overrightarrow{PQ}}\right) = \left(\widehat{\overrightarrow{QP},\overrightarrow{QM}}\right).$$

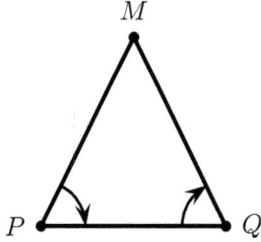

Preuve du théorème de l'angle au centre.

Dans le plan euclidien rapporté à repère orthonormé direct, soient A et B des points distincts d'un cercle $(\mathcal{C})$ de centre O. Soit du reste M un point distinct de A, B et O. Alors, d'après la relation de Chasles,

$$\widehat{\left(\overrightarrow{OA},\overrightarrow{OM}\right)} = \widehat{\left(\overrightarrow{OA},\overrightarrow{AO}\right)} + \widehat{\left(\overrightarrow{AO},\overrightarrow{AM}\right)} + \widehat{\left(\overrightarrow{AM},\overrightarrow{OM}\right)}$$

$$= \widehat{\left(\overrightarrow{OA},-\overrightarrow{OA}\right)} + \widehat{\left(\overrightarrow{AO},\overrightarrow{AM}\right)} + \widehat{\left(-\overrightarrow{MA},-\overrightarrow{MO}\right)}$$

$$= \widehat{\left(\overrightarrow{OA},-\overrightarrow{OA}\right)} + \widehat{\left(\overrightarrow{AO},\overrightarrow{AM}\right)} + \widehat{\left(\overrightarrow{MA},\overrightarrow{MO}\right)},$$

et

$$\widehat{\left(\overrightarrow{OM},\overrightarrow{OB}\right)} = \widehat{\left(\overrightarrow{OM},\overrightarrow{BM}\right)} + \widehat{\left(\overrightarrow{BM},\overrightarrow{BO}\right)} + \widehat{\left(\overrightarrow{BO},\overrightarrow{OB}\right)}$$

$$= \widehat{\left(-\overrightarrow{MO},-\overrightarrow{MB}\right)} + \widehat{\left(\overrightarrow{BM},\overrightarrow{BO}\right)} + \widehat{\left(-\overrightarrow{OB},\overrightarrow{OB}\right)}$$

$$= \widehat{\left(\overrightarrow{MO},\overrightarrow{MB}\right)} + \widehat{\left(\overrightarrow{BM},\overrightarrow{BO}\right)} + \widehat{\left(-\overrightarrow{OB},\overrightarrow{OB}\right)}.$$

Cependant,

$$\widehat{\left(\overrightarrow{OA},\overrightarrow{OB}\right)} = \widehat{\left(\overrightarrow{OA},\overrightarrow{OM}\right)} + \widehat{\left(\overrightarrow{OM},\overrightarrow{OB}\right)}$$

et

$$\widehat{\left(\overrightarrow{OA},-\overrightarrow{OA}\right)} = \widehat{\left(-\overrightarrow{OB},\overrightarrow{OB}\right)} = \widehat{\omega},$$

où $\widehat{\omega}$ désigne l'angle plat, puis

$$\widehat{\left(\overrightarrow{MA},\overrightarrow{MO}\right)} + \widehat{\left(\overrightarrow{MO},\overrightarrow{MB}\right)} = \widehat{\left(\overrightarrow{MA},\overrightarrow{MB}\right)}.$$

De ce fait,

$$\widehat{\left(\overrightarrow{OA},\overrightarrow{OB}\right)} = \widehat{\left(\overrightarrow{MA},\overrightarrow{MB}\right)} + \widehat{\left(\overrightarrow{AO},\overrightarrow{AM}\right)} + \widehat{\left(\overrightarrow{BM},\overrightarrow{BO}\right)} + 2\cdot\widehat{\omega}.$$

Puisque $2\cdot\widehat{\omega}$ est égal à l'angle nul $\widehat{0}$, il en résulte que

$$\widehat{\left(\overrightarrow{OA},\overrightarrow{OB}\right)} = \widehat{\left(\overrightarrow{MA},\overrightarrow{MB}\right)} + \widehat{\left(\overrightarrow{AO},\overrightarrow{AM}\right)} + \widehat{\left(\overrightarrow{BM},\overrightarrow{BO}\right)}. \quad (1.5)$$

Nous supposons maintenant que le point M appartient au cercle $(\mathcal{C})$. Alors,
$$OM = OA = OB.$$
Ainsi, le point O est sur les médiatrices des segments $[AM]$ et $[BM]$. D'où
$$\left(\widehat{\overrightarrow{AO},\overrightarrow{AM}}\right) = \left(\widehat{\overrightarrow{MA},\overrightarrow{MO}}\right) \quad \text{et} \quad \left(\widehat{\overrightarrow{BM},\overrightarrow{BO}}\right) = \left(\widehat{\overrightarrow{MO},\overrightarrow{MB}}\right).$$
Eu égard à l'égalité (1.5), ceci induit
$$\begin{aligned}\left(\widehat{\overrightarrow{OA},\overrightarrow{OB}}\right) &= \left(\widehat{\overrightarrow{MA},\overrightarrow{MB}}\right) + \left(\widehat{\overrightarrow{MA},\overrightarrow{MO}}\right) + \left(\widehat{\overrightarrow{MO},\overrightarrow{MB}}\right) \\ &= \left(\widehat{\overrightarrow{MA},\overrightarrow{MB}}\right) + \left(\widehat{\overrightarrow{MA},\overrightarrow{MB}}\right) \\ &= 2 \cdot \left(\widehat{\overrightarrow{MA},\overrightarrow{MB}}\right).\end{aligned}$$
Par conséquent, l'assertion $M \in (\mathcal{C})$ entraîne
$$\text{Mes}\left(\widehat{\overrightarrow{OA},\overrightarrow{OB}}\right) \equiv 2 \cdot \text{Mes}\left(\widehat{\overrightarrow{MA},\overrightarrow{MB}}\right) [\text{mod } 2\pi].$$

Nous supposons à présent que cette dernière égalité est satisfaite. Alors,
$$\left(\widehat{\overrightarrow{OA},\overrightarrow{OB}}\right) = 2 \cdot \left(\widehat{\overrightarrow{MA},\overrightarrow{MB}}\right).$$
Ainsi, si $\left(\widehat{\overrightarrow{MA},\overrightarrow{MB}}\right) = \hat{0}$ ou $\left(\widehat{\overrightarrow{MA},\overrightarrow{MB}}\right) = \hat{\omega}$, alors
$$\left(\widehat{\overrightarrow{OA},\overrightarrow{OB}}\right) = \hat{0},$$
puis $A = B$: une contradiction de l'hypothèse $A \neq B$. De ce fait,
$$\left(\widehat{\overrightarrow{MA},\overrightarrow{MB}}\right) \neq \hat{0} \quad \text{et} \quad \left(\widehat{\overrightarrow{MA},\overrightarrow{MB}}\right) \neq \hat{\omega}.$$
Ceci signifie que les points M, A et B sont non alignés. Soit O' le centre du cercle circonscrit au triangle MAB. Alors, en vertu de la première partie de cette preuve,
$$\left(\widehat{\overrightarrow{O'A},\overrightarrow{O'B}}\right) = 2 \cdot \left(\widehat{\overrightarrow{MA},\overrightarrow{MB}}\right).$$

Il en résulte que
$$\widehat{(\overrightarrow{OA},\overrightarrow{OB})} = \widehat{(\overrightarrow{O'A},\overrightarrow{O'B})}.$$

Or, les triangles OAB et $O'AB$ sont isocèles respectivement en O et O'. D'où
$$\widehat{(\overrightarrow{BO},\overrightarrow{BA})} = \widehat{(\overrightarrow{AB},\overrightarrow{AO})} \quad \text{et} \quad \widehat{(\overrightarrow{BO'},\overrightarrow{BA})} = \widehat{(\overrightarrow{AB},\overrightarrow{AO'})}.$$

De ce fait,
$$\widehat{(\overrightarrow{OA},\overrightarrow{OB})} + 2 \cdot \widehat{(\overrightarrow{AB},\overrightarrow{AO})} = \widehat{(\overrightarrow{OA},\overrightarrow{OB})} + \widehat{(\overrightarrow{BO},\overrightarrow{BA})} + \widehat{(\overrightarrow{AB},\overrightarrow{AO})}$$
$$= \widehat{(\overrightarrow{OA},\overrightarrow{AO})} = \hat{\omega} = \widehat{(\overrightarrow{O'A},\overrightarrow{AO'})}$$
$$= \widehat{(\overrightarrow{O'A},\overrightarrow{O'B})} + \widehat{(\overrightarrow{BO'},\overrightarrow{BA})} + \widehat{(\overrightarrow{AB},\overrightarrow{AO'})}$$
$$= \widehat{(\overrightarrow{O'A},\overrightarrow{O'B})} + 2 \cdot \widehat{(\overrightarrow{AB},\overrightarrow{AO'})}.$$

Ceci entraîne
$$\widehat{(\overrightarrow{AB},\overrightarrow{AO})} = \widehat{(\overrightarrow{AB},\overrightarrow{AO'})},$$

puis $\overrightarrow{AO} = \overrightarrow{AO'}$ car les points O et O' appartiennent à la médiatrice du segment $[AB]$. Ainsi, $O' = O$. Par conséquent, $OM = OA$. Le point M appartient donc au cercle $(\mathcal{C})$. Cette observation conclut la preuve du théorème de l'angle au centre.

Chapitre 2

Session 2009

2.1. Sujet 2009

Ce sujet est composé de trois exercices et d'un problème. Hormis les deux premiers exercices, tous s'adressent aux candidats des séries C et E. L'exercice 1 concerne uniquement la série E, tandis que l'exercice 2 est destiné exclusivement à la série C.

Exercice 1 (E) : Alignement – Points coplanaires – Calcul d'aire.

Dans l'espace muni du repère orthonormé direct $\left(O, \vec{i}, \vec{j}, \vec{k}\right)$, on considère les points $A(-4, 6, -1)$, $B(1, 2, 2)$ et $C(-1, 4, 3)$.

1. (a) Démontrer que les points A, B et C ne sont pas alignés.
   (b) Calculer l'aire du triangle ABC.
2. Écrire une équation cartésienne du plan (ABC).
3. Soit I le milieu du segment $[AC]$, et $D = \mathcal{S}_I(B)$, où $\mathcal{S}_I$ désigne la symétrie de centre I.
   (a) Démontrer que les points A, B, C et D sont coplanaires.
   (b) Donner la nature du quadrilatère $ABCD$ et puis calculer son aire.

Exercice 2 (C) : Somme des diviseurs et carré parfait.

Soit S la somme des diviseurs positifs de p^4, où p est un nombre premier plus grand que 2.
1. Exprimer S en fonction de p.
2. Démontrer que $(2p^2 + p)^2 < 4S < (2p^2 + p + 2)^2$.
3. On suppose que S est un carré parfait et on pose $S = n^2$, où n est un entier naturel.
    (a) Établir l'existence et l'unicité de n lorsque p est fixé. (On pourra utiliser la question **2.**)
    (b) Exprimer n en fonction de p.
    (c) Établir que p vérifie la relation $3 + 2p - p^2 = 0$. (On utilisera le fait que $4S = 4n^2$.)
    (d) Déduire de **(c)** la valeur de p, puis celle de n.

Exercice 3 : Lancer d'un dé pipé.

Un dé cubique pipé a les caractéristiques suivantes : Deux faces sont marquées 2 ; trois faces sont marquées 4 ; et une face est marquée 6. La probabilité p_i d'apparition de la face i est proportionnelle au nombre i.
1. Calculer les nombres p_2, p_4 et p_6.
2. On suppose dans la suite que
$$p_2 = \frac{1}{6}, \qquad p_4 = \frac{1}{3} \quad \text{et} \quad p_6 = \frac{1}{2}.$$
On lance deux fois de suite le dé précédent, puis note i le résultat du premier lancer et j le résultat du deuxième lancer. On définit la variable aléatoire X qui, au couple (i, j), associe le nombre $i - j$.
    (a) Déterminer l'univers-image de X.
    (b) Déterminer la loi de probabilité de X.

Problème : Fonctions – Applications affines - Plan complexe.

Le problème comprend trois parties **A**, **B** et **C** obligatoires. La partie **C** est indépendante.

Partie A.

On considère la fonction numérique f de la variable réelle x définie par

$$f(x) = \frac{e^x - 1}{e^x + 1},$$

et $(\mathcal{C}_f)$ sa courbe représentative dans un repère orthonormé $\left(O, \vec{i}, \vec{j}\right)$ du plan.

1. (a) Calculer la dérivée f' de f, et dresser le tableau de variation de f.
   (b) Étudier le signe de la dérivée seconde et en déduire la position relative de $(\mathcal{C}_f)$ par rapport à sa tangente $\mathcal{T}_0$ en O.
   (c) Démontrer que l'origine O du repère est un point d'inflexion pour la courbe $(\mathcal{C}_f)$.

2. (a) Montrer que f réalise une bijection de $\mathbb{R}$ vers un intervalle I de $\mathbb{R}$ que l'on précisera.
   (b) Soit g la bijection réciproque de f et $(\mathcal{C}_g)$ sa courbe représentative. Montrer que
   $$g(x) = \ln\left(\frac{1+x}{1-x}\right)$$
   pour tout $x \in I$.

3. Construire dans le même graphique les courbes $(\mathcal{C}_f)$ et $(\mathcal{C}_g)$. (On prendra 2 cm comme unité sur les axes de coordonnées.)

4. Une suite numérique $(U_n)_{n \in \mathbb{N}^*}$ est définie, pour tout entier naturel n strictement positif, par

$$U_n = \int_0^{\frac{n-1}{n}} \Big(\ln(1+x) - \ln(1-x)\Big) dx.$$

   (a) En utilisant l'intégration par parties, montrer que
   $$U_n = \left(\frac{2n-1}{n}\right) \ln\left(\frac{2n-1}{n}\right) - \frac{\ln n}{n}.$$

   (b) Calculer la limite de la suite $(U_n)_{n \in \mathbb{N}^*}$ et interpréter graphiquement le résultat.

Partie B.

5. Soit σ la symétrie orthogonale d'axe $(\Delta) : y = x$ et τ la translation de vecteur $\overrightarrow{OA} = 3\vec{i} + \vec{j}$. On pose $\varphi = \tau \circ \sigma$.
    (a) Donner la nature de l'application φ.
    (b) Construire l'image par φ de la courbe $(\mathcal{C}_f)$.

6. On considère les vecteurs $\vec{e_1} = \vec{i} + \vec{j}$ et $\vec{e_2} = \vec{i} - \vec{j}$, puis la droite $(\Delta') : x - y - 1 = 0$, ainsi que σ' la symétrie orthogonale d'axe (Δ').
    (a) Vérifier que le triplet $(O, \vec{e_1}, \vec{e_2})$ forme un repère orthogonal du plan.
    (b) Montrer que, dans la base $(\vec{e_1}, \vec{e_2})$, le vecteur $\overrightarrow{OA}$ se décompose de façon unique sous la forme $\overrightarrow{OA} = \vec{V_1} + \vec{V_2}$, où $\vec{V_1}$ et $\vec{V_2}$ sont des vecteurs colinéaires à $\vec{e_1}$ et à $\vec{e_2}$ que l'on précisera.
    (c) On désigne par H et H' les projetés orthogonaux respectifs de A sur (Δ) et sur (Δ'). Montrer que $\vec{V_2} = 2 \cdot \overrightarrow{HH'}$. En déduire que $\tau = \tau_1 \circ \sigma' \circ \sigma$, où τ_1 est une translation dont on donnera le vecteur.
    (d) Montrer que $\varphi = \tau_1 \circ \sigma'$.

Partie C.

Le plan est muni d'un repère orthonormé. Soit $(\mathcal{D})$ la droite d'équation $x = 2$. Les points M et F du plan ont pour affixes respectives z et $1 - i$.

1. Exprimer, en fonction de z, la distance de M à la droite $(\mathcal{D})$.
2. On suppose que $z + \bar{z} - 4 \neq 0$. Pour tout réel m strictement positif, (Γ_m) est l'ensemble des points M dont l'affixe z est solution de l'équation suivante :
$$|z - 1 + i| - m \cdot |\bar{z} + z - 4| = 0.$$
    (a) Déterminer suivant les valeurs de m la nature de (Γ_m).
    (b) Donner les éléments caractéristiques de (Γ_1).

2.2. Corrigé 2009

Solution de l'Exercice 1 (E).

1.

(a) Démontrons que les points A, B et C ne sont pas alignés. À cet effet, notons que
$$\overrightarrow{AB} = \left(1-(-4)\right)\overrightarrow{i} + \left(2-6\right)\overrightarrow{j} + \left(2-(-1)\right)\overrightarrow{k} = 5\overrightarrow{i} - 4\overrightarrow{j} + 3\overrightarrow{k}$$
et
$$\overrightarrow{AC} = \left(-1-(-4)\right)\overrightarrow{i} + \left(4-6\right)\overrightarrow{j} + \left(3-(-1)\right)\overrightarrow{k} = 3\overrightarrow{i} - 2\overrightarrow{j} + 4\overrightarrow{k}.$$
Alors,
$$\overrightarrow{AB} \wedge \overrightarrow{AC} = \begin{vmatrix} -4 & -2 \\ 3 & 4 \end{vmatrix} \cdot \overrightarrow{i} + \begin{vmatrix} 3 & 4 \\ 5 & 3 \end{vmatrix} \cdot \overrightarrow{j} + \begin{vmatrix} 5 & 3 \\ -4 & -2 \end{vmatrix} \cdot \overrightarrow{k}$$
$$= -10\overrightarrow{i} - 11\overrightarrow{j} + 2\overrightarrow{k} \neq \overrightarrow{0}.$$

De ce fait, les vecteurs $\overrightarrow{AB}$ et $\overrightarrow{AC}$ ne sont pas colinéaires. Les points A, B et C ne sont donc pas alignés.

(b) Soit $\mathfrak{a}$ l'aire du triangle ABC. Alors,
$$\mathfrak{a} = \frac{\left\|\overrightarrow{AB} \wedge \overrightarrow{AC}\right\|}{2} = \frac{\left\|-10\overrightarrow{i} - 11\overrightarrow{j} + 2\overrightarrow{k}\right\|}{2} = \frac{\sqrt{(-10)^2 + (-11)^2 + 2^2}}{2}.$$
Donc,
$$\mathfrak{a} = \frac{\sqrt{100 + 121 + 4}}{2} = \frac{\sqrt{225}}{2} = \frac{\sqrt{15^2}}{2} = \frac{15}{2}.$$

2.

Le produit vectoriel $\overrightarrow{AB} \wedge \overrightarrow{AC}$ est un vecteur normal du plan (ABC). Donc, $-10x - 11y + 2z + d = 0$, où $d \in \mathbb{R}$, est une équation de (ABC). Ainsi,
$$0 = -10x_A - 11y_A + 2z_A + d = (-10 \times -4) - (11 \times 6) + 2 \times (-1) + d$$
$$= -28 + d.$$

D'où $d = 28$. Par conséquent, une équation du plan (ABC) est
$$10x + 11y - 2z - 28 = 0.$$

3.

Soit $\mathcal{S}_I$ la symétrie de centre I.

(a) Nous avons $\overrightarrow{AC} = 2\overrightarrow{AI}$, car I le milieu du segment $[AC]$. Du reste, $D = \mathcal{S}_I(B)$. Ceci induit $\overrightarrow{ID} = \overrightarrow{BI}$. D'où
$$\overrightarrow{AD} = \overrightarrow{AI} + \overrightarrow{ID} = \overrightarrow{AI} + \overrightarrow{BI} = \overrightarrow{AI} + \overrightarrow{BA} + \overrightarrow{AI} = -\overrightarrow{AB} + 2\overrightarrow{AI},$$
puis $\overrightarrow{AD} = -\overrightarrow{AB} + \overrightarrow{AC}$. Ceci montre que le point D appartient au plan (ABC). Les points A, B, C et D sont donc coplanaires.

(b) Eu égard à la relation de CHASLES, nous avons
$$\overrightarrow{AB} = \overrightarrow{AD} + \overrightarrow{DB} = -\overrightarrow{AB} + \overrightarrow{AC} + \overrightarrow{DB} = \overrightarrow{BA} + \overrightarrow{AC} + \overrightarrow{DB} = \overrightarrow{BC} + \overrightarrow{DB},$$
et donc $\overrightarrow{AB} = \overrightarrow{DC}$. Ainsi, $ABCD$ est un parallélogramme. Son aire vaut
$$\mathfrak{a}' = \left\| \overrightarrow{AB} \wedge \overrightarrow{AD} \right\| = \left\| \overrightarrow{AB} \wedge \left(-\overrightarrow{AB} + \overrightarrow{AC} \right) \right\|.$$
Ceci signifie que
$$\mathfrak{a}' = \left\| \left(-\overrightarrow{AB} \wedge \overrightarrow{AB} \right) + \left(\overrightarrow{AB} \wedge \overrightarrow{AC} \right) \right\| = \left\| \overrightarrow{AB} \wedge \overrightarrow{AC} \right\| = 2\mathfrak{a},$$
où $\mathfrak{a}$ est l'aire du triangle ABC. De ce fait, $\mathfrak{a}' = 15$.

Solution de l'Exercice 2 (C).

Soit S la somme des diviseurs positifs de p^4, où p est un nombre premier plus grand que 2.

1.

Pour exprimer S en fonction de p, il convient de noter que l'ensemble des diviseurs positifs de p^4 est
$$\{p^0, p^1, p^2, p^3, p^4\} = \{1, p, p^2, p^3, p^4\}.$$

Par conséquent,
$$S = 1 + p + p^2 + p^3 + p^4 = \frac{1-p^5}{1-p}.$$

2.

L'une des identités remarquables du second degré livre
$$(2p^2 + p)^2 = (2p^2)^2 + 2 \cdot 2p^2 p + p^2 = 4p^4 + 4p^3 + p^2.$$
Or, $p^2 < 4p^2 < 4p^2 + 4p + 4$. De ce fait,
$$4p^4 + 4p^3 + p^2 < 4p^4 + 4p^3 + 4p^2 + 4p + 4 = 4(p^4 + p^3 + p^2 + p + 1) = 4S.$$
Autrement dit, $(2p^2 + p)^2 < 4S$. De plus,
$$(2p^2 + p + 2)^2 = (2p^2 + p)^2 + 4(2p^2 + p) + 2^2 = 4p^4 + 4p^3 + 9p^2 + 4p + 4.$$
D'où
$$(2p^2 + p + 2)^2 = 4p^4 + 4p^3 + 4p^2 + 4p + 4 + +5p^2 = 4S + 5p^2 > 4S.$$
Tout compte fait, nous avons $(2p^2 + p)^2 < 4S < (2p^2 + p + 2)^2$.

3.

Supposons que S est un carré parfait et posons $S = n^2$, où n est un entier naturel.

(a) Soit p un nombre premier supérieur à 2. S'il existe un entier naturel n tel que $S = n^2$, l'inégalité $(2p^2 + p)^2 < 4S < (2p^2 + p + 2)^2$, établie à la question **(2)** précédente, induit
$$(2p^2 + p)^2 < (2n)^2 < (2p^2 + p + 2)^2,$$
c'est-à-dire
$$2p^2 + p < 2n < 2p^2 + p + 2.$$
Or, il existe un unique entier naturel x tel que $2p^2 + p < x < 2p^2 + p + 2$: notamment $x = 2p^2 + p + 1$. Par conséquent, $2n = 2p^2 + p + 1$. Cependant, p est impair, car 2 est le seul nombre entier premier pair. Donc, les entiers $p + 1$ et $2p^2 + p + 1$ sont impairs. Ceci prouve l'existence et l'unicité de n.

(b) L'égalité $2n = 2p^2 + p + 1$ entraîne de manière triviale
$$n = p^2 + \frac{p+1}{2}.$$

(c) Par définition, $4S - 4n^2 = 0$. Par ailleurs,
$$\begin{aligned}
4n^2 = (2n)^2 = (2p^2 + p + 1)^2 &= (2p^2)^2 + 4p^2(p+1) + (p+1)^2 \\
&= 4p^4 + 4p^3 + 5p^2 + 2p + 1 \\
&= (4p^4 + 4p^3 + 4p^2 + 4p + 4) + p^2 - 2p - 3 \\
&= 4S + p^2 - 2p - 3.
\end{aligned}$$
Autrement dit, $4S - 4n^2 = 3 + 2p - p^2$. Par conséquent, $3 + 2p - p^2 = 0$.

(d) D'après la question **(c)** précédente, p est une solution de l'équation du second degré à une inconnue $x^2 - 2x - 3 = 0$. Cette dernière a pour discriminant réduit $\Delta' = (-1)^2 - 1 \times (-3) = 4 = 2^2$, et admet deux solutions distinctes
$$x_1 = 1 - \sqrt{2^2} = -1 \quad \text{et} \quad x_2 = 1 + \sqrt{2^2} = 3.$$
De ce fait,
$$p = 3 \quad \text{et} \quad n = 3^2 + \frac{3+1}{2} = 9 + 2 = 11.$$

Solution de l'Exercice 3.

Un dé cubique pipé a les caractéristiques suivantes : deux faces sont marquées 2, trois faces portent le nombre 4, et une face est numérotée 6. La probabilité p_i d'apparition de la face i est proportionnelle au nombre i.

1.

Selon l'hypothèse, nous avons
$$\frac{p_2}{2} = \frac{p_4}{4} = \frac{p_6}{6},$$
c'est-à-dire $p_4 = 2p_2$ et $p_6 = 3p_2$. Au demeurant,
$$p_2 + p_4 + p_6 = 1.$$

D'où $p_2 + 2p_2 + 3p_3 = 1$. Ceci signifie que $6p_2 = 1$. Ainsi,

$$p_2 = \frac{1}{6}, \qquad p_4 = 2 \times \frac{1}{6} = \frac{1}{3} \qquad \text{et} \qquad p_6 = 3 \times \frac{1}{6} = \frac{1}{2}.$$

2.

Dans la suite, nous supposons que

$$p_2 = \frac{1}{6}, \qquad p_4 = \frac{1}{3} \qquad \text{et} \qquad p_6 = \frac{1}{2}.$$

On lance deux fois de suite le dé précédent, puis note i le résultat du premier lancer et j le résultat du deuxième lancer. Soit X la variable aléatoire qui, au couple (i,j), associe le nombre $i-j$.

(a) Soit Ω l'univers de l'espace aléatoire décrit ci-dessus. Alors,

$$\Omega = \{2, 4, 6\}^2$$

et la variable aléatoire X est donnée par

$$X : \Omega \to \mathbb{Z}, \ (i,j) \mapsto i - j.$$

Son univers-image $X(\Omega)$ est lisible dans le tableau 2.1 ci-dessous, qui indique les diverses valeurs de $i-j$ lorsque le couple (i,j) parcourt le produit cartésien $\{2, 4, 6\}^2$. Précisément,

$$X(\Omega) = \{-4, -2, 0, 2, 4\}.$$

Tableau 2.1 – Univers-image de la variable aléatoire X

$i \diagdown j$	2	4	6
2	0	-2	-4
4	2	0	-2
6	4	2	0

(b) Le tableau 2.1 ci-dessus nous montre que $X = -4$ si et seulement si $(i, j) = (2, 6)$. Donc,

$$\mathbb{P}(X = -4) = \mathbb{P}\big((i,j) = (2,6)\big) = \mathbb{P}(i = 2 \wedge j = 6).$$

Toutefois, les résultats des deux lancers sont indépendants. Par conséquent,

$$\mathbb{P}(i = 2 \wedge j = 6) = \mathbb{P}(i = 2) \times \mathbb{P}(j = 6) = p_2 p_6 = \frac{1}{6} \times \frac{1}{2}.$$

De ce fait,

$$\mathbb{P}(X = -4) = \frac{1}{12}.$$

Dans le même esprit,

$$\mathbb{P}(X = -2) = \mathbb{P}\Big((i,j) \in \{(2,4),(4,6)\}\Big) = p_2 p_4 + p_4 p_6 = \frac{1}{18} + \frac{1}{6} = \frac{2}{9}$$

et

$$\mathbb{P}(X = 0) = \mathbb{P}\Big((i,j) \in \{(2,2),(4,4),(6,6)\}\Big) = p_2^2 + p_4^2 + p_6^2 = \frac{1}{36} + \frac{1}{9} + \frac{1}{4} = \frac{7}{18},$$

puis

$$\mathbb{P}(X = 2) = \mathbb{P}\Big((i,j) \in \{(4,2),(6,4)\}\Big) = p_4 p_2 + p_6 p_4 = \frac{1}{18} + \frac{1}{6} = \frac{2}{9}$$

et

$$\mathbb{P}(X = 4) = \mathbb{P}\Big((i,j) = (6,2)\Big) = p_6 p_2 = \frac{1}{12}.$$

Cette loi de probabilité de X est récapitulée dans le tableau 2.2 ci-dessous.

Tableau 2.2 – Loi de probabilité de la variable aléatoire X

a	-4	-2	0	2	4
$\mathbb{P}(X = a)$	$\dfrac{1}{12}$	$\dfrac{2}{9}$	$\dfrac{7}{18}$	$\dfrac{2}{9}$	$\dfrac{1}{12}$

Solution du Problème.

Partie A.

Soit f la fonction numérique, de variable x, définie par

$$f(x) = \frac{e^x - 1}{e^x + 1},$$

et $(\mathcal{C}_f)$ sa courbe représentative dans un repère orthonormé $\left(O, \vec{i}, \vec{j}\right)$ du plan.

1.

(a) La fonction f peut être regardée comme étant un quotient dont le numérateur, comme le dénominateur, est la somme de l'exponentielle et d'une constante. Du reste, le dénominateur est strictement positif pour chaque réel x. Par conséquent, f est dérivable sur $\mathbb{R}$ et

$$f'(x) = \frac{(e^x - 1)'(e^x + 1) - (e^x - 1)(e^x + 1)'}{(e^x + 1)^2} = \frac{e^x(e^x + 1) - e^x(e^x - 1)}{(e^x + 1)^2}$$

$$= \frac{(e^x)^2 + e^x - (e^x)^2 + e^x}{(e^x + 1)^2}$$

$$= \frac{2e^x}{(e^x + 1)^2} > 0$$

pour tout $x \in \mathbb{R}$. La fonction f est donc strictement croissante sur $\mathbb{R}$. Par ailleurs,

$$\lim_{x \to -\infty} f(x) = \lim_{x \to -\infty} \frac{e^x - 1}{e^x + 1} = \lim_{a \to 0^+} \frac{a - 1}{a + 1} = -1$$

et

$$\lim_{x \to +\infty} f(x) = \lim_{x \to +\infty} \frac{e^x - 1}{e^x + 1} = \lim_{a \to +\infty} \frac{a - 1}{a + 1} = 1.$$

Ces informations conduisent au tableau de variation suivant.

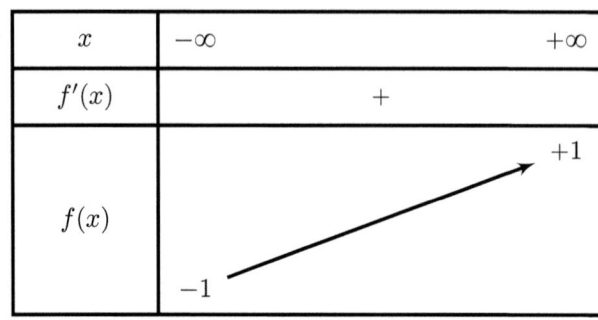

(b) La dérivée de f est elle-même dérivable, en tant que quotient de fonctions dérivables. De plus,

$$f''(x) = \frac{(2e^x)'(e^x+1)^2 - 2e^x\bigl[(e^x+1)^2\bigr]'}{(e^x+1)^4} = \frac{2e^x(e^x+1)^2 - 4(e^x)^2(e^x+1)}{(e^x+1)^4}$$

et

$$f''(x) = \frac{2e^x(e^x+1)(e^x+1-2e^x)}{(e^x+1)^4} = \frac{2e^x(1+e^x)(1-e^x)}{(e^x+1)^4} = \frac{2e^x(1-e^{2x})}{(e^x+1)^4}$$

pour chaque réel x. Cependant, $e^{2x} < 1$ pour tout $x < 0$ et $e^{2x} > 1$ pour chaque $x > 0$, tandis que $e^{2 \cdot 0} = e^0 = 1$. Autrement dit, $1 - e^{2x} > 0$ pour tout $x < 0$, puis $1 - e^{2x} < 0$ pour chaque $x > 0$, et $1 - e^{2x} = 0$ si $x = 0$. Puisque $\frac{2e^x}{(e^x+1)^2} > 0$ pour tout réel x, il en résulte que la dérivée seconde de f est strictement positive sur l'intervalle $]-\infty, 0[$, strictement négative sur l'intervalle $]0, +\infty[$, et qu'elle s'annule en 0. Par conséquent, la tangente $\mathcal{T}_O$ de $(\mathcal{C}_f)$ en O est au dessus de $(\mathcal{C}_f)$ sur l'intervalle $]-\infty, 0]$. Elle est en dessous de $(\mathcal{C}_f)$ sur l'intervalle $[0, +\infty[$. Nous avons en outre

$$f(0) = 0 \qquad \text{et} \qquad f'(0) = \frac{2e^0}{(e^0+1)^2} = \frac{2}{4} = \frac{1}{2}.$$

De ce fait, la tangente $\mathcal{T}_O$ a pour équation réduite $y = \frac{1}{2}x$. L'égalité $f(0) = 0$ montre bien que $O(0,0)$, l'origine du repère, appartient à $(\mathcal{C}_f)$.

(c) La dérivée seconde de f s'annule en 0 tout en changeant de signe. par conséquent, le point d'abscisse 0 et d'ordonnée $f(0) = 0$, c'est-à-dire l'origine O du repère, est un point d'inflexion de la courbe $(\mathcal{C}_f)$.

2.

(a) La fonction f est strictement croissante et continue sur $\mathbb{R}$. Elle est de ce fait une bijection de $\mathbb{R} =]-\infty, +\infty[$ vers l'intervalle

$$I = \left] \lim_{x \to -\infty} f(x), \lim_{x \to +\infty} f(x) \right[=]-1, 1[.$$

(b) Soit g la bijection réciproque de f et $(\mathcal{C}_g)$ sa courbe représentative. Si $x \in]-1, 1[$ et $g(x) = y$. Alors,

$$x = f(y) = \frac{e^y - 1}{e^y + 1}.$$

D'où $x(e^y + 1) = e^y - 1$, c'est-à-dire $xe^y + x = e^y - 1$ ou $1 + x = e^y(1 - x)$. Donc, pour tout $x \in]-1, 1[$, l'égalité $g(x) = y$ entraîne $e^y = \frac{1+x}{1-x}$, puis $y = \ln e^y = \ln\left(\frac{1+x}{1-x}\right)$. Du reste, la fonction $x \mapsto \ln\left(\frac{1+x}{1-x}\right)$ est définie si et seulement si $x \neq 1$ et $\frac{1+x}{1-x} > 0$, c'est-à-dire $x \in]-1, 1[$. La bijection réciproque g de f est de ce fait donnée par

$$g(x) = \ln\left(\frac{1+x}{1-x}\right).$$

3.

La courbe $(\mathcal{C}_f)$ admet exactement deux branches infinies : l'une en $-\infty$ et l'autre en $+\infty$. Précisément, les droites d'équations respectives

$$y = -1 \quad \text{et} \quad y = 1$$

sont asymptotes horizontales à $(\mathcal{C}_f)$ respectivement en $-\infty$ et en $+\infty$, car

$$\lim_{x \to -\infty} f(x) = -1 \quad \text{et} \quad \lim_{x \to +\infty} f(x) = 1.$$

Au demeurant, $(\mathcal{C}_g)$ est l'image de $(\mathcal{C}_f)$ par la symétrie orthogonale d'axe $\Delta : y = x$, puisque g est la bijection réciproque de f. Les courbes $(\mathcal{C}_f)$ et $(\mathcal{C}_g)$ sont représentées sur le schéma 2.1 ci-dessous à l'échelle $\left\|\vec{i}\right\| = \left\|\vec{j}\right\| = 2\,\mathrm{cm}$. La première, $(\mathcal{C}_f)$, est dessinée d'un trait continue, tandis que la seconde, $(\mathcal{C}_g)$, est tracée d'un trait interrompu.

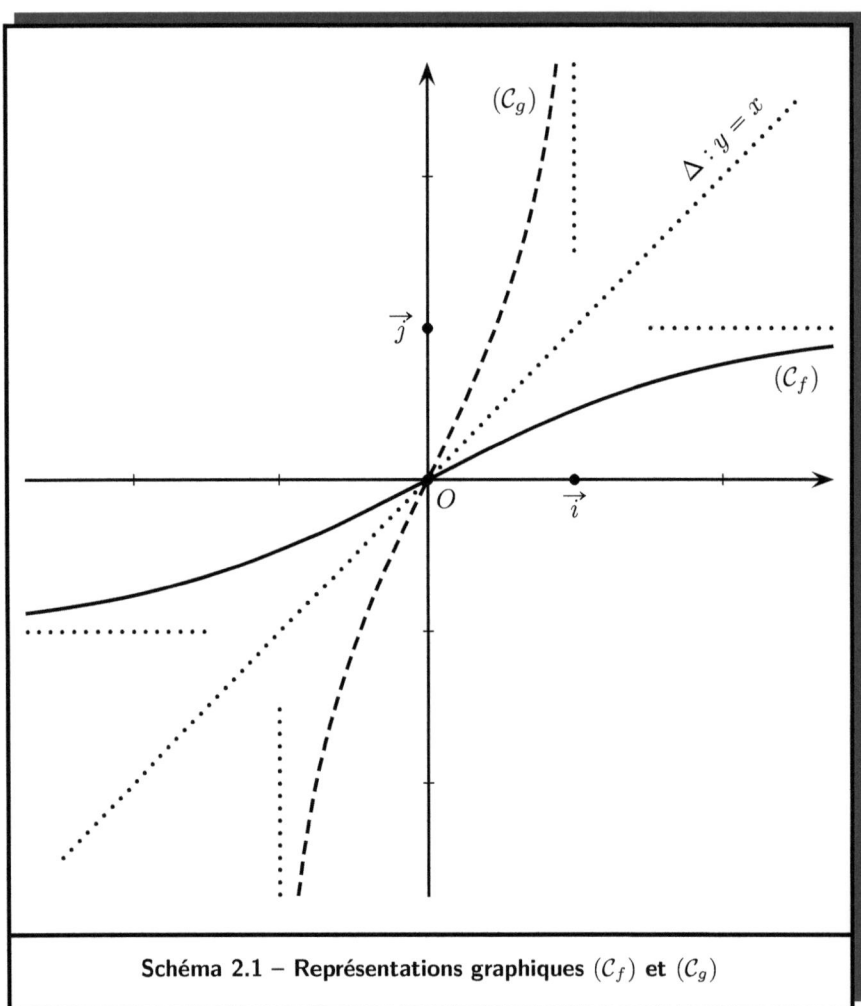

Schéma 2.1 – Représentations graphiques $(\mathcal{C}_f)$ et $(\mathcal{C}_g)$

4.

Soit la suite numérique $(U_n)_{n\in\mathbb{N}^*}$ définie par

$$U_n = \int_0^{\frac{n-1}{n}} \Big(\ln(1+x) - \ln(1-x)\Big)dx$$

pour tout entier naturel n strictement positif.

(a) Soit $n \in \mathbb{N}^*$ et $x \in]-1,1[$. Nous posons

$$u(x) = \ln(1+x) - \ln(1-x) \qquad \text{et} \qquad v(x) = x.$$

Alors, $v'(x) = 1$ et

$$u'(x) = \frac{(1+x)'}{1+x} - \frac{(1-x)'}{1-x} = \frac{1}{1+x} + \frac{1}{1-x} = \frac{1-x+1+x}{1-x^2} = \frac{2}{1-x^2}.$$

Du reste,

$$0 \leqslant \frac{n-1}{n} < 1 \qquad \text{et} \qquad U_n = \int_0^{\frac{n-1}{n}} u(x)v'(x)dx.$$

Eu égard à la règle d'intégration par parties, il en résulte que

$$U_n = \Big[u(x)v(x)\Big]_0^{\frac{n-1}{n}} - \int_0^{\frac{n-1}{n}} u'(x)v(x)dx$$

$$= \Big[x\big(\ln(1+x) - \ln(1-x)\big)\Big]_0^{\frac{n-1}{n}} - \int_0^{\frac{n-1}{n}} \frac{2x}{1-x^2}dx$$

$$= \frac{n-1}{n}\left(\ln\left(1+\frac{n-1}{n}\right) - \ln\left(1-\frac{n-1}{n}\right)\right) + \int_0^{\frac{n-1}{n}} \frac{(x^2-1)'}{x^2-1}dx$$

$$= \frac{n-1}{n}\left(\ln\left(\frac{2n-1}{n}\right) - \ln\left(\frac{1}{n}\right)\right) + \Big[\ln|x^2-1|\Big]_0^{\frac{n-1}{n}}$$

$$= \frac{n-1}{n}\left(\ln\left(\frac{2n-1}{n}\right) + \ln n\right) + \ln\left|\frac{(n-1)^2}{n^2} - 1\right|$$

$$= \frac{n-1}{n}\ln\left(\frac{2n-1}{n}\right) + \frac{n-1}{n}\ln n + \ln\left|\frac{-2n+1}{n^2}\right|$$

$$= \frac{n-1}{n}\ln\left(\frac{2n-1}{n}\right) + \frac{n-1}{n}\ln n + \ln\left(\frac{2n-1}{n}\cdot\frac{1}{n}\right).$$

Donc,
$$\begin{aligned}U_n &= \frac{n-1}{n}\ln\left(\frac{2n-1}{n}\right) + \frac{n-1}{n}\ln n + \ln\left(\frac{2n-1}{n}\right) + \ln\left(\frac{1}{n}\right) \\ &= \frac{n-1}{n}\ln\left(\frac{2n-1}{n}\right) + \frac{n-1}{n}\ln n + \ln\left(\frac{2n-1}{n}\right) - \ln n \\ &= \left(\frac{n-1}{n}+1\right)\ln\left(\frac{2n-1}{n}\right) + \left(\frac{n-1}{n}-1\right)\ln n \\ &= \left(\frac{n-1+n}{n}\right)\ln\left(\frac{2n-1}{n}\right) + \left(\frac{n-1-n}{n}\right)\ln n.\end{aligned}$$

Par conséquent,
$$U_n = \left(\frac{2n-1}{n}\right)\ln\left(\frac{2n-1}{n}\right) - \frac{\ln n}{n}.$$

(b) Soit $p = \frac{2n-1}{n}$. Alors, $\lim\limits_{n\to+\infty} p = 2$. Du reste,
$$\lim_{n\to+\infty}\frac{\ln n}{n} = 0.$$

De ce fait,
$$\begin{aligned}\lim_{n\to+\infty} U_n &= \lim_{n\to+\infty}\left(\left(\frac{2n-1}{n}\right)\ln\left(\frac{2n-1}{n}\right) - \frac{\ln n}{n}\right) \\ &= \lim_{p\to 2} p\ln p - \lim_{n\to+\infty}\frac{\ln n}{n}.\end{aligned}$$

et
$$\lim_{n\to+\infty} U_n = 2\ln 2 - 0 = 2\ln 2.$$

Cette limite correspond à l'aire de la section du plan délimitée par la courbe $(\mathcal{C}_g)$, l'axe de abscisses et la droite d'équation $x = 1$ (voir la partie grisée du schéma 2.2 à la page 60). En effet,
$$U_n = \int_0^{\frac{n-1}{n}} \ln\left(\frac{1+x}{1-x}\right)dx = \int_0^{\frac{n-1}{n}} g(x)dx$$

et
$$\lim_{n\to+\infty} U_n = \int_0^1 g(x)dx,$$

puisque $\lim\limits_{n\to+\infty}\frac{n-1}{n} = 1$.

Partie B.

5.

Soit σ la symétrie orthogonale d'axe $(\Delta) : y = x$ et τ la translation de vecteur $\overrightarrow{OA} = 3\vec{i} + \vec{j}$. De plus, nous posons $\varphi = \tau \circ \sigma$.

(a) L'application est un anti-déplacement, en tant que composée d'un déplacement (la translation τ) par un anti-déplacement (la symétrie orthogonale σ). Il s'agit précisément d'une symétrie glissée.

(b) La courbe $(\mathcal{C}_g)$ est notoirement l'image de $(\mathcal{C}_f)$ par σ. Par conséquent, l'image de $(\mathcal{C}_f)$ par φ est l'image de $(\mathcal{C}_g)$ par la translation τ de vecteur $\overrightarrow{OA}$. Autrement dit,

$$\varphi(\mathcal{C}_f) = \tau \circ \sigma(\mathcal{C}_f) = \tau\Big(\sigma(\mathcal{C}_f)\Big) = \tau(\mathcal{C}_g)$$

(voir le schéma 2.2 ci-dessous).

6.

On considère les vecteurs $\vec{e_1} = \vec{i} + \vec{j}$ et $\vec{e_2} = \vec{i} - \vec{j}$, puis la droite $(\Delta') : x - y - 1 = 0$, ainsi que σ' la symétrie orthogonale d'axe (Δ').

(a) Pour vérifier que le triplet $(O, \vec{e_1}, \vec{e_2})$ est un repère orthogonal, il suffit d'établir que la famille $(\vec{e_1}, \vec{e_2})$ est libre et que les vecteurs $\vec{e_1}$ et $\vec{e_2}$ sont orthogonaux. Ces derniers sont exprimés dans la base orthonormé $\left(\vec{i}, \vec{j}\right)$. Il suffit donc d'utiliser le déterminant et le produit scalaire. En l'espèce la famille $(\vec{e_1}, \vec{e_2})$ est libre, car

$$\det(\vec{e_1}, \vec{e_2}) = \begin{vmatrix} 1 & 1 \\ 1 & -1 \end{vmatrix} = -1 - 1 = -2 \neq 0;$$

tandis que les vecteurs $\vec{e_1}$ et $\vec{e_2}$ sont orthogonaux, puisque

$$\vec{e_1} \cdot \vec{e_2} = 1 \times 1 + 1 \times (-1) = 1 - 1 = 0.$$

(b) La famille $(\vec{e_1}, \vec{e_2})$ étant une base du plan vectoriel, il existe des réels α et β tels que $\overrightarrow{OA} = \alpha \vec{e_1} + \beta \vec{e_2}$, c'est-à-dire

$$3\vec{i} + \vec{j} = \alpha\left(\vec{i} + \vec{j}\right) + \beta\left(\vec{i} - \vec{j}\right) = (\alpha + \beta)\vec{i} + (\alpha - \beta)\vec{j}.$$

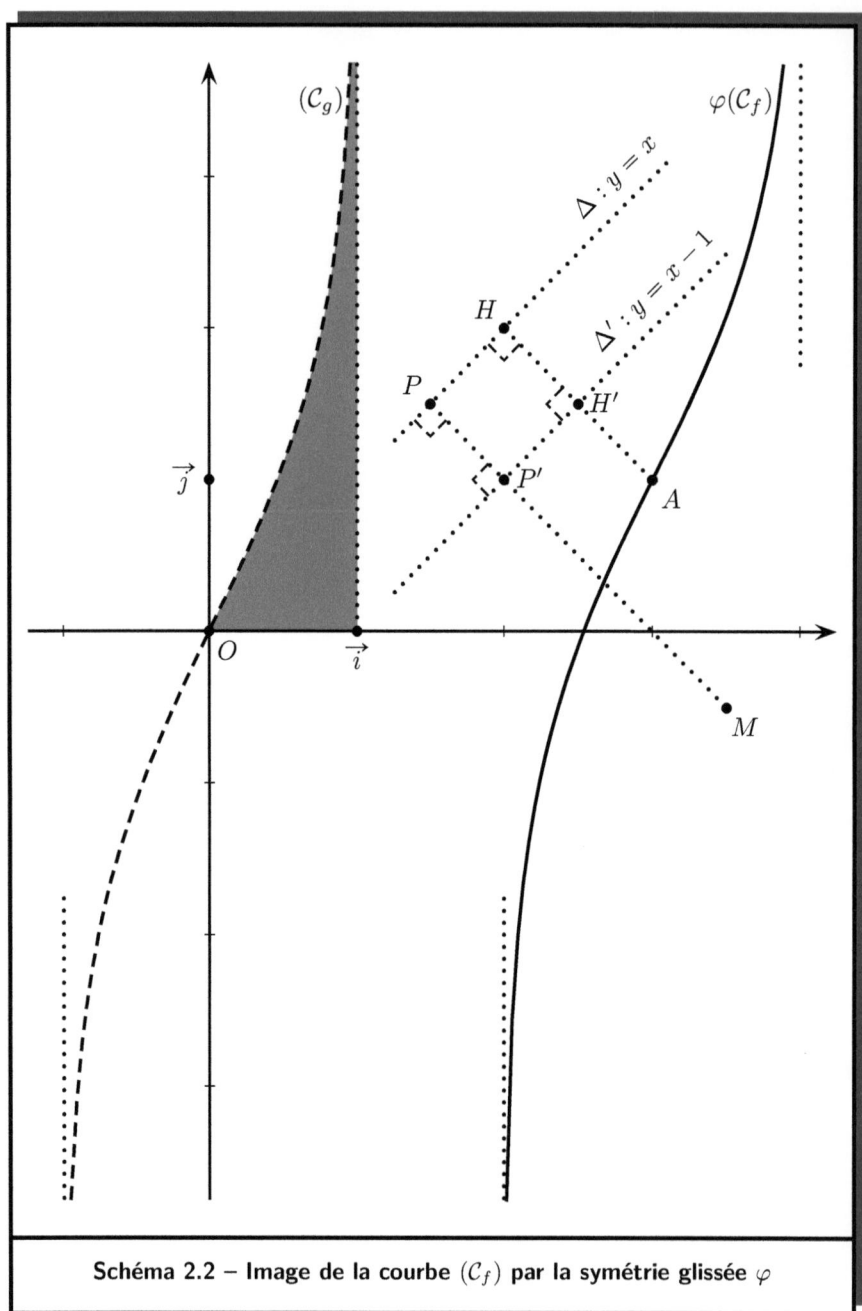

Schéma 2.2 – Image de la courbe $(\mathcal{C}_f)$ par la symétrie glissée φ

Il en résulte que le couple (α, β) est solution du système d'équations suivant :
$$\begin{cases} x + y = 3, \\ x - y = 1. \end{cases}$$

Par conséquent,
$$\alpha = \frac{\begin{vmatrix} 3 & 1 \\ 1 & -1 \end{vmatrix}}{\begin{vmatrix} 1 & 1 \\ 1 & -1 \end{vmatrix}} = \frac{-3-1}{-1-1} = 2 \quad \text{et} \quad \beta = \frac{\begin{vmatrix} 1 & 3 \\ 1 & 1 \end{vmatrix}}{\begin{vmatrix} 1 & 1 \\ 1 & -1 \end{vmatrix}} = \frac{1-3}{-1-1} = 1.$$

De ce fait, $\overrightarrow{OA} = \overrightarrow{V_1} + \overrightarrow{V_2}$, où $\overrightarrow{V_1} = 2\overrightarrow{e_1}$ et $\overrightarrow{V_2} = \overrightarrow{e_2}$.

(c) On désigne par H et H' les projetés orthogonaux respectifs de A sur (Δ) d'équation $y = x$ et sur (Δ') d'équation $y = x - 1$. Alors, il existe des réels h et h' tels que
$$\overrightarrow{OH} = h\overrightarrow{i} + h\overrightarrow{j} \quad \text{et} \quad \overrightarrow{OH'} = h'\overrightarrow{i} + (h'-1)\overrightarrow{j}.$$

Par conséquent,
$$\overrightarrow{AH} = \overrightarrow{OH} - \overrightarrow{OA} = (h-3)\overrightarrow{i} + (h-1)\overrightarrow{j}$$
et
$$\overrightarrow{AH'} = \overrightarrow{OH'} - \overrightarrow{OA} = (h'-3)\overrightarrow{i} + (h'-2)\overrightarrow{j}.$$

Au demeurant, les droites (Δ) et (Δ') ont $\overrightarrow{e_1} = \overrightarrow{i} + \overrightarrow{j}$ pour vecteur directeur. Puisque
$$\overrightarrow{AH} \cdot \overrightarrow{e_1} = 0 \quad \text{et} \quad \overrightarrow{AH'} \cdot \overrightarrow{e_1} = 0,$$

il en résulte que
$$0 = h - 3 + h - 1 = 2h - 4 \quad \text{et} \quad 0 = h' - 3 + h' - 2 = 2h' - 5,$$

puis $h = 2$ et $h' = \frac{5}{2}$. D'où
$$\overrightarrow{AH} = -\overrightarrow{i} + \overrightarrow{j} \quad \text{et} \quad \overrightarrow{AH'} = -\frac{1}{2}\overrightarrow{i} + \frac{1}{2}\overrightarrow{j}.$$

De ce fait,
$$\overrightarrow{HH'} = \overrightarrow{AH'} - \overrightarrow{AH} = -\frac{1}{2}\vec{i} + \frac{1}{2}\vec{j} + \vec{i} - \vec{j} = \frac{1}{2}\vec{i} - \frac{1}{2}\vec{j}.$$
Ainsi,
$$\overrightarrow{HH'} = \frac{1}{2}\left(\vec{i} - \vec{j}\right) = \frac{1}{2}\vec{e_2} = \frac{1}{2}\vec{V_2}.$$
En d'autres termes, $\vec{V_2} = 2\overrightarrow{HH'}$.

Posons maintenant $\gamma = \sigma' \circ \sigma$ et considérons un point M, son image M_1 par σ, ainsi que M' l'image de M_1 par σ'. Par conséquent,
$$\gamma(M) = (\sigma' \circ \sigma)(M) = \sigma'\bigl(\sigma(M)\bigr) = \sigma'(M_1) = M'.$$
Par ailleurs, soient P et P' les projetés orthogonaux de M sur les droites (Δ) et (Δ'), respectivement (voir le schéma 2.2 à la page 60). Alors, P et P' sont les milieux respectifs des segments $[MM_1]$ et $[M_1M']$. Donc,
$$\overrightarrow{MM_1} = 2\overrightarrow{PM_1} \quad \text{et} \quad \overrightarrow{M_1M'} = 2\overrightarrow{M_1P'}.$$
Ceci entraîne
$$\overrightarrow{MM'} = \overrightarrow{MM_1} + \overrightarrow{M_1M'} = 2\overrightarrow{PM_1} + 2\overrightarrow{M_1P'} = 2\left(\overrightarrow{PM_1} + \overrightarrow{M_1P'}\right) = 2\overrightarrow{PP'}.$$
Cependant,
$$\overrightarrow{PP'} = \overrightarrow{HH'} = \frac{1}{2}\vec{V_2} = \frac{1}{2}\vec{e_2}.$$
De ce fait, $\overrightarrow{MM'} = \vec{e_2}$. Ainsi, γ est la translation de vecteur $\vec{e_2}$. Par ailleurs,
$$\overrightarrow{OA} - \vec{e_2} = \overrightarrow{OA} - \vec{V_2} = \vec{V_1} = 2\vec{e_1}.$$
À présent, notons τ_1 la translation de vecteur $2\vec{e_1}$. Alors, $\tau_1 \circ \sigma' \circ \sigma = \tau_1 \circ \gamma$ est la composition des translations des vecteurs respectifs $2\vec{e_1}$ et $\vec{e_2}$. Par suite, $\tau_1 \circ \sigma' \circ \sigma$ est la translation de vecteur
$$2\vec{e_1} + \vec{e_2} = \overrightarrow{OA} - \vec{e_2} + \vec{e_2} = \overrightarrow{OA}.$$
Autrement dit, $\tau_1 \circ \sigma' \circ \sigma = \tau$, où τ_1 est la translation de vecteur $2\vec{e_1}$.

(d) De l'égalité $\tau = \tau_1 \circ \sigma' \circ \sigma$, nous déduisons
$$\varphi = \tau \circ \sigma = \tau_1 \circ \sigma' \circ \sigma \circ \sigma.$$
Or toute symétrie orthogonale est involutive. Ceci signifie que $\sigma \circ \sigma$ est l'identité du plan. Par conséquent, $\varphi = \tau_1 \circ \sigma'$.

Partie C.

Le plan étant muni d'un repère orthonormé $\left(O, \vec{\imath}, \vec{\jmath}\right)$, soit $(\mathcal{D})$ la droite d'équation $x = 2$. Nous considérons par ailleurs les points M et F du plan ayant pour affixes respectives z et $1-i$.

1.

Il existe de réels x et y tels que $z = x + iy$. Du reste, si z' désigne l'affixe du projeté orthogonal M' du point M sur la droite $(\mathcal{D})$. Alors, $z' = 2 + iy$. Or, la distance $d(M, (\mathcal{D}))$ du point M à la droite $(\mathcal{D})$ est déterminée par

$$d(M, (\mathcal{D})) = MM' = |z - z'| = |x + iy - 2 - iy| = |x - 2|.$$

Cependant, $x = \mathfrak{Re}(z)$, où $\mathfrak{Re}(z)$ désigne la partie réelle de z. Par conséquent,

$$d(M, (\mathcal{D})) = |\mathfrak{Re}(z) - 2|.$$

2.

On suppose que $z + \bar{z} - 4 \neq 0$. Pour tout réel m strictement positif, (Γ_m) est l'ensemble des points M dont l'affixe z est solution de l'équation suivante :

$$|z - 1 + i| - m \cdot |\bar{z} + z - 4| = 0. \quad (\mathbf{E}_m)$$

(a) Notons que $|z - 1 + i| = FM$ et

$$|\bar{z} + z - 4| = |2\mathfrak{Re}(z) - 4| = 2|\mathfrak{Re}(z) - 2| = 2 \cdot d(M, (\mathcal{D})).$$

De ce fait, l'équation $(\mathbf{E}_m)$ est équivalent à

$$FM - 2m \cdot d(M, (\mathcal{D})) = 0.$$

Ainsi, un point M appartient à (Γ_m) si et seulement si

$$\frac{FM}{d(M, (\mathcal{D}))} = 2m.$$

L'ensemble (Γ_m) est donc une conique. Précisément, (Γ_m) est une ellipse si $0 < m < \frac{1}{2}$, puis (Γ_m) est une parabole si $m = \frac{1}{2}$, tandis que (Γ_m) est une hyperbole si $m > \frac{1}{2}$.

(b) Pour $m = 1$, l'équation $(\mathbf{E}_m)$ est équivalente à
$$\frac{\left(x - \frac{7}{3}\right)^2}{a^2} - \frac{(y+1)}{b^2} = 1,$$
où
$$a = \frac{2}{3} \quad \text{et} \quad b = \frac{2\sqrt{3}}{3}.$$

L'ensemble (Γ_1) est en conséquence une hyperbole de centre $O'\left(\frac{7}{3}, -1\right)$, de demi-distance focale
$$c = \sqrt{a^2 + b^2} = \sqrt{\frac{4}{9} + \frac{12}{9}} = \sqrt{\frac{16}{9}} = \frac{4}{3},$$
et d'excentricité
$$e = \frac{c}{a} = \frac{\frac{4}{3}}{\frac{2}{3}} = 2.$$

De plus, le plan étant désormais rapporté au repère orthonormé $\left(O', \vec{i}, \vec{j}\right)$, les sommets de l'hyperbole (Γ_1) sont
$$A\left(\tfrac{2}{3}, 0\right) \quad \text{et} \quad A'\left(-\tfrac{2}{3}, 0\right).$$

Son axe focal est la droite (AA'), tandis que ses foyers sont
$$B\left(\tfrac{4}{3}, 0\right) \quad \text{et} \quad B'\left(-\tfrac{4}{3}, 0\right).$$

Au demeurant, les directrices de (Γ_1) sont les droites d'équations respectives
$$x = \frac{1}{3} \quad \text{et} \quad x = -\frac{1}{3},$$
puis ses asymptotes les droites d'équations respectives
$$y = x\sqrt{3} \quad \text{et} \quad y = -x\sqrt{3}.$$

2.3. Notes et commentaires sur le sujet 2009

Dans le corrigé proposé ici, nous avons mis à contribution deux résultats importants qu'il convient de rappeler. Il s'agit notamment du *théorème de la bijection* et d'une caractérisation d'une famille de *points d'inflexion*.

Théorème de la bijection.

Soit une fonction $f : \mathbb{R} \to \mathbb{R}$ continue et strictement monotone sur un intervalle I de $\mathbb{R}$ contenant plus d'un élément. Alors, chacune des assertions suivantes est valide :

(1) L'image $f(I)$ est un intervalle de $\mathbb{R}$ contenant plus d'un élément.
(2) La fonction $g : I \to f(I)$, définie par $g(x) = f(x)$, restriction de f à l'intervalle I, est une application bijective et continue.
(3) La bijection réciproque g^{-1} est continue sur l'intervalle $f(I)$ et strictement monotone, de même sens de variation que f sur l'intervalle I.
(4) Le plan étant rapporté à un repère orthonormé, les courbes représentatives respectives de g et g^{-1} sont symétriques par rapport à la première bissectrice, c'est-à-dire la droite d'équation $y = x$.

En l'espèce, l'intervalle $f(I)$, image de l'intervalle I par la fonction f, se détermine en fonction de la nature de I et du sens de variation de f, selon des modalités décrites par le tableau 2.3 à la page 66. Dans ce dernier, a et b sont des nombres réels vérifiant $a < b$.

Points d'inflexion.

Soit $f : \mathbb{R} \to \mathbb{R}$ une fonction, $(\mathcal{C}_f)$ sa courbe représentative dans le plan euclidien rapporté à un repère cartésien, et x_0 un élément de l'ensemble de définition de f. Le point $M_0(x_0, f(x_0))$ est appelé *point d'inflexion* de la courbe $(\mathcal{C}_f)$ lorsque cette dernière admet une tangente en M_0 et traverse ladite tangente en M_0.

Ainsi, pour dire si un point est d'inflexion, il suffit de déterminer la position de la courbe par rapport à sa tangente en ce point. Cette tâche est aisée lorsque la fonction est deux fois dérivable.

Le plan euclidien étant rapporté à un repère cartésien, soit x_0 un réel, puis $f : \mathbb{R} \to \mathbb{R}$ une fonction deux fois dérivable sur un intervalle centré en x_0 et $(\mathcal{C}_f)$ sa courbe représentative.

(1) Si $M_0(x_0, f(x_0))$ est un point d'inflexion de $(\mathcal{C}_f)$, alors $f''(x_0) = 0$.
(2) Si la dérivée seconde f'' s'annule en x_0 en changeant de signe, alors $M_0(x_0, f(x_0))$ est un point d'inflexion de $(\mathcal{C}_f)$.

Tableau 2.3 – Image d'un intervalle par une fonction continue et strictement monotone

Intervalle I	Intervalle $f(I)$ si f est strictement croissante	Intervalle $f(I)$ si f est strictement décroissante
$]a,b[$	$\left]\lim\limits_{x\to a^+} f(x), \lim\limits_{x\to b^-} f(x)\right[$	$\left]\lim\limits_{x\to b^+} f(x), \lim\limits_{x\to a^-} f(x)\right[$
$[a,b[$	$\left[f(a), \lim\limits_{x\to b^-} f(x)\right[$	$\left]\lim\limits_{x\to b^-} f(x), f(a)\right]$
$]a,b]$	$\left]\lim\limits_{x\to a^+} f(x), f(b)\right]$	$\left[f(b), \lim\limits_{x\to a^+} f(x)\right[$
$[a,b]$	$\left[f(a), f(b)\right]$	$\left[f(b), f(a)\right]$
$]-\infty, a[$	$\left]\lim\limits_{x\to -\infty} f(x), \lim\limits_{x\to a^-} f(x)\right[$	$\left]\lim\limits_{x\to a^-} f(x), \lim\limits_{x\to -\infty} f(x)\right[$
$]-\infty, a]$	$\left]\lim\limits_{x\to -\infty} f(x), f(a)\right]$	$\left[f(a), \lim\limits_{x\to -\infty} f(x)\right[$
$]a, +\infty[$	$\left]\lim\limits_{x\to a^+} f(x), \lim\limits_{x\to +\infty} f(x)\right[$	$\left]\lim\limits_{x\to +\infty} f(x), \lim\limits_{x\to a^+} f(x)\right[$
$[a, +\infty[$	$\left[f(a), \lim\limits_{x\to +\infty} f(x)\right[$	$\left]\lim\limits_{x\to +\infty} f(x), f(a)\right]$
$]-\infty, +\infty[$	$\left]\lim\limits_{x\to -\infty} f(x), \lim\limits_{x\to +\infty} f(x)\right[$	$\left]\lim\limits_{x\to +\infty} f(x), \lim\limits_{x\to -\infty} f(x)\right[$

Chapitre 3

Session 2010

3.1. Sujet 2010

Le sujet comporte trois exercices et un problème, tous obligatoires pour les séries C et E.

Exercice 1 : Racines d'un polynôme complexe et similitude plane.

Le plan complexe est rapporté à un repère orthonormé direct $\left(O, \vec{i}, \vec{j}\right)$ (l'unité sur les axes est 1,5 cm). On considère l'équation

$$z^3 - 7iz^2 - 15z + 25i = 0, \qquad (\mathbf{E})$$

d'inconnue z et définie dans $\mathbb{C}$.

1. (a) Montrer que l'équation (**E**) admet le nombre complexe $z_0 = 5i$ comme solution.
   (b) Résoudre l'équation (**E**).
2. On considère les points A, B et C d'affixes respectives $2+i$, $5i$ et $-2+i$. La droite $(\mathcal{D})$ d'équation $y = 2$ rencontre la droite (AB) en K et la

droite (OA) en L. Du reste, soient Γ et Γ' les cercles circonscrits aux triangles OAB et ALK. Par ailleurs, soit s la similitude plane directe qui transforme B en O et K en L, puis soit Ω le centre de s.

(a) Montrer que le point Ω appartient aux cercles Γ et Γ' et qu'il est distinct de A.

(b) Donner l'écriture complexe de s et en déduire l'affixe de Ω.

Exercice 2 : Conique et application affine.

Soit $\left(O, \vec{i}, \vec{j}\right)$ un repère du plan. On appelle (E) la conique de foyer O, de directrice $(\Delta) : y = 2$, et d'excentricité $\frac{1}{2}$.

1. Montrer que (E) a pour équation $12X^2 + 9Y^2 = 16$ dans un repère à préciser. Quelle est la nature de (E) ?

2. Soit ϕ l'application qui, à tout point M de coordonnées x et y, associe le point M' de coordonnées x' et y', tel que

$$x' = x \quad \text{et} \quad y' = \frac{\sqrt{3}}{2}y - \frac{2-\sqrt{3}}{2}.$$

(a) Donner une équation cartésienne de l'image (E') de (E) par ϕ.

(b) Construire (E) et (E').

Exercice 3 : Tétraèdre régulier – Endomorphisme de l'espace vectoriel.

Sur le schéma 3.1 ci-dessous, $CABD$ est un tétraèdre régulier (toutes les faces son des triangles équilatéraux) ; G et H sont des points tels que

$$\overrightarrow{CG} = \frac{1}{4}\overrightarrow{CA} \quad \text{et} \quad \overrightarrow{CH} = \frac{3}{4}\overrightarrow{CB},$$

puis L est le milieu du segment $[CD]$.

1. Montrer que les droites (GH) et (AB) sont sécantes en un point I.

Les vecteurs $\vec{i}, \vec{j}$ et $\vec{k}$ sont unitaires, puis respectivement colinéaires et de même sens que les vecteurs $\overrightarrow{AB}, \overrightarrow{AD}$ et $\overrightarrow{AC}$. On suppose que l'espace est rapporté au repère $\left(A, \vec{i}, \vec{j}, \vec{k}\right)$ et que $AC = 4$.

2. Déterminer les coordonnées des trois points G, H et I dans le repère $\left(A, \vec{i}, \vec{j}, \vec{k}\right)$.

3. Soit $\mathcal{E}$ l'espace vectoriel associé à l'espace affine défini ci-dessus. Alors, $\left(\vec{i}, \vec{j}, \vec{k}\right)$ est une base de $\mathcal{E}$. Soit f l'endomorphisme de $\mathcal{E}$ tel que

$$f\left(\vec{i}\right) = \vec{j}, \qquad f\left(\vec{j}\right) = -2\vec{j} \qquad \text{et} \qquad f\left(\vec{k}\right) = \vec{k}.$$

(a) Justifier que f n'est pas un isomorphisme de $\mathcal{E}$.

(b) Déterminer le noyau et l'image de f ; on donnera une base pour chacun de ces sous-espaces vectoriels.

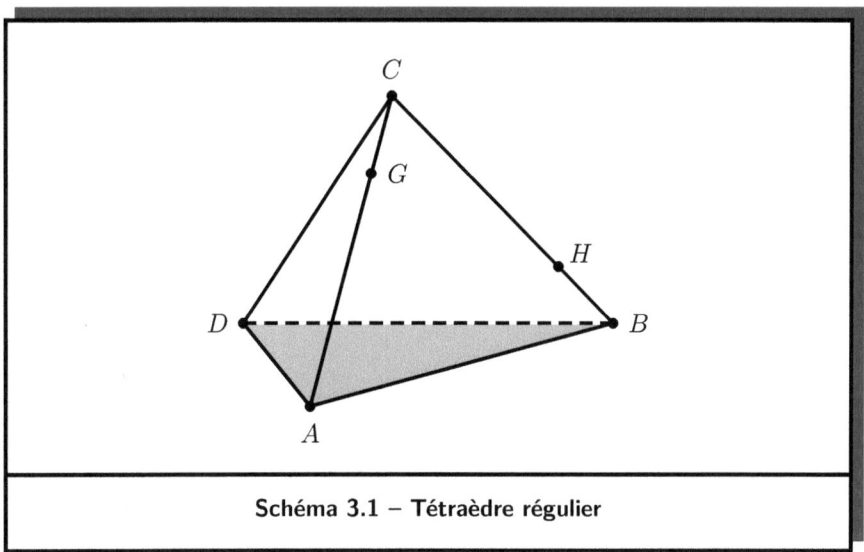

Schéma 3.1 – Tétraèdre régulier

Problème : Équations différentielles – Fonctions – Suites réelles.

Partie A.

I.

Soient les équations différentielles

$$y' + y = 0 \qquad \qquad (\mathbf{E})$$

et
$$y' + y = -\frac{1}{2}e^{-\frac{x}{2}} - 2. \qquad (\mathbf{E'})$$

1. Montrer qu'il existe une fonction h, définie par
$$h(x) = pe^{-\frac{x}{2}} + q,$$
solution de $(\mathbf{E'})$, où p et q sont des nombres réels à déterminer.

2. Montrer qu'une fonction $f = g + h$ est une solution de $(\mathbf{E'})$ si et seulement si g est solution de $(\mathbf{E})$.

3. Résoudre $(\mathbf{E})$, puis en déduire les solutions de $(\mathbf{E'})$.

II.

Soit f la fonction numérique d'une variable réelle, définie par
$$f(x) = e^{-x} - e^{-\frac{x}{2}} - 2,$$
et $\mathcal{C}_f$ sa courbe représentative dans un repère orthonormé $\left(O, \vec{i}, \vec{j}\right)$ (l'unité sur les axes est $1\,\text{cm}$).

1. Montrer que la fonction f vérifie l'équation $(\mathbf{E'})$ ci-dessus.

2. Étudier les variations de f, puis dresser son tableau de variation.

3. (a) Étudier les branches infinies de $\mathcal{C}_f$.

   (b) Tracer la courbe $\mathcal{C}_f$.

4. (a) Calculer le réel
$$A(\alpha) = \int_{\ln 4}^{\alpha} \Big(-2 - f(x)\Big)\,dx,$$
où α est un réel supérieur à $\ln 4$.

   (b) Calculer $\lim\limits_{\alpha \to +\infty} A(\alpha)$. Interpréter géométriquement le résultat obtenu.

Partie B.

Soit $(u_n)_{n\in\mathbb{N}}$ la suite numérique définie par $u_0 = 1$ et

$$u_{n+1} + u_n = -\frac{1}{2}e^{-\frac{n}{2}} - 2 \qquad (\mathbf{P})$$

pour chaque $n \in \mathbb{N}$.

1. Déterminer une suite $(a_n)_{n\in\mathbb{N}}$, définie par

$$a_n = be^{-\frac{n}{2}} + c$$

pour tout $n \in \mathbb{N}$, où b et c sont des réels, vérifiant la propriété $(\mathbf{P})$.

2. On pose $v_n = u_n - a_n$ pour chaque $n \in \mathbb{N}$. Montrer que $(v_n)_{n\in\mathbb{N}}$ est une suite géométrique dont on déterminera le premier terme et la raison.

3. Exprimer v_n, puis u_n en fonction de n.

4. On pose $S_n = u_0 + u_1 + \cdots + u_n$. Calculer S_n en fonction de n. La suite $(S_n)_{n\in\mathbb{N}}$ est-elle convergente ?

3.2. Corrigé 2010

Solution de l'Exercice 1.

Le plan complexe est rapporté à un repère orthonormé direct $\left(O, \vec{i}, \vec{j}\right)$ (l'unité sur les axes étant 1,5 cm), soit l'équation

$$z^3 - 7iz^2 - 15z + 25i = 0, \qquad (\mathbf{E})$$

d'inconnue z et définie dans $\mathbb{C}$.

1.

(a) Soit $z_0 = 5i$. Alors,

$$z_0^3 - 7iz_0^2 - 15z_0 + 25i = (5i)^3 - 7i \cdot (5i)^2 - 15 \cdot (5i) + 25i$$

et

$$z_0^3 - 7iz_0^2 - 15z_0 + 25i = 125i^3 - 175i^3 - 75i + 25i = -50i^3 - 50i = 0.$$

Le nombre complexe z_0 est donc une solution de l'équation (**E**).

(b) Il existe des nombres complexes a, b et c tels que
$$z^3 - 7iz^2 - 15z + 25i = (z - 5i)(az^2 + bz + c).$$

Cependant,
$$\begin{aligned}(z - 5i)(az^2 + bz + c) &= az^3 + z^2 + cz - 5aiz^2 - 5biz - 5ci \\ &= az^3 + (b - 5ai)z^2 + (c - 5bi)z - 5ci.\end{aligned}$$

Ceci induit $a = 1$ et $b - 5ai = -7i$, puis
$$c - 5bi = -15 \quad \text{et} \quad -5ci = 25i.$$

Il en résulte que
$$a = 1 \quad \text{et} \quad b = -7i + 5ai = -7i + 5i = -2i,$$

puis
$$c = -15 + 5bi = -15 + (5i) \cdot (-2i) = -15 - 10i^2 = -15 + 10 = -5$$

ou
$$c = -\frac{25i}{5i} = -5.$$

Par conséquent,
$$z^3 - 7iz^2 - 15z + 25i = (z - 5i)(z^2 - 2iz - 5).$$

Ainsi, les deux racines complexes du polynôme $z^2 - 2iz - 5$ sont les autres solutions de l'équation (**E**). Le discriminant réduit de ce polynôme est en outre
$$\Delta' = (-i)^2 - 1 \times (-5) = -1 + 5 = 4 = 2^2.$$

Les racines dudit polynôme sont donc
$$z_1 = i - \sqrt{2^2} = -2 + i \quad \text{et} \quad z_2 = i + \sqrt{2^2} = 2 + i.$$

L'ensemble des solutions de l'équation (**E**) est de ce fait
$$\{5i, -2 + i, 2 + i\}.$$

2.

Soient A, B et C les points d'affixes respectives $2+i$, $5i$ et $-2+i$. La droite $(\mathcal{D})$ d'équation $y=2$ rencontre la droite (AB) en K et la droite (OA) en L. Du reste, soient Γ et Γ' les cercles circonscrits aux triangles OAB et ALK. Par ailleurs, soit s la similitude plane directe qui transforme B en O et K en L, puis soit Ω le centre de s.

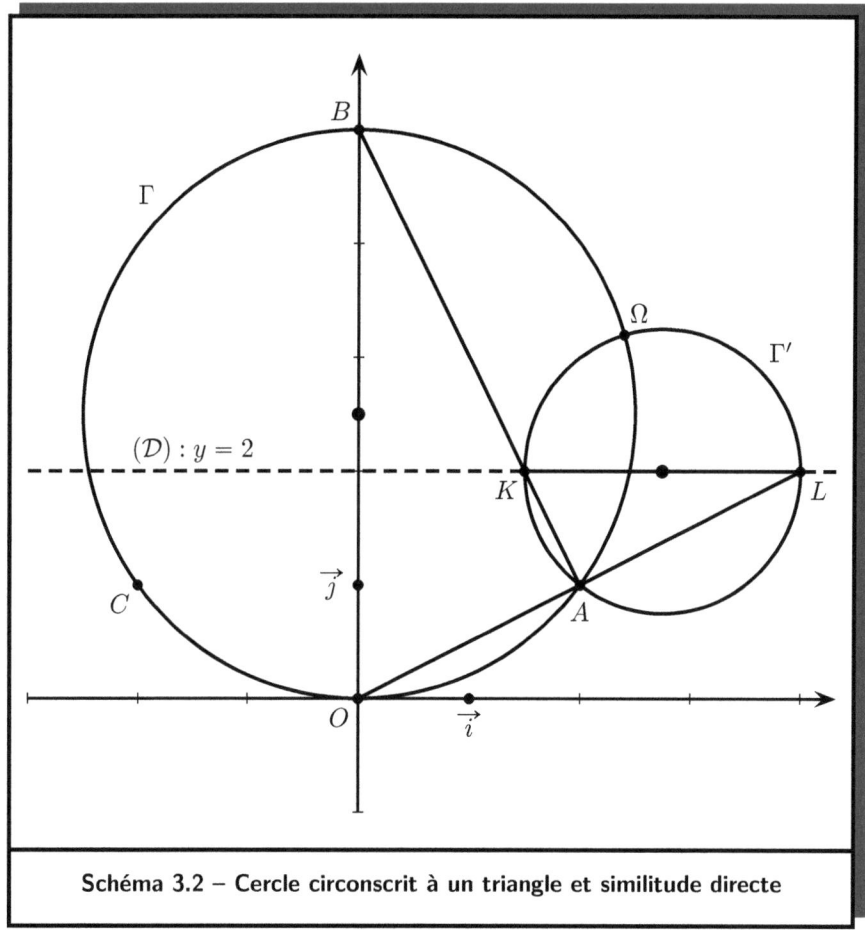

Schéma 3.2 – Cercle circonscrit à un triangle et similitude directe

(a) Pour prouver que $\Omega \in \Gamma \cap \Gamma'$, il convient, dans un premier temps, de déterminer la nature des triangles OAB et ALK. À cet effet, notons que

$$z_B - z_A = 5i - (2+i) = -2 + 4i = -2(1-2i)$$

et
$$z_O - z_A = -(2+i),$$

où l'affixe d'un point quelconque M est désignée par z_M. Ainsi,

$$\frac{z_B - z_A}{z_O - z_A} = \frac{2(1-2i)}{2+i} = \frac{2(1-2i)(2-i)}{(2+i)(2-i)} = \frac{2(2-i-4i+2i^2)}{2^2-i^2}$$
$$= \frac{2 \cdot (-5i)}{5} = -2i.$$

Le rapport $\frac{z_B-z_A}{z_O-z_A}$ est donc un nombre complexe imaginaire pur. De ce fait, les vecteurs $\overrightarrow{AO}$ et $\overrightarrow{AB}$ d'une part, puis $\overrightarrow{AK}$ et $\overrightarrow{AL}$, sont orthogonaux. Par conséquent, chacun des triangles OAB et ALK est rectangle en A. Il en résulte que les segments $[BO]$ et $[KL]$ sont des diamètres respectifs des cercles Γ et Γ'. À ce compte-là, pour établir l'appartenance de Ω à Γ et Γ', il suffit de montrer que

$$\frac{z_O - z_\Omega}{z_B - z_\Omega} \quad \text{et} \quad \frac{z_L - z_\Omega}{z_K - z_\Omega}$$

sont des nombres complexes imaginaires purs. Soit k le rapport de la similitude s et θ une mesure de son angle. Alors,

$$\frac{z_O - z_\Omega}{z_B - z_\Omega} = \frac{z_L - z_\Omega}{z_K - z_\Omega} = ke^{i\theta}.$$

Cependant, par définition, $s\big((BK)\big) = (OL)$, car $s(B) = O$ et $s(K) = L$. Par ailleurs, les droites (BK) et (OL) sont perpendiculaires. Ainsi,

$$\text{Mes}\big(\widehat{(BK),(OL)}\big) \equiv \frac{\pi}{2} \,[\text{mod}\,\pi].$$

Au demeurant,

$$\text{Mes}\big(\widehat{(BK),(OL)}\big) \equiv \theta \,[\text{mod}\,\pi].$$

Autrement dit, $\theta \equiv \frac{\pi}{2} \,[\text{mod}\,\pi]$. D'où $\cos\theta = 0$ et $\sin\theta = \pm 1$. De ce fait, $ke^{i\theta}$ est un complexe imaginaire pur. Par conséquent,

$$\frac{z_O - z_\Omega}{z_B - z_\Omega} = \frac{z_L - z_\Omega}{z_K - z_\Omega} = ke^{i\theta} \in i\mathbb{R},$$

et $\overrightarrow{\Omega O} \cdot \overrightarrow{\Omega B} = \overrightarrow{\Omega L} \cdot \overrightarrow{\Omega L} = 0$. Ceci induit $\Omega \in \Gamma \cap \Gamma'$. Toutefois,

$$\text{Mes}\left(\widehat{\overrightarrow{AB}, \overrightarrow{AO}}\right) \equiv \frac{\pi}{2} \, [\text{mod} \, 2\pi] \qquad \text{et} \qquad \text{Mes}\left(\widehat{\overrightarrow{AK}, \overrightarrow{AL}}\right) \equiv -\frac{\pi}{2} \, [\text{mod} \, 2\pi].$$

Donc, $\Omega \neq A$.

(b) L'écriture complexe de la similitude s est donnée par

$$f : \mathbb{C} \to \mathbb{C}, \quad z \mapsto az + b,$$

où a et b sont des nombres complexes. Pour déterminer a et b, il convient de noter que

$$z_O = az_B + b \qquad \text{et} \qquad z_L = az_K + b,$$

c'est-à-dire $0 = 5ai + b$ et $z_L = az_K + b$. Donc,

$$b = -5ai \qquad \text{et} \qquad z_L = az_K - 5ai = a(z_K - 5i),$$

puis

$$a = \frac{z_L}{z_K - 5i} \qquad \text{et} \qquad b = -\frac{5z_L i}{z_K - 5i}.$$

Maintenant, déterminons z_L et z_K. À cet effet, nous remarquons que 2 est l'ordonnée des points L et K, car ces derniers appartiennent à la droite $(\mathcal{D})$ d'équation $y = 2$. De plus,

$$(OA) : y = \frac{1}{2}x \qquad \text{et} \qquad (AB) : y = -2x + 5.$$

Par conséquent, les points L et K ont pour abscisses respectives

$$x_L = 2y_L = 4 \qquad \text{et} \qquad x_K = \frac{-y_K + 5}{2} = \frac{-2 + 5}{2} = \frac{3}{2}.$$

Ceci entraîne

$$z_L = 4 + 2i \qquad \text{et} \qquad z_K = \frac{3}{2} + 2i.$$

Il en résulte que

$$a = \frac{4 + 2i}{\frac{3}{2} + 2i - 5i} = \frac{4 + 2i}{\frac{3}{2} - 3i} = \frac{2(2 + i)\left(\frac{2}{3} + 3i\right)}{\left(\frac{2}{3} - 3i\right)\left(\frac{2}{3} + 3i\right)} = \frac{2\left(3 + 6i + \frac{3}{2}i + 3i^2\right)}{\frac{9}{4} - 9i^2},$$

c'est-à-dire
$$a = \frac{2\left(\frac{15}{2}i\right)}{\frac{45}{4}} = \frac{4}{3}i,$$
puis
$$b = -5i \cdot \frac{4}{3}i = -\frac{20}{3}i^2 = \frac{20}{3}.$$
Par suite, l'écriture complexe de la similitude s est l'application
$$\mathbb{C} \to \mathbb{C}, \quad z \mapsto \frac{4}{3}zi + \frac{20}{3}.$$
Il en découle que l'affixe du centre Ω de s est
$$\omega = \frac{b}{1-a} = \frac{\frac{20}{3}}{1 - \frac{4}{3}i} = \frac{20}{3} \cdot \frac{1 + \frac{4}{3}i}{\left(1 - \frac{4}{3}i\right)\left(1 + \frac{4}{3}i\right)} = \frac{20}{3} \cdot \frac{1 + \frac{4}{3}i}{1 + \frac{16}{9}}.$$
Ainsi,
$$\omega = \frac{20}{3} \cdot \frac{1 + \frac{4}{3}i}{\frac{25}{9}} = \frac{12}{5} \cdot \left(1 + \frac{4}{3}i\right) = \frac{12}{5} \cdot \left(1 + \frac{4}{3}i\right) = \frac{4}{5} \cdot (3 + 4i).$$

Solution de l'Exercice 2.

Soit $\left(O, \vec{\imath}, \vec{\jmath}\right)$ un repère du plan, puis (E) la conique de foyer O, de directrice $(\Delta) : y = 2$ et d'excentricité $\frac{1}{2}$.

1.

Soit un point $M(x, y)$. Alors, son projeté orthogonal M' sur la droite (Δ) a pour abscisse x et pour ordonnée 2. De ce fait, les distances respectives de M au point O et à la droite (Δ) sont données par
$$OM = \sqrt{x^2 + y^2}$$
et
$$d(M, (\Delta)) = M'M = \sqrt{(x-x)^2 + (y-2)^2} = \sqrt{(y-2)^2}.$$
Toutefois, $M \in (E)$ si et seulement si $OM^2 = \frac{1}{4}d(M, (\Delta))^2$, c'est-à-dire
$$x^2 + y^2 = \frac{1}{4}(y-2)^2 \quad \text{ou} \quad 4x^2 + 4y^2 = y^2 - 4y - 4.$$

L'appartenance du point M à la conique (E) équivaut à $4x^2 + 3y^2 + 4y = 4$, c'est-à-dire $12x^2 + 9y^2 + 12y = 12$. Les équivalences suivantes sont donc valides :

$$M \in (E) \Leftrightarrow 12x^2 + 9\left(y^2 + \frac{4}{3}y\right) = 12$$

$$\Leftrightarrow 12x^2 + 9\left(y + \frac{2}{3}\right)^2 - 9 \cdot \frac{4}{9} = 12$$

$$\Leftrightarrow 12x^2 + 9\left(y + \frac{2}{3}\right)^2 = 16$$

$$\Leftrightarrow 12X^2 + 9Y^2 = 16,$$

avec
$$X = x \quad \text{et} \quad Y = x - \frac{2}{3}.$$

Soit à présent le point $A\left(0, -\frac{2}{3}\right)$. Alors,

$$\overrightarrow{AM} = x\,\vec{i} + \left(y + \frac{2}{3}\right)\vec{j} = X\vec{i} + Y\vec{j}.$$

De ce fait, X et Y sont respectivement abscisse et ordonnée du point M dans le repère $\left(A, \vec{i}, \vec{j}\right)$. Par conséquent, dans ce même repère $\left(A, \vec{i}, \vec{j}\right)$, la conique (E) a pour équation

$$12X^2 + 9Y^2 = 16 \quad \text{ou} \quad \frac{X^2}{\left(\frac{2\sqrt{3}}{3}\right)^2} + \frac{Y^2}{\left(\frac{4}{3}\right)^2} = 1.$$

2.

Soit ϕ l'application qui, à tout point M de coordonnées x et y, associe le point M' de coordonnées x' et y', tel que

$$x' = x \quad \text{et} \quad y' = \frac{\sqrt{3}}{2}y - \frac{2 - \sqrt{3}}{2}.$$

(a) Soit (E') l'image de la conique (E) par ϕ. Du reste, nous considérons un point $M(x, y)$ de (E), ainsi que son image $M'(x', y')$. Alors,

$$x' = x \quad \text{et} \quad \frac{\sqrt{3}}{2}y = y' + \frac{2 - \sqrt{3}}{2}.$$

De ce fait,
$$y + \frac{2}{3} = \frac{2}{\sqrt{3}}\left(y' + \frac{2-\sqrt{3}}{2}\right) = \frac{2\sqrt{3}}{3}\left(y' - \frac{\sqrt{3}-6}{6}\right).$$

Au demeurant, l'appartenance du point $M(x,y)$ à l'ellipse (E) équivaut à
$$12x^2 + 9\left(y + \frac{2}{3}\right)^2 = 16.$$

Ceci implique
$$12(x')^2 + 9 \cdot \frac{4 \cdot 3}{9}\left(y' - \frac{\sqrt{3}-6}{6}\right)^2 = 16,$$

c'est-à-dire
$$(x')^2 + \left(y' - \frac{\sqrt{3}-6}{6}\right)^2 = \frac{16}{12} = \frac{4}{3}.$$

Ainsi, si un point $M(x,y)$ appartient à la conique (E), alors son image $M'(x',y')$ par ϕ vérifie l'équation
$$(x')^2 + \left(y' - \frac{\sqrt{3}-6}{6}\right)^2 = \left(\frac{2\sqrt{3}}{3}\right)^2. \qquad (*)$$

Maintenant, soit $M'(x',y')$ un point du plan satisfaisant l'équation $(*)$, puis un point $M(x,y)$, où
$$x = x' \qquad \text{et} \qquad y = \frac{2\sqrt{3}}{3}y' + \frac{2\sqrt{3}}{3} - 1.$$

Alors, $M' = \phi(M)$, car $x' = x$ et
$$y' = \frac{3}{2\sqrt{3}}\left(y - \frac{2\sqrt{3}}{3} + 1\right) = \frac{\sqrt{3}}{2}y - 1 + \frac{\sqrt{3}}{2} = \frac{\sqrt{3}}{2}y - \frac{2-\sqrt{3}}{2}.$$

Par ailleurs,
$$12x^2 + 9\left(y + \frac{2}{3}\right)^2 = 12(x')^2 + 9\left(\frac{2\sqrt{3}}{3}y' + \frac{2\sqrt{3}}{3} - 1 + \frac{2}{3}\right)^2$$
$$= 12\left[(x')^2 + \left(y' - \frac{\sqrt{3}-6}{6}\right)^2\right] = 12 \cdot \left(\frac{2\sqrt{3}}{3}\right)^2 = 16.$$

Ainsi, l'antécédent M de M' par ϕ appartient à la conique (E). Par conséquent, (E') a pour équation

$$x^2 + \left(y - \frac{\sqrt{3}-6}{6}\right)^2 = \left(\frac{2\sqrt{3}}{3}\right)^2.$$

(b) La conique (E) est une ellipse de centre $A\left(0, \frac{2}{3}\right)$ de rayons $a = \frac{2\sqrt{3}}{3}$ et $b = \frac{4}{3}$. Son image (E') par ϕ est le cercle de centre $B\left(0, \frac{\sqrt{3}-6}{6}\right)$ et de rayon $\frac{2\sqrt{3}}{3}$. Ces entités sont représentées sur le schéma 3.3 ci-dessous.

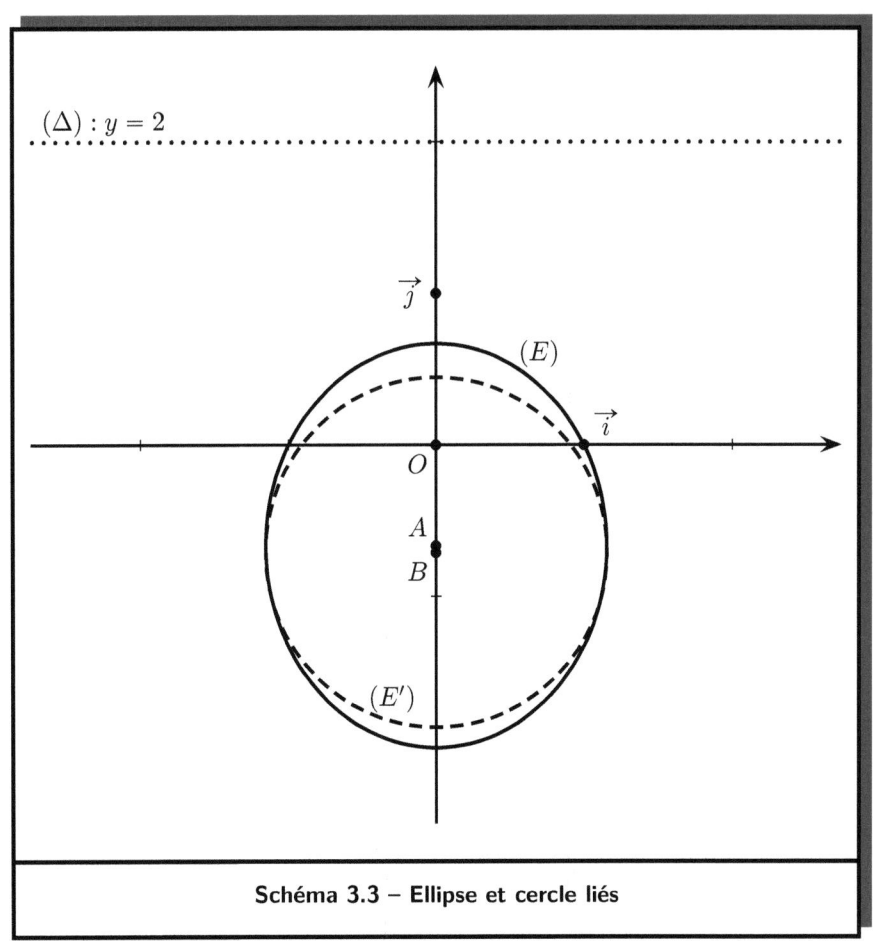

Schéma 3.3 – Ellipse et cercle liés

Solution de l'Exercice 3.

Soit $CABD$ un tétraèdre régulier (toutes les faces sont des triangles équilatéraux). Par ailleurs, nous considérons des points G et H que

$$\overrightarrow{CG} = \frac{1}{4}\overrightarrow{CA} \qquad \text{et} \qquad \overrightarrow{CH} = \frac{3}{4}\overrightarrow{CB},$$

puis L le milieu du segment $[CD]$.

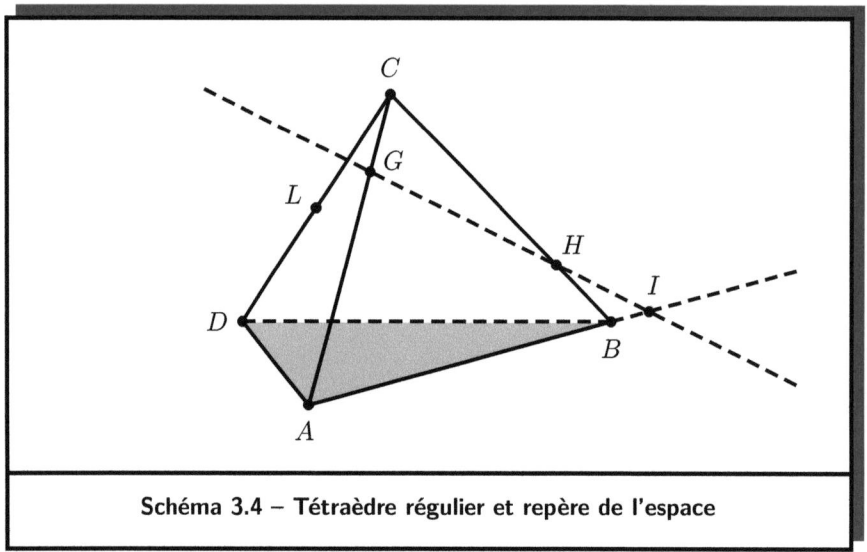

Schéma 3.4 – Tétraèdre régulier et repère de l'espace

1.

D'après la relation de CHASLES, nous avons

$$\overrightarrow{GH} = \overrightarrow{CH} - \overrightarrow{CG} = \frac{3}{4}\overrightarrow{CB} - \frac{1}{4}\overrightarrow{CA} = \frac{2}{4}\overrightarrow{CB} + \frac{1}{4}\left(\overrightarrow{CB} - \overrightarrow{CA}\right)$$
$$= \frac{1}{2}\overrightarrow{CB} + \frac{1}{4}\overrightarrow{AB}.$$

De ce fait,

$$\overrightarrow{GH} \wedge \overrightarrow{AB} = \left(\frac{1}{2}\overrightarrow{CB} + \frac{1}{4}\overrightarrow{AB}\right) \wedge \overrightarrow{AB} = \frac{1}{2} \cdot \overrightarrow{CB} \wedge \overrightarrow{AB} + \frac{1}{4} \cdot \overrightarrow{AB} \wedge \overrightarrow{AB}.$$

Cependant, $\overrightarrow{AB} \wedge \overrightarrow{AB} = \overrightarrow{0}$, tandis que $\overrightarrow{CB} \wedge \overrightarrow{AB} \neq \overrightarrow{0}$, en raison du non-alignement des points A, B et C. Par conséquent,

$$\overrightarrow{GH} \wedge \overrightarrow{AB} = \frac{1}{2} \cdot \overrightarrow{CB} \wedge \overrightarrow{AB} \neq \overrightarrow{0}.$$

Les vecteurs $\overrightarrow{GH}$ et $\overrightarrow{AB}$ sont donc non-colinéaires. Ainsi, les droites (GH) et (AB) sont sécantes en un point symbolisé ici par I (voir le schéma 3.4 ci-dessus).

Les vecteurs $\vec{i}$, $\vec{j}$ et $\vec{k}$ sont unitaires, puis respectivement colinéaires et de même sens que les vecteurs $\overrightarrow{AB}$, $\overrightarrow{AD}$ et $\overrightarrow{AC}$. Nous supposons en outre que l'espace est rapporté au repère $\left(A, \vec{i}, \vec{j}, \vec{k}\right)$ et que $AC = 4$.

2.

Par définition, $AB = AD = AC = 4$, puis

$$\vec{i} = \frac{\overrightarrow{AB}}{AB} = \frac{1}{4}\overrightarrow{AB}, \qquad \vec{j} = \frac{\overrightarrow{AD}}{AD} = \frac{1}{4}\overrightarrow{AD} \qquad \text{et} \qquad \vec{k} = \frac{\overrightarrow{AC}}{AC} = \frac{1}{4}\overrightarrow{AC}.$$

Alors,

$$\overrightarrow{AG} = \overrightarrow{AC} + \overrightarrow{CG} = \overrightarrow{AC} + \frac{1}{4}\overrightarrow{CA} = \frac{3}{4}\overrightarrow{AC} = 3 \cdot \frac{1}{4}\overrightarrow{AC} = 3\vec{k}.$$

Du reste,

$$\overrightarrow{AH} = \overrightarrow{AC} + \overrightarrow{CH} = \overrightarrow{AC} + \frac{3}{4}\overrightarrow{CB} = \overrightarrow{AC} + \frac{3}{4}\overrightarrow{CA} + \frac{3}{4}\overrightarrow{AB} = \frac{3}{4}\overrightarrow{AB} + \frac{1}{4}\overrightarrow{AC}$$

$$= 3 \cdot \frac{1}{4}\overrightarrow{AB} + \frac{1}{4}\overrightarrow{AC}$$

$$= 3\vec{i} + \vec{k}.$$

Par conséquent, dans le repère $\left(A, \vec{i}, \vec{j}, \vec{k}\right)$, les coordonnées des points G et H sont données par $G(0,0,3)$ et $H(3,0,1)$. Dans le même repère, soit à présent un point $M(x,y,z)$. Alors, $M \in (GH)$ si et seulement s'il existe un réel λ tel que $\overrightarrow{GM} = \lambda \cdot \overrightarrow{GH}$, c'est-à-dire

$$\begin{pmatrix} x - 0 \\ y - 0 \\ z - 3 \end{pmatrix} = \lambda \begin{pmatrix} 3 - 0 \\ 0 - 0 \\ 0 - 3 \end{pmatrix} \qquad \text{ou} \qquad \begin{pmatrix} x \\ y \\ z - 3 \end{pmatrix} = \lambda \begin{pmatrix} 3 \\ 0 \\ -3 \end{pmatrix}.$$

Tout compte fait, un point $M(x,y,z)$ appartient à la droite (GH) si et seulement si $y = 0$ et s'il existe un réel λ vérifiant $x = 3\lambda$ et $z = 3 - 2\lambda$. Par ailleurs, la droite (AB) a pour équation $x = 0$. De ce fait, l'appartenance du point I aux droites (GH) et (AB) induit

$$x_I = 0, \qquad y_I = 0 \qquad \text{et} \qquad z_I = 3 - 2 \times 0 = 3.$$

Autrement dit, $I(0,0,3)$.

3.

Soit $\mathcal{E}$ l'espace vectoriel associé à l'espace affine défini ci-dessus. Alors, $\left(\vec{i},\vec{j},\vec{k}\right)$ est une base de $\mathcal{E}$. Soit f l'endomorphisme de $\mathcal{E}$ tel que

$$f\left(\vec{i}\right) = \vec{j}, \qquad f\left(\vec{j}\right) = -2\vec{j} \qquad \text{et} \qquad f\left(\vec{k}\right) = \vec{k}.$$

(a) Pour montrer que l'application linéaire f n'est pas un isomorphisme de $\mathcal{E}$, il suffit d'établir qu'elle n'est pas injective. En effet,

$$f\left(-2\cdot\vec{i}\right) = -2\cdot f\left(\vec{i}\right) = -2\vec{j} = f\left(\vec{j}\right)$$

et $-2\cdot\vec{i} \neq \vec{j}$. L'endomorphisme f n'est donc ni injective, ni bijective.

(b) Soit $\vec{u} = x\vec{i} + y\vec{j} + z\vec{k}$ un vecteur de $\mathcal{E}$. Alors, $\vec{u}$ appartient au noyau $\mathbf{ker}(f)$ de f si et seulement si

$$\vec{0} = f(\vec{u}) = (x - 2y)\vec{j} + z\vec{k},$$

c'est-à-dire si $x - 2y = 0$ et $z = 0$. Ainsi, l'appartenance du vecteur

$$\vec{u} = x\vec{i} + y\vec{j} + z\vec{k}$$

à $\mathbf{ker}(f)$ entraîne $x = 2y$ et $z = 0$, c'est-à-dire

$$\vec{u} = 2y\vec{i} + y\vec{j} = y\left(2\vec{i} + \vec{j}\right).$$

Le noyau $\mathbf{ker}(f)$ est de ce fait contenu dans la droite vectorielle engendrée par le vecteur $2\vec{i} + \vec{j}$. En outre, pour tout réel λ, nous avons

$$f\left(\lambda\cdot\left(2\vec{i} + \vec{j}\right)\right) = f\left(2\lambda\vec{i} + \lambda\vec{j}\right) = (2\lambda - 2\lambda)\vec{j} = \vec{0}.$$

Par conséquent,
$$\ker(f) = \mathbb{R} \cdot \left(2\vec{i} + \vec{j}\right) = \left\langle 2\vec{i} + \vec{j} \right\rangle.$$

Soit $\vec{u}$ un vecteur de $\mathcal{E}$. Alors, il existe des nombres réels x, y et z tels que $\vec{u} = x\vec{i} + y\vec{j} + z\vec{k}$. De ce fait,
$$f(\vec{u}) = f\left(x\vec{i} + y\vec{j} + z\vec{k}\right) = xf\left(\vec{i}\right) + yf\left(\vec{j}\right) + zf\left(\vec{k}\right)$$
$$= x\vec{j} - 2y\vec{j} + z\vec{k} = (x - 2y)\vec{j} + z\vec{k}.$$

Par suite, $\mathbf{Im}(f)$ est inclus dans le sous-espace vectoriel de $\mathcal{E}$ engendré par $\vec{j}$ et $\vec{k}$. Donc,
$$\mathbf{Im}(f) \subseteq \mathbb{R} \cdot \vec{j} + \mathbb{R} \cdot \vec{k} = \left\langle \vec{j}, \vec{k} \right\rangle,$$
où $\mathbb{R} \cdot \vec{j} + \mathbb{R} \cdot \vec{k}$, comme $\left\langle \vec{j}, \vec{k} \right\rangle$, désigne le sous-espace vectoriel de $\mathcal{E}$ engendré par $\vec{j}$ et $\vec{k}$. Maintenant, soient a et b des réels quelconques. Alors, il existe une infinité de couples de réels (x, y) tels que $a = x - 2y$; notamment, le couple $(x, y) = (3a, a)$. Ainsi,
$$f\left(x\vec{i} + y\vec{j} + b\vec{k}\right) = (x - 2y)\vec{j} + b\vec{k} = (x - 2y)\vec{j} + b\vec{k} = a\vec{j} + b\vec{k}.$$

Par conséquent,
$$\mathbf{Im}(f) = \left\langle \vec{j}, \vec{k} \right\rangle.$$

Solution du Problème.

Partie A.

I.

Soient les équations différentielles
$$y' + y = 0 \tag{E}$$
et
$$y' + y = -\frac{1}{2}e^{-\frac{x}{2}} - 2. \tag{E'}$$

1.

Soit h la fonction définie par $h(x) = pe^{-\frac{x}{2}} + q$, où p et q sont des nombres réels. Alors,
$$h'(x) = -\frac{p}{2}e^{-\frac{x}{2}}$$
pour chaque $x \in \mathbb{R}$. Ainsi,
$$h'(x) + h(x) = -\frac{p}{2}e^{-\frac{x}{2}} + pe^{-\frac{x}{2}} + q = \frac{p}{2}e^{-\frac{x}{2}} + q.$$

Donc, pour $p = -1$ et $q = -2$, nous avons
$$h'(x) + h(x) = -\frac{1}{2}e^{-\frac{x}{2}} - 2.$$

Ceci signifie que la fonction
$$h : \mathbb{R} \to \mathbb{R}, \quad x \mapsto -e^{-\frac{x}{2}} - 2$$
est une solution de $(\mathbf{E'})$.

2.

Étant donné une fonction g définie sur $\mathbb{R}$, nous posons $f = g + h$. Alors,
$$f' + f = (g + h)' + (g + h) = (g' + g) + (h' + h).$$

De ce fait, la fonction f est solution de $(\mathbf{E'})$ si et seulement si
$$[g'(x) + g(x)] + [h'(x) + h(x)] = -\frac{1}{2}e^{-\frac{x}{2}} - 2.$$

Puisque $h'(x) + h(x) = -\frac{1}{2}e^{-\frac{x}{2}} - 2$, ceci équivaut à $g'(x) + g(x) = 0$. Par suite, $f = g + h$ est solution de $(\mathbf{E'})$ si et seulement si g est solution de $(\mathbf{E})$.

3.

L'équation $(\mathbf{E})$ est une équation différentielle linéaire de premier degré de la forme $y' - ay = 0$ avec $a = -1$. Son ensemble solution est notoirement l'ensemble des fonctions
$$\mathbb{R} \to \mathbb{R}, \quad x \mapsto ke^{-x},$$

où la constante k parcourt $\mathbb{R}$. Par conséquent, l'ensemble des solutions de (**E'**) est constitué exclusivement des fonctions φ_k définies par

$$\varphi_k(x) = ke^{-x} - e^{-\frac{x}{2}} - 2$$

avec $k \in \mathbb{R}$.

II.

Soit f le fonction numérique d'une variable réelle, définie par

$$f(x) = e^{-x} - e^{-\frac{x}{2}} - 2,$$

et $\mathcal{C}_f$ sa courbe représentative dans un repère orthonormé $\left(O, \vec{i}, \vec{j}\right)$ (l'unité sur les axes est $1\,\text{cm}$).

1.

À l'évidence, $f = \varphi_k$ avec $k = 1$. De ce fait, f est une solution de l'équation différentielle (**E'**).

2.

La fonction f est dérivable sur $\mathbb{R}$, en tant que somme de fonctions dérivables sur $\mathbb{R}$. Au demeurant,

$$f'(x) = -e^{-x} + \frac{1}{2}e^{-\frac{x}{2}} = -\left(e^{-\frac{x}{2}}\right)^2 + \frac{1}{2}e^{-\frac{x}{2}} = e^{-\frac{x}{2}}\left(\frac{1}{2} - e^{-\frac{x}{2}}\right)$$

pour tout réel x. Cependant, $e^{-\frac{x}{2}} > 0$ pour chaque $x \in \mathbb{R}$. Ainsi, $f'(x)$ a le même signe que $\frac{1}{2} - e^{-\frac{x}{2}}$. Du reste, les racines éventuelles de la fonction

$$x \mapsto \frac{1}{2} - e^{-\frac{x}{2}}$$

sont celles de f. En l'espèce, $\frac{1}{2} - e^{-\frac{x}{2}} = 0$ si et seulement si $\ln\left(e^{-\frac{x}{2}}\right) = \ln\left(\frac{1}{2}\right)$, c'est-à-dire $-\frac{x}{2} = -\ln 2$. Donc, $f'(x) = 0$ si et seulement si $x = 2\ln 2 = \ln 4$. Par ailleurs,

$$\begin{cases} \frac{1}{2} - e^{-\frac{x}{2}} < 0 & \text{si } x < 2\ln 2, \\ \frac{1}{2} - e^{-\frac{x}{2}} > 0 & \text{si } x > 2\ln 2. \end{cases}$$

Par conséquent, $f'(x) = 0$ si et seulement $x = 2\ln 2$, puis $f'(x) < 0$ si $x \in \,]-\infty, 2\ln 2[$, tandis que $f'(x) > 0$ lorsque $x \in \,]2\ln 2, +\infty[$.

Maintenant, notons que

$$f(x) = \left(e^{-\frac{x}{2}}\right)^2 - e^{-\frac{x}{2}} - 2 = e^{-\frac{x}{2}}\left(e^{-\frac{x}{2}} - 1 - \frac{2}{e^{-\frac{x}{2}}}\right)$$

pour chaque réel x. De plus,

$$\lim_{u \to +\infty} e^u = +\infty \quad \text{et} \quad \lim_{u \to -\infty} e^u = 0.$$

Par conséquent,

$$\lim_{x \to -\infty} f(x) = \lim_{x \to -\infty} e^{-\frac{x}{2}}\left(e^{-\frac{x}{2}} - 1 - \frac{2}{e^{-\frac{x}{2}}}\right) = \lim_{u \to +\infty} e^u\left(e^u - 1 - \frac{2}{e^u}\right)$$

$$= +\infty \times +\infty = +\infty$$

et

$$\lim_{x \to +\infty} f(x) = \lim_{x \to +\infty} \left(\left(e^{-\frac{x}{2}}\right)^2 - e^{-\frac{x}{2}} - 2\right) = \lim_{u \to -\infty} \left((e^u)^2 - e^u - 2\right)$$

$$= -2.$$

Par ailleurs,

$$f(2\ln 2) = e^{-\ln 4} - e^{-\ln 2} - 2 = e^{\ln \frac{1}{4}} - e^{\ln \frac{1}{2}} - 2 = \frac{1}{4} - \frac{1}{2} - 2 = -\frac{9}{4}.$$

Ces informations conduisent au tableau de variation suivant.

x	$-\infty$		$2\ln 2$		$+\infty$
$f'(x)$		$-$	0	$+$	
$f(x)$	$+\infty$	↘	$-\frac{9}{4}$	↗	-2

3.

(a) La courbe $(\mathcal{C}_f)$ admet exactement deux branches infinies : l'une en $-\infty$ et l'autre en $+\infty$. Précisément, la droite (Δ) d'équation $y = -2$ est asymptote horizontale en $+\infty$, car $\lim_{x \to +\infty} f(x) = -2$. En outre,

$$\lim_{x \to -\infty} \frac{f(x)}{x} = \lim_{x \to -\infty} \frac{e^{-\frac{x}{2}}}{x}\left(e^{-\frac{x}{2}} - 1 - \frac{2}{e^{-\frac{x}{2}}}\right)$$

$$= \lim_{x \to -\infty} -\frac{1}{2} \cdot \frac{e^{-\frac{x}{2}}}{-\frac{x}{2}}\left(e^{-\frac{x}{2}} - 1 - \frac{2}{e^{-\frac{x}{2}}}\right)$$

$$= \lim_{u \to +\infty} -\frac{1}{2} \cdot \frac{e^u}{u}\left(e^u - 1 - \frac{2}{e^u}\right)$$

$$= -\infty \times +\infty = -\infty.$$

De ce fait, la branche infinie de $(\mathcal{C}_f)$ en $-\infty$ est une *branche parabolique* de direction l'axe des ordonnées $(O, \vec{j})$.

(b) Les images des réels 0, -1, 1 et $-\ln 4$ se calculent sans difficulté comme suit :

$$f(0) = 1 - 1 - 2 = -2,$$
$$f(-1) = e^{-1} - e^{-\frac{1}{2}} - 2 \approx -0{,}930,$$
$$f(1) = e^{-1} - e^{-\frac{1}{2}} - 2 \approx -2{,}238,$$
$$f(-\ln 4) = e^{\ln 4} - e^{\ln 2} - 2 = 4 - 2 - 2 = 0.$$

La courbe $(\mathcal{C}_f)$, représentée sur le schéma 3.5 de la page 88, à l'échelle 1 cm sur les axes, intègre ces données.

4.

(a) À l'évidence, pour chaque réel x, nous avons

$$-2 - f(x) = -e^{-x} + e^{-\frac{x}{2}} = (-x)'e^{-x} - 2\left(-\frac{x}{2}\right)'e^{-\frac{x}{2}}.$$

De ce fait,

$$A(\alpha) = \int_{\ln 4}^{\alpha} (-2 - f(x))\,dx = \int_{\ln 4}^{\alpha} \left[(-x)'e^{-x} - 2\left(-\frac{x}{2}\right)'e^{-\frac{x}{2}}\right]dx.$$

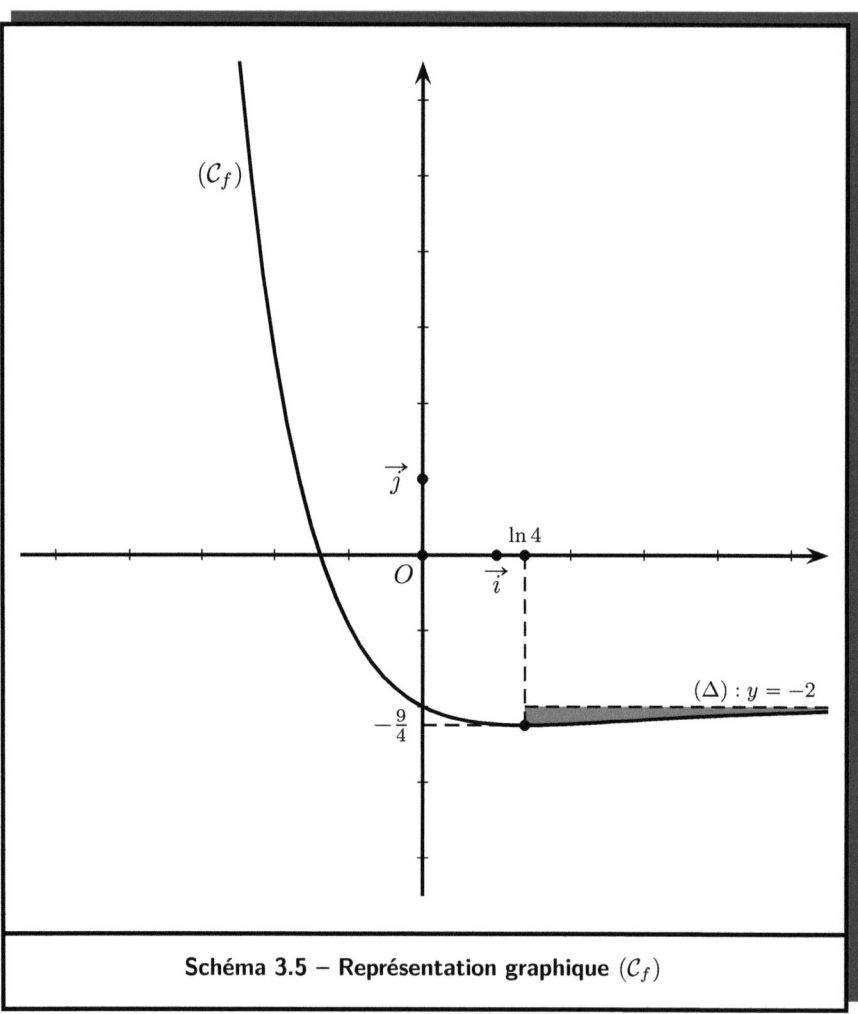

Schéma 3.5 – Représentation graphique $(\mathcal{C}_f)$

Par conséquent,
$$A(\alpha) = \int_{\ln 4}^{\alpha} (-x)' e^{-x} dx - 2\int_{\ln 4}^{\alpha} \left(-\frac{x}{2}\right)' e^{-\frac{x}{2}} dx = \left[e^{-x}\right]_{\ln 4}^{\alpha} - 2\left[e^{-\frac{x}{2}}\right]_{\ln 4}^{\alpha}$$
$$= e^{-\alpha} - e^{-\ln 4} - 2\left(e^{-\frac{\alpha}{2}} - e^{-\frac{\ln 4}{2}}\right)$$
$$= e^{-\alpha} - 2e^{-\frac{\alpha}{2}} - e^{\ln \frac{1}{4}} + 2e^{\ln \frac{1}{2}}$$
$$= e^{-\alpha} - 2e^{-\frac{\alpha}{2}} - \frac{1}{4} + 1$$
$$= e^{-\alpha} - 2e^{-\frac{\alpha}{2}} + \frac{3}{4}$$

pour chaque réel $\alpha > \ln 4$.

(b) Nous savons que $\lim\limits_{\alpha \to +\infty} e^{-\alpha} = \lim\limits_{\alpha \to +\infty} e^{-\frac{\alpha}{2}} = 0$. Ainsi,
$$\lim_{\alpha \to +\infty} A(\alpha) = 0 - 2 \times 0 + \frac{3}{4} = \frac{3}{4}.$$

Cette limite correspond à l'aire de la partie du plan délimitée par les droites d'équations respectives $x = \ln 4$ et $y = -2$, puis la courbe $(\mathcal{C}_f)$ (voir la partie grisée du schéma 3.5 à la page 88).

Partie B.

Soit $(u_n)_{n \in \mathbb{N}}$ la suite numérique définie par $u_0 = 1$ et
$$u_{n+1} + u_n = -\frac{1}{2} e^{-\frac{n}{2}} - 2 \qquad (\mathbf{P})$$
pour chaque $n \in \mathbb{N}$.

1.

Étant donné des réels a, b et c, soit $(a_n)_{n \in \mathbb{N}}$ une suite définie par
$$a_n = be^{-\frac{n}{2}} + c$$
pour tout entier naturel n. Alors,
$$a_{n+1} + a_n = be^{-\frac{n+1}{2}} + c + be^{-\frac{n}{2}} + c = be^{-\frac{1}{2}} e^{-\frac{n}{2}} + be^{-\frac{n}{2}} + 2c$$
$$= b\left(1 + e^{-\frac{1}{2}}\right) e^{-\frac{n}{2}} + 2c.$$

De ce fait, la suite $(a_n)_{n \in \mathbb{N}}$ vérifie la propriété (**P**) si $b\left(1 + e^{-\frac{1}{2}}\right) = -\frac{1}{2}$ et $2c = -2$, c'est-à-dire si

$$b = -\frac{1}{2\left(1 + e^{-\frac{1}{2}}\right)} \quad \text{et} \quad c = -1.$$

Par conséquent, la suite $(a_n)_{n \in \mathbb{N}}$, déterminée par

$$a_n = -\frac{1}{2\left(1 + e^{-\frac{1}{2}}\right)} e^{-\frac{n}{2}} - 1$$

pour chaque $n \in \mathbb{N}$, vérifie la propriété (**P**).

2.

Pour chaque $n \in \mathbb{N}$, soit $v_n = u_n - a_n$. Alors,

$$v_{n+1} = u_{n+1} - a_{n+1} = -u_n - \frac{1}{2}e^{-\frac{n}{2}} - 2 + \frac{1}{2\left(1 + e^{-\frac{1}{2}}\right)} e^{-\frac{n+1}{2}} + 1.$$

Donc,

$$v_{n+1} = -u_n - \frac{1}{2}e^{-\frac{n}{2}} + \frac{e^{-\frac{1}{2}}}{2\left(1 + e^{-\frac{1}{2}}\right)} e^{-\frac{n}{2}} - 1$$

$$= -u_n + \left(-\frac{1}{2} + \frac{e^{-\frac{1}{2}}}{2\left(1 + e^{-\frac{1}{2}}\right)}\right) e^{-\frac{n}{2}} - 1$$

$$= -u_n + \frac{-\left(1 + e^{-\frac{1}{2}}\right) + e^{-\frac{1}{2}}}{2\left(1 + e^{-\frac{1}{2}}\right)} e^{-\frac{n}{2}} - 1$$

$$= -u_n - \frac{1}{2\left(1 + e^{-\frac{1}{2}}\right)} e^{-\frac{n}{2}} - 1$$

$$= -u_n + a_n = -(u_n - a_n) = -v_n$$

pour chaque nombre entier naturel n. Par ailleurs,

$$v_0 = u_0 - a_0 = 1 - \left(-\frac{1}{2\left(1 + e^{-\frac{1}{2}}\right)} e^{-\frac{0}{2}} - 1\right).$$

De ce fait, la suite $(v_n)_{n\in\mathbb{N}}$ est géométrique de raison -1 et de premier terme

$$v_0 = 2 + \frac{1}{2\left(1 + e^{-\frac{1}{2}}\right)}.$$

3.

Puisque $(v_n)_{n\in\mathbb{N}}$ est une suite géométrique de premier terme $v_0 = 2 + \alpha$, où

$$\alpha = \frac{1}{2\left(1 + e^{-\frac{1}{2}}\right)},$$

et de raison -1, nous avons

$$v_n = (2 + \alpha) \cdot (-1)^n$$

pour chaque $n \in \mathbb{N}$. De plus, $u_n = v_n + a_n$. Par conséquent,

$$u_n = (2 + \alpha) \cdot (-1)^n - \alpha \cdot e^{-\frac{n}{2}} - 1$$

pour tout entier naturel n.

4.

Soit $S_n = u_0 + u_1 + \cdots + u_n$. Alors, pour tout $n \in \mathbb{N}$, nous avons

$$S_n = \sum_{k=0}^{n}\left[(2+\alpha)\cdot(-1)^k - \alpha\cdot e^{-\frac{k}{2}} - 1\right]$$

$$= (2+\alpha)\cdot\sum_{k=0}^{n}(-1)^k - \alpha\cdot\sum_{k=0}^{n}\left(e^{-\frac{1}{2}}\right)^k - \sum_{k=0}^{n}1$$

$$= (2+\alpha)\cdot\frac{1-(-1)^{n+1}}{1-(-1)} - \alpha\cdot\frac{1-\left(e^{-\frac{1}{2}}\right)^{n+1}}{1-e^{-\frac{1}{2}}} - (n+1)$$

$$= (2+\alpha)\cdot\frac{1+(-1)^n}{2} - \alpha\cdot\frac{1-e^{-\frac{1}{2}}e^{-\frac{n}{2}}}{1-e^{-\frac{1}{2}}} - n - 1$$

$$= \left(1+\frac{\alpha}{2}\right)(1+(-1)^n) - \frac{\alpha}{1-e^{-\frac{1}{2}}} + \frac{\alpha e^{-\frac{1}{2}}}{1-e^{-\frac{1}{2}}}\cdot e^{-\frac{n}{2}} - n - 1.$$

Par conséquent,
$$S_n = \frac{\alpha}{2} - \frac{\alpha}{1-e^{-\frac{1}{2}}} - n + \left(1+\frac{\alpha}{2}\right)\cdot(-1)^n + \frac{\alpha e^{-\frac{1}{2}}}{1-e^{-\frac{1}{2}}}\cdot e^{-\frac{n}{2}}$$

pour chaque entier naturel n. Pour tout $k \in \mathbb{N}$ en particulier,
$$S_{2k} = 1 + \alpha - \frac{\alpha}{1-e^{-\frac{1}{2}}} - 2k + \frac{\alpha e^{-\frac{1}{2}}}{1-e^{-\frac{1}{2}}}\cdot e^{-k}$$

et
$$S_{2k+1} = -2 - \frac{\alpha}{1-e^{-\frac{1}{2}}} - 2k + \frac{\alpha e^{-1}}{1-e^{-\frac{1}{2}}}\cdot e^{-k}.$$

Il en résulte que
$$\lim_{k\to+\infty} S_{2k} = \lim_{k\to+\infty} S_{2k+1} = -\infty.$$

La suite $(S_n)_{n\in\mathbb{N}}$ est donc divergente.

3.3. Notes et commentaires sur le sujet 2010

Corollaire du théorème de l'angle au centre.

Soit $[AB]$ un diamètre d'un cercle $(\mathcal{C})$. Alors, un point M, distinct de A et de B, appartient au cercle $(\mathcal{C})$ si et seulement si MAB est un triangle rectangle en M. Ce résultat, employé dans la Solution de l'Exercice 1, est un corollaire du *théorème de l'angle au centre*, présenté à la page 39. En effet, le plan étant rapporté à un repère orthonormé direct, et le centre du segment $[AB]$ étant désigné par O, nous avons

$$\text{Mes}\left(\widehat{\overrightarrow{OA}, \overrightarrow{OB}}\right) \equiv \pi \,[\text{mod}\, 2\pi].$$

Puisque O est également le centre du cercle $(\mathcal{C})$, il en résulte que $M \in (\mathcal{C})$ si et seulement si
$$\pi \equiv 2\cdot \text{Mes}\left(\widehat{\overrightarrow{MA}, \overrightarrow{MB}}\right) [\text{mod}\, 2\pi],$$

c'est-à-dire
$$\text{Mes}\left(\widehat{\overrightarrow{MA}, \overrightarrow{MB}}\right) \equiv \frac{\pi}{2} [\text{mod}\, 2\pi] \quad \text{ou} \quad \text{Mes}\left(\widehat{\overrightarrow{MA}, \overrightarrow{MB}}\right) \equiv -\frac{\pi}{2} [\text{mod}\, 2\pi]$$

Ceci équivaut à $\text{Mes}\,\widehat{AMB} = \frac{\pi}{2}$.

Bijectivité, noyau et image d'un endomorphisme.

La troisième question de l'Exercice 3 de ce sujet invite à l'étude d'un endomorphisme de l'espace vectoriel de dimension 3. Précisément, considérant une base $\left(\overrightarrow{i}, \overrightarrow{j}, \overrightarrow{k}\right)$ de l'espace $\mathcal{E}$, il s'agit premièrement d'établir qu'un endomorphisme f sur $\mathcal{E}$, c'est-à-dire une application linéaire de $\mathcal{E}$ vers $\mathcal{E}$, définie par les images des diverses composantes de la base, n'est pas bijective. Ensuite, il est demandé de déterminer le noyau $\mathbf{ker}(f)$ et l'image $\mathbf{Im}(f)$ de cet endomorphisme.

Dans la Solution de l'Exercice 3 proposée ici nous avons exhibé deux vecteurs distincts ayant la même image par f pour démontrer que l'endomorphisme f n'est pas injectif. De manière alternative, nous aurions pu prouver qu'il n'est pas surjectif, en démontrant que $\mathbf{Im}(f)$ est un sous-espace vectoriel propre de l'espace vectoriel $\mathcal{E}$. En effet, pour les applications linéaires entre des espaces vectoriels de dimension finie, l'injectivité est équivalente à la surjectivité qui, elle-même, équivaut à la bijectivité. Ces équivalences sont des conséquences du *théorème du rang* qui stipule que

$$\dim\bigl(\mathbf{Im}(f)\bigr) + \dim\bigl(\mathbf{ker}(f)\bigr) = \dim(\mathcal{F})$$

pour toute application linéaire $f : \mathcal{E} \to \mathcal{F}$, où $\mathcal{E}$ et $\mathcal{F}$ sont des espaces vectoriels réels de dimension finie.

Dans ce sillage, il convient de rappeler qu'un endomorphisme sur un espace vectoriel de dimension finie est un isomorphisme si et seulement si sa matrice dans une base quelconque est inversible, c'est-à-dire si sa matrice a un déterminant non nul.

Ce résultat suggère une autre approche pour la résolution de la question (3.a) de l'Exercice 3. En l'occurrence, dans la base $\left(\overrightarrow{i}, \overrightarrow{j}, \overrightarrow{k}\right)$, la matrice de l'endomorphisme $f : \mathcal{E} \to \mathcal{E}$, définie par

$$f\left(\overrightarrow{i}\right) = \overrightarrow{j}, \qquad f\left(\overrightarrow{j}\right) = -2\overrightarrow{j} \qquad \text{et} \qquad f\left(\overrightarrow{k}\right) = \overrightarrow{k},$$

est

$$M = \begin{pmatrix} 0 & 0 & 0 \\ 1 & -2 & 0 \\ 0 & 0 & 1 \end{pmatrix}.$$

Le déterminant de cette matrice est

$$\det(M) = \begin{vmatrix} 0 & 0 & 0 \\ 1 & -2 & 0 \\ 0 & 0 & 1 \end{vmatrix} = 0 \cdot \begin{vmatrix} -2 & 0 \\ 0 & 1 \end{vmatrix} - 0 \cdot \begin{vmatrix} 1 & 0 \\ 0 & 1 \end{vmatrix} + 0 \cdot \begin{vmatrix} 1 & -2 \\ 0 & 0 \end{vmatrix}$$
$$= 0.$$

De ce fait, l'endomorphisme f n'est pas un isomorphisme.

Chapitre 4

Session 2011

4.1. Sujet 2011

Ce sujet comporte trois exercices et un problème, tous obligatoires pour les séries C et E.

Exercice 1 : Suites réelles définies par des intégrales.

Pour tout entier naturel n, on considère

$$I_n = \int_0^{\frac{\pi}{2}} e^{-\frac{nx}{2}} \sin x \, dx \qquad \text{et} \qquad J_n = \int_0^{\frac{\pi}{2}} e^{-\frac{nx}{2}} \cos x \, dx.$$

1. En utilisant une intégration par parties, montrer que

$$2I_n + nJ_n = 2 \qquad \text{et} \qquad nI_n - 2J_n = -2e^{-\frac{n\pi}{4}}.$$

2. Déduire de la question **1** les expressions de I_n et J_n en fonction de n, pour tout entier naturel n.

3. Les suites $(I_n)_{n\in\mathbb{N}}$ et $(J_n)_{n\in\mathbb{N}}$ sont-elles convergentes ?

Exercice 2 : Plan, sphère et projection plane dans l'espace.

L'espace est muni d'un repère orthogonal direct $\left(O, \vec{i}, \vec{j}, \vec{k}\right)$. On donne les points $A(-1, 2, 1)$, $B(1, -6, -1)$ et $I(0, 1, -1)$.
1. (a) Calculer $\vec{AB} \wedge \vec{AC}$.
   (b) Déterminer une équation cartésienne du plan $(\mathcal{P})$ contenant les points A, B et C.
2. (a) Déterminer les coordonnées du point H, projeté orthogonal de I sur le plan $(\mathcal{P})$.
   (b) Soit $(\mathcal{S})$ la sphère de centre I et de rayon 3. Déterminer l'intersection du plan $(\mathcal{P})$ et de la sphère $(\mathcal{S})$.

Exercice 3 : Rotations dans le plan complexe.

Le plan complexe est muni d'un repère orthogonal $(O, \vec{e_1}, \vec{e_2})$. Soient A et B deux points du plan tels que $AB = 6$ cm. De plus, soit r_1 la rotation de centre A et d'angle $\frac{\pi}{3}$, puis r_2 la rotation de centre B et d'angle $-\frac{2\pi}{3}$. Du reste, r_2^{-1} désigne la transformation réciproque de r_2.

Par ailleurs, si M est un point du plan, on note M_1 et M_2 ses images respectives par r_1 et r_2.
1. On pose $f = r_1 \circ r_2^{-1}$.
   (a) Montrer que f est une symétrie centrale et déterminer $f(M_2)$.
   (b) En déduire que le milieu I du segment $[M_1 M_2]$ est le centre de la symétrie f.
2. On suppose que A et B ont pour affixes respectives -3 et $+3$, puis on note z, z_1 et z_2 les affixes respectives des points M, M_1 et M_2.
   (a) Exprimer z_1 et z_2 en fonction de z.
   (b) Montrer que, si M est distinct de A et de B, alors
   $$\frac{z_2 - z}{z_1 - z} = i\sqrt{3} \cdot \frac{z - 3}{z + 3}.$$
   (c) En déduire que
   $$\text{Mes}\left(\widehat{\vec{MM_1}, \vec{MM_2}}\right) \equiv \text{Mes}\left(\widehat{\vec{MA}, \vec{MB}}\right) + \frac{\pi}{2} \,[\text{mod}\, 2\pi].$$

(d) Déterminer et construire l'ensemble $\mathcal{T}$ des points M du plan tels que M, M_1 et M_2 soient alignés.

Problème : Étude d'une famille de fonctions – Suite réelle.

On considère la famille des fonctions f_λ définies par

$$f_\lambda(x) = 1 + \ln(1 + \lambda x),$$

où λ est un réel non nul, et ln désigne le logarithme népérien, puis $(\mathcal{C}_\lambda)$ la courbe de f_λ et $(\mathcal{D})$ la droite d'équation $y = x$, dans le plan muni du repère orthonormé $\left(O, \vec{\imath}, \vec{\jmath} \right)$.

Partie A – Recherche des points d'intersection de $(\mathcal{C}_\lambda)$ et $(\mathcal{D})$.

1. Déterminer l'ensemble de définition de f_λ.

    On pose $\varphi_\lambda(x) = f_\lambda(x) - x$.

2. On suppose que $\lambda < 0$. Étudier les variations de φ_λ et dresser son tableau de variations. En déduire le nombre de points d'intersection de $(\mathcal{C}_\lambda)$ et $(\mathcal{D})$.

3. **(a)** On suppose que $\lambda > 0$. Étudier les variations de φ_λ et dresser son tableau de variations. Établir que la plus grande valeur prise par φ_λ quand x décrit l'ensemble de définition est $m(\lambda) = \frac{1}{\lambda} + \ln \lambda$.

    (b) Étudier les variations de m sur $]0, +\infty[$; en déduire le signe de $m(\lambda)$.

    (c) Déterminer le nombre de points communs à $(\mathcal{C}_\lambda)$ et $(\mathcal{D})$ lorsque λ est positif.

Partie B – Étude du cas particulier $\lambda = 1$.

1. **(a)** Soit (Γ) la courbe de la fonction logarithme népérien. Trouver une translation qui transforme (Γ) en $(\mathcal{C}_1)$.

    (b) Représenter graphiquement $(\mathcal{C}_1)$ et la droite $(\mathcal{D})$, en prenant pour unité sur les axes $3\,\text{cm}$.

2. Soient P et Q les points d'intersection de $(\mathcal{C}_1)$ et $(\mathcal{D})$. Précisément, P est le point d'abscisse négative p, et Q est le point d'abscisse positive q. Démontrer que $2 < q < 3$.

3. L'unité d'aire étant le cm^2, calculer en fonction de p et q l'aire du domaine compris entre $(\mathcal{C}_1)$ et $(\mathcal{D})$, puis les droites d'équations $x = p$ et $x = q$. On pourra utiliser une intégration par parties.

Partie C – Valeur approchée de q.

On se propose de calculer une valeur approchée de q. À cet effet, soit la suite $(u_n)_{n\in\mathbb{N}}$ définie par $u_0 = 2$ et $u_{n+1} = f_1(u_n)$ pour tout $n \in \mathbb{N}$.

1. Représenter à l'aide de la courbe $(\mathcal{C}_1)$ les termes u_1 et u_2 sur $\left(O, \vec{i}\right)$.

2. Prouver que la suite $(u_n)_{n\in\mathbb{N}}$ est croissante et majorée par q.

3. Montrer en utilisant l'inégalité des accroissements finis que

$$q - u_{n+1} \leqslant \frac{1}{3}(q - u_n)$$

pour tout entier naturel n.

4. En déduire que

$$q - u_n \leqslant \frac{q - u_0}{3^n}$$

pour tout entier naturel n, et que la suite $(u_n)_{n\in\mathbb{N}}$ converge vers q.

5. Déterminer une valeur approchée u_k de q à 10^{-2} près en utilisant la suite $(u_n)_{n\in\mathbb{N}}$.

4.2. Corrigé 2011

Solution de l'Exercice 1.

Pour tout entier naturel n, soit

$$I_n = \int_0^{\frac{\pi}{2}} e^{-\frac{nx}{2}} \sin x\, dx \quad \text{et} \quad J_n = \int_0^{\frac{\pi}{2}} e^{-\frac{nx}{2}} \cos x\, dx.$$

1.

Considérons les fonctions u et v définies par

$$u(x) = e^{-\frac{nx}{2}} \quad \text{et} \quad v(x) = -\cos x.$$

Alors,

$$u'(x) = -\frac{n}{2} \cdot e^{-\frac{nx}{2}} \quad \text{et} \quad v'(x) = \sin x.$$

Par ailleurs,

$$I_n = \int_0^{\frac{\pi}{2}} u(x)v'(x)dx.$$

En vertu de la règle d'intégration par parties, ceci induit

$$\begin{aligned} I_n &= \Big[u(x)v(x)\Big]_0^{\frac{\pi}{2}} - \int_0^{\frac{\pi}{2}} u'(x)v(x)dx \\ &= \Big[-e^{-\frac{nx}{2}}\cos x\Big]_0^{\frac{\pi}{2}} - \int_0^{\frac{\pi}{2}} \frac{n}{2} \cdot e^{-\frac{nx}{2}} \cos x\, dx \\ &= -e^{-\frac{n\pi}{4}}\cos\frac{\pi}{2} + e^{-\frac{n\cdot 0}{2}}\cos 0 - \frac{n}{2} \cdot \int_0^{\frac{\pi}{2}} e^{-\frac{nx}{2}}\cos x\, dx \\ &= 1 - \frac{n}{2} \cdot J_n. \end{aligned}$$

Ainsi, $2I_n + nJ_n = 2$.

Dans le même esprit, considérons les fonctions a et b données par

$$a(x) = \sin x \quad \text{et} \quad b(x) = -2e^{-\frac{nx}{2}}.$$

Alors,

$$a'(x) = \cos x \quad \text{et} \quad b'(x) = ne^{-\frac{nx}{2}},$$

puis

$$nI_n = \int_0^{\frac{\pi}{2}} \sin x \cdot \left(ne^{-\frac{nx}{2}}\right) dx = \int_0^{\frac{\pi}{2}} a(x)b'(x)dx.$$

Selon la règle d'intégration par parties, il en résulte que

$$nI_n = \Big[a(x)b(x)\Big]_0^{\frac{\pi}{2}} - \int_0^{\frac{\pi}{2}} a'(x)b(x)dx$$

$$= \Big[-2e^{-\frac{nx}{2}} \sin x\Big]_0^{\frac{\pi}{2}} - \int_0^{\frac{\pi}{2}} -2e^{-\frac{nx}{2}} \cos x\, dx$$

$$= -2e^{-\frac{n\pi}{4}} \sin \frac{\pi}{2} + 2e^{-\frac{n\cdot 0}{2}} \sin 0 + 2\int_0^{\frac{\pi}{2}} e^{-\frac{nx}{2}} \cos x\, dx$$

$$= -2e^{-\frac{n\pi}{4}} + 2J_n.$$

Donc, $nI_n - 2J_n = -2e^{-\frac{n\pi}{4}}$.

2.

Les relations établies dans la question précédente constituent un système d'équations d'inconnues I_n et J_n. Précisément,

$$\begin{cases} 2I_n + nJ_n = 2, \\ nI_n - 2J_n = -2e^{-\frac{n\pi}{4}}, \end{cases}$$

pour chaque entier naturel n. Par conséquent,

$$I_n = \frac{\begin{vmatrix} 2 & n \\ -2e^{-\frac{n\pi}{4}} & -2 \end{vmatrix}}{\begin{vmatrix} 2 & n \\ n & -2 \end{vmatrix}} = \frac{-4 + 2ne^{-\frac{n\pi}{4}}}{-4 - n^2}$$

et

$$J_n = \frac{\begin{vmatrix} 2 & 2 \\ n & -2e^{-\frac{n\pi}{4}} \end{vmatrix}}{\begin{vmatrix} 2 & n \\ n & -2 \end{vmatrix}} = \frac{-4e^{-\frac{n\pi}{4}} - 2n}{-4 - n^2},$$

puis

$$I_n = \frac{-2ne^{-\frac{n\pi}{4}} + 4}{n^2 + 4} \quad \text{et} \quad J_n = \frac{4e^{-\frac{n\pi}{4}} + 2n}{n^2 + 4}.$$

3.

Pour chaque entier naturel non nul n, nous avons donc

$$I_n = \frac{n^2\left(-\frac{2}{n}e^{-\frac{n\pi}{4}} + \frac{4}{n^2}\right)}{n^2\left(1 + \frac{4}{n^2}\right)} = \frac{-\frac{2}{n}e^{-\frac{n\pi}{4}} + \frac{4}{n^2}}{1 + \frac{4}{n^2}}$$

et

$$J_n = \frac{n^2\left(\frac{4}{n^2}e^{-\frac{n\pi}{4}} + \frac{2}{n}\right)}{n^2\left(1 + \frac{4}{n^2}\right)} = \frac{\frac{4}{n^2}e^{-\frac{n\pi}{4}} + \frac{2}{n}}{1 + \frac{4}{n^2}}.$$

Au demeurant,

$$\lim_{n\to+\infty}\frac{2}{n} = \lim_{n\to+\infty} e^{-\frac{n\pi}{4}} = \lim_{n\to+\infty}\frac{4}{n^2} = 0.$$

De ce fait,

$$\lim_{n\to+\infty} I_n = \frac{0\times 0 + 0}{1 + 0} = 0 \quad \text{et} \quad \lim_{n\to+\infty} J_n = \frac{0\times 0 + 0}{1 + 0} = 0.$$

Autrement dit, chacune des suites $(I_n)_{n\in\mathbb{N}}$ et $(J_n)_{n\in\mathbb{N}}$ converge vers 0.

Solution de l'Exercice 2.

L'espace étant muni d'un repère orthogonal direct $\left(O, \vec{i}, \vec{j}, \vec{k}\right)$, soient les points $A(-1, 2, 1)$, $B(1, -6, -1)$ et $I(0, 1, -1)$.

1.

(a) Par définition,

$$\overrightarrow{AB} = (1 - (1))\vec{i} + (-6 - 2)\vec{j} + (-1 - 1)\vec{k} = 2\vec{i} - 8\vec{j} - 2\vec{k}$$

et

$$\overrightarrow{AC} = (2 - (-1))\vec{i} + (2 - 2)\vec{j} + (2 - 1)\vec{k} = 3\vec{i} + \vec{k}.$$

De ce fait,

$$\overrightarrow{AB} \wedge \overrightarrow{AC} = \begin{vmatrix} -8 & 0 \\ -2 & 1 \end{vmatrix}\cdot\vec{i} + \begin{vmatrix} -2 & 1 \\ 2 & 3 \end{vmatrix}\cdot\vec{j} + \begin{vmatrix} 2 & 3 \\ -8 & 0 \end{vmatrix}\cdot\vec{k}$$

$$= -8\vec{i} - 8\vec{j} + 24\vec{k} = -8\left(\vec{i} + \vec{j} - 3\vec{k}\right).$$

(b) Soit $(\mathcal{P})$ le plan contenant les points A, B et C. Ces derniers sont non alignés, car $\vec{AB} \wedge \vec{AC} \neq \vec{0}$. Le plan $(\mathcal{P})$ est donc déterminé par ces trois points. Au demeurant,

$$\vec{n} = -\frac{1}{8} \cdot \vec{AB} \wedge \vec{AC} = \vec{i} + \vec{j} - 3\vec{k}$$

est un vecteur normal au plan $(\mathcal{P})$. De ce fait, une équation de $(\mathcal{P})$ est donnée par

$$x + y - 3z + d = 0,$$

où d est une constante réelle. Ainsi,

$$d = -x_A - y_A + 3z_A = -(-1) - 2 + 3 \times 1 = 1 - 2 + 3 = 2.$$

Par conséquent, une équation du plan $(\mathcal{P})$ est exprimée par

$$x + y - 3z + 2 = 0.$$

2.

(a) Soit H le projeté orthogonal de I sur le plan $(\mathcal{P})$. Alors, il existe un réel λ tel que $\vec{IH} = \lambda \cdot \vec{n}$, c'est-à-dire

$$(x_H - 0)\vec{i} + (y_H - 1)\vec{j} + (z_H - (-1))\vec{k} = \lambda\vec{i} + \lambda\vec{j} + 3\lambda\vec{k}.$$

Ainsi,
$$x_H = \lambda, \quad y_H = \lambda + 1 \quad \text{et} \quad z_H = 3\lambda - 1.$$

Du reste, $H \in (\mathcal{P})$. D'où

$$0 = x_H + y_H - 3z_H + 2 = \lambda + \lambda + 1 - 3(3\lambda - 1) + 2 = -7\lambda + 6.$$

Donc, $\lambda = \frac{6}{7}$, puis

$$x_H = \frac{6}{7}, \quad y_H = \frac{6}{7} + 1 = \frac{13}{7} \quad \text{et} \quad z_H = 3 \cdot \frac{6}{7} - 1 = \frac{11}{7}.$$

Autrement dit, $H\left(\frac{6}{7}, \frac{13}{7}, \frac{11}{7}\right)$.

(b) Soit $(\mathcal{S})$ la sphère de centre I et de rayon 3, puis $(\mathcal{C})$ l'intersection du plan $(\mathcal{P})$ et de la sphère $(\mathcal{S})$. Pour déterminer $(\mathcal{C})$, il sied de calculer la distance $d(I, (\mathcal{P}))$ du point I au plan $(\mathcal{P})$. En l'espèce,

$$d(I, (\mathcal{P}))^2 = IH^2 = \lambda^2 \cdot \|\vec{n}\|^2 = \lambda^2 \cdot \left(1^2 + (-1)^2 + (-3)^2\right) = 11\lambda^2$$

et
$$d(I,(\mathcal{P})) = \lambda\sqrt{11} = \frac{6}{7}\sqrt{11}.$$

Cependant, $\sqrt{11} = \sqrt{\frac{44}{4}} < \sqrt{\frac{49}{4}} = \frac{7}{2}$. D'où

$$d(I,(\mathcal{P})) = \frac{6}{7}\sqrt{11} < \frac{6}{7} \cdot \frac{7}{2} = 3.$$

Par conséquent, $(\mathcal{C}) = (\mathcal{P}) \cap (\mathcal{S})$ est le cercle de centre H et de rayon

$$R = \sqrt{3^2 - d(I,(\mathcal{P}))^2} = \sqrt{9 - \frac{36}{49} \cdot 11} = \sqrt{\frac{45}{49}} = \frac{3\sqrt{5}}{7}.$$

Solution de l'Exercice 3.

Le plan complexe étant muni d'un repère orthogonal $(O, \vec{e_1}, \vec{e_2})$, soient A et B deux points du plan tels que $AB = 6\,\text{cm}$. De plus, soit r_1 la rotation de centre A et d'angle $\frac{\pi}{3}$, puis r_2 la rotation de centre B et d'angle $-\frac{2\pi}{3}$. Du reste, r_2^{-1} désigne la transformation réciproque de r_2.

Par ailleurs, si M est un point du plan, on note M_1 et M_2 ses images respectives par r_1 et r_2.

1.

Soit $f = r_1 \circ r_2^{-1}$.

(a) Soient a et b les affixes respectives des points A et B. Alors, les écritures complexes des rotations r_1 et r_2 sont les suivantes :

$$r_1 : \mathcal{C} \to \mathcal{C}, \ z \mapsto e^{i\frac{\pi}{3}}z + \left(1 - e^{i\frac{\pi}{3}}\right)a$$

et

$$r_2 : \mathcal{C} \to \mathcal{C}, \ z \mapsto e^{-i\frac{2\pi}{3}}z + \left(1 - e^{-i\frac{2\pi}{3}}\right)b.$$

Par ailleurs, r_2^{-1} est la rotation de centre B et d'angle $\frac{2\pi}{3}$. De ce fait,

$$r_2^{-1} : \mathcal{C} \to \mathcal{C}, \ z \mapsto e^{i\frac{2\pi}{3}}z + \left(1 - e^{i\frac{2\pi}{3}}\right)b.$$

Par conséquent,

$$(r_1 \circ r_2^{-1})(z) = e^{i\frac{\pi}{3}} r_2^{-1}(z) + \left(1 - e^{i\frac{\pi}{3}}\right) a$$

$$= e^{i\frac{\pi}{3}} \left(e^{i\frac{2\pi}{3}} z + \left(1 - e^{i\frac{2\pi}{3}}\right) b\right) + \left(1 - e^{i\frac{\pi}{3}}\right) a$$

$$= e^{i\left(\frac{\pi}{3} + \frac{2\pi}{3}\right)} z + \left(e^{i\frac{\pi}{3}} - e^{i\left(\frac{\pi}{3} + \frac{2\pi}{3}\right)}\right) b + \left(1 - e^{i\frac{\pi}{3}}\right) a,$$

puis

$$(r_1 \circ r_2^{-1})(z) = e^{i\pi} z + \left(e^{i\frac{\pi}{3}} - e^{i\pi}\right) b + \left(1 - e^{i\frac{\pi}{3}}\right) a$$

pour chaque $z \in \mathbb{C}$. Cependant, $e^{i\pi} = \cos\pi + i\sin\pi = -1$. Ainsi, pour chaque $z \in \mathbb{C}$, nous avons

$$(r_1 \circ r_2^{-1})(z) = -z + \left(e^{i\frac{\pi}{3}} + 1\right) b + \left(1 - e^{i\frac{\pi}{3}}\right) a$$

$$= -z + e^{i\frac{\pi}{3}} b + b + a - e^{i\frac{\pi}{3}} a$$

$$= -z + e^{i\frac{\pi}{3}}(b - a) + b + a$$

Donc, si nous posons $c = e^{i\frac{\pi}{3}}(b - a) + b + a$, alors

$$(r_1 \circ r_2^{-1})(z) - \frac{c}{2} = -z + \frac{c}{2}$$

pour tout $z \in \mathcal{C}$. Ceci signifie que $f = r_1 \circ r_2^{-1}$ est une symétrie centrale.

Par ailleurs, par définition, $r_2^{-1}(M_2) = M$ et $r_1(M) = M_1$. De ce fait,

$$f(M_2) = r_1\left(r_2^{-1}(M_2)\right) = r_1(M) = M_1.$$

(b) Soit I le milieu du segment $[M_1 M_2]$. Or, M_1 est l'image de M_2 par la symétrie centrale de f. De ce fait, I est le centre de la symétrie f.

2.

On suppose que A et B ont pour affixes respectives -3 et $+3$, puis on note z, z_1 et z_2 les affixes respectives des points M, M_1 et M_2.

(a) L'égalité $M_1 = r_1(M)$ entraîne

$$z_1 = e^{i\frac{\pi}{3}} z + \left(1 + e^{i\frac{\pi}{3}}\right) \cdot -3 = e^{i\frac{\pi}{3}} z + 3\left(e^{i\frac{\pi}{3}} - 1\right)$$

De manière analogue, $M_2 = r_2(M)$ induit

$$z_2 = e^{-i\frac{2\pi}{3}} z + \left(1 - e^{-i\frac{2\pi}{3}}\right) \cdot 3 = e^{-i\frac{2\pi}{3}} z - 3\left(e^{-i\frac{2\pi}{3}} - 1\right).$$

(b) Soit M distinct de A et de B. Alors, $z \notin \{-3, +3\}$. Du reste,

$$z_2 - z = e^{-i\frac{2\pi}{3}} z - z - 3\left(e^{-i\frac{2\pi}{3}} - 1\right) = \left(e^{-i\frac{2\pi}{3}} - 1\right) z - 3\left(e^{-i\frac{2\pi}{3}} - 1\right)$$
$$= \left(e^{-i\frac{2\pi}{3}} - 1\right)(z - 3)$$

et

$$z_1 - z = e^{i\frac{\pi}{3}} z - z + 3\left(e^{i\frac{\pi}{3}} - 1\right) = \left(e^{-i\frac{2\pi}{3}} - 1\right) z + 3\left(e^{i\frac{\pi}{3}} - 1\right)$$
$$= \left(e^{i\frac{\pi}{3}} - 1\right)(z + 3).$$

Ceci implique

$$\frac{z_2 - z}{z_1 - z} = \frac{\left(e^{-i\frac{2\pi}{3}} - 1\right)(z - 3)}{\left(e^{i\frac{\pi}{3}} - 1\right)(z + 3)} = \frac{e^{-i\frac{2\pi}{3}} - 1}{e^{i\frac{\pi}{3}} - 1} \cdot \frac{z - 3}{z + 3}.$$

Cependant,

$$e^{i\frac{\pi}{3}} - 1 = -1 + \cos\frac{\pi}{3} + i\sin\frac{\pi}{3} = -1 + \frac{1}{2} + i\frac{\sqrt{3}}{2} = -\frac{1}{2}\left(1 - i\sqrt{3}\right),$$

puis

$$e^{-i\frac{2\pi}{3}} - 1 = \cos\left(\frac{\pi}{3} - \pi\right) + i\sin\left(\frac{\pi}{3} - \pi\right) - 1 = -1 - \cos\frac{\pi}{3} - i\sin\frac{\pi}{3}$$

et

$$e^{-i\frac{2\pi}{3}} - 1 = -1 - \frac{1}{2} - i\frac{\sqrt{3}}{2} = -\frac{3}{2} - i\frac{\sqrt{3}}{2} = -\frac{1}{2}\left(3 + i\sqrt{3}\right).$$

Donc,

$$\frac{e^{-i\frac{2\pi}{3}} - 1}{e^{i\frac{\pi}{3}} - 1} = \frac{3 + i\sqrt{3}}{1 - i\sqrt{3}} = \frac{\left(3 + i\sqrt{3}\right)\left(1 + i\sqrt{3}\right)}{\left(1 - i\sqrt{3}\right)\left(1 + i\sqrt{3}\right)} = \frac{4i\sqrt{3}}{4} = i\sqrt{3}.$$

Par conséquent,
$$\frac{z_2 - z}{z_1 - z} = i\sqrt{3} \cdot \frac{z - 3}{z + 3}.$$

(c) L'égalité précédente entraîne
$$\arg\left(\frac{z_2 - z}{z_1 - z}\right) \equiv \arg\left(i\sqrt{3}\right) + \arg\left(\frac{z - 3}{z + 3}\right) \ [\mathrm{mod}\ 2\pi].$$

Toutefois,
$$\arg\left(i\sqrt{3}\right) \equiv \frac{\pi}{2} \ [\mathrm{mod}\ 2\pi] \qquad \text{et} \qquad \frac{z - 3}{z + 3} = \frac{3 - z}{-3 - z},$$

puis
$$\mathrm{Mes}\left(\widehat{\overrightarrow{MA}, \overrightarrow{MB}}\right) \equiv \arg\left(\frac{z - 3}{z + 3}\right) \ [\mathrm{mod}\ 2\pi]$$

et
$$\mathrm{Mes}\left(\widehat{\overrightarrow{MM_1}, \overrightarrow{MM_2}}\right) \equiv \arg\left(\frac{z_2 - z}{z_1 - z}\right) \ [\mathrm{mod}\ 2\pi].$$

Il en découle que
$$\mathrm{Mes}\left(\widehat{\overrightarrow{MM_1}, \overrightarrow{MM_2}}\right) \equiv \mathrm{Mes}\left(\widehat{\overrightarrow{MA}, \overrightarrow{MB}}\right) + \frac{\pi}{2} \ [\mathrm{mod}\ 2\pi]. \qquad (*)$$

(d) Soit $(\mathcal{T})$ l'ensemble des points M du plan tels que M, M_1 et M_2 soient alignés. Alors, $M \in (\mathcal{T})$ si et seulement si
$$\mathrm{Mes}\left(\widehat{\overrightarrow{MM_1}, \overrightarrow{MM_2}}\right) \equiv 0 \ [\mathrm{mod}\ 2\pi] \quad \text{ou} \quad \mathrm{Mes}\left(\widehat{\overrightarrow{MM_1}, \overrightarrow{MM_2}}\right) \equiv \pi \ [\mathrm{mod}\ 2\pi].$$

Eu égard à la congruence $(*)$, ceci équivaut à
$$\mathrm{Mes}\left(\widehat{\overrightarrow{MA}, \overrightarrow{MB}}\right) \equiv \frac{\pi}{2} \ [\mathrm{mod}\ 2\pi] \quad \text{ou} \quad \mathrm{Mes}\left(\widehat{\overrightarrow{MA}, \overrightarrow{MB}}\right) \equiv \frac{3\pi}{2} \ [\mathrm{mod}\ 2\pi],$$

c'est-à-dire $\mathrm{Mes}\left(\widehat{\overrightarrow{OA}, \overrightarrow{OB}}\right) \equiv 2 \cdot \mathrm{Mes}\left(\widehat{\overrightarrow{MA}, \overrightarrow{MB}}\right) \ [\mathrm{mod}\ 2\pi]$. Selon le *théorème de l'angle au centre*, ceci signifie que M appartient au cercle de centre O passant par A et B. Ainsi, l'ensemble $(\mathcal{T})$ est le cercle de diamètre $[AB]$ (voir le schéma 4.1 ci-dessous).

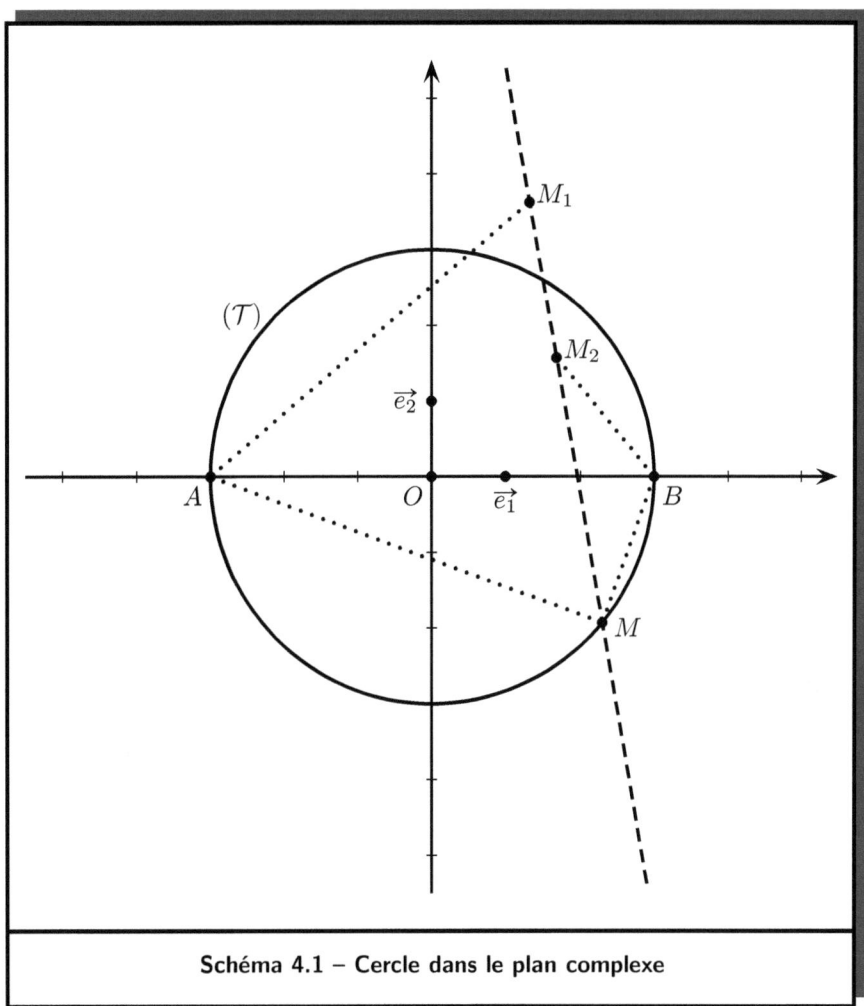

Schéma 4.1 – Cercle dans le plan complexe

Solution du Problème.

On considère la famille des fonctions f_λ définies par

$$f_\lambda(x) = 1 + \ln(1 + \lambda x),$$

où λ est un réel non nul, et ln désigne le logarithme népérien, puis $(\mathcal{C}_\lambda)$ la courbe de f_λ et $(\mathcal{D})$ la droite d'équation $y = x$, dans le plan muni du repère orthonormé $\left(O, \vec{i}, \vec{j}\right)$.

Partie A – Recherche des points d'intersection de $(\mathcal{C}_\lambda)$ et $(\mathcal{D})$.

1.

Un réel x possède une image par f_λ si et seulement si $1 + \lambda x > 0$, c'est-à-dire

$$\begin{cases} x > -\frac{1}{\lambda} & \text{si } \lambda > 0, \\ x < -\frac{1}{\lambda} & \text{si } \lambda < 0. \end{cases}$$

L'ensemble de définition de f_λ est donc donné par

$$D_{f_\lambda} = \begin{cases} \left]-\infty, -\frac{1}{\lambda}\right[& \text{si } \lambda > 0, \\ \left]-\frac{1}{\lambda}, +\infty\right[& \text{si } \lambda < 0. \end{cases}$$

Pour tous les réels x et $\lambda \neq 0$, nous posons $\varphi_\lambda(x) = f_\lambda(x) - x$.

2.

Soit $\lambda < 0$. Alors, $D_{\varphi_\lambda} = D_{f_\lambda} = \left]-\infty, -\frac{1}{\lambda}\right[$, puis

$$\lim_{x \to -\infty} \varphi_\lambda(x) = \lim_{x \to -\infty} \ln(1 + \lambda x) + \lim_{x \to -\infty} (1 - x) = +\infty + \infty = +\infty$$

et

$$\lim_{x \to -\frac{1}{\lambda}^-} \varphi_\lambda(x) = \lim_{x \to -\frac{1}{\lambda}^-} \ln(1 + \lambda x) + \lim_{x \to -\frac{1}{\lambda}^-} (1 - x) = -\infty.$$

La fonction φ_λ est dérivable sur $\left]-\infty, -\frac{1}{\lambda}\right[$, en tant que somme d'un polynôme et de la composée de deux fonctions dérivables. En outre,

$$\varphi'_\lambda(x) = \left(\ln(1 + \lambda x)\right)' - (1 - x)' = \frac{\lambda}{1 + \lambda x} - 1$$

et
$$\varphi'_\lambda(x) = \frac{\lambda - 1 - \lambda x}{1 + \lambda x} = \frac{\lambda\left(-x - \frac{1}{\lambda} + 1\right)}{1 + \lambda x} < 0$$
pour chaque $x \in \left]-\infty, -\frac{1}{\lambda}\right[$. Ces informations permettent de dresser le tableau de variation suivant.

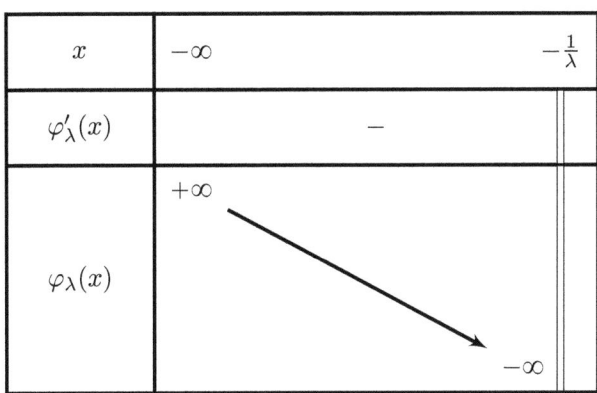

Ce tableau de variation montre qu'il existe un unique $\alpha \in \left]-\infty, -\frac{1}{\lambda}\right[$ tel que $\varphi_\lambda(\alpha) = 0$. De ce fait, il y a un et un seul point appartenant simultanément à $(\mathcal{C}_\lambda)$ et $(\mathcal{D})$.

3.

(a) Soit $\lambda > 0$. Alors, $D_{\varphi_\lambda} = D_{f_\lambda} = \left]-\frac{1}{\lambda}, +\infty\right[$. De plus,
$$\lim_{x \to -\frac{1}{\lambda}^+} \varphi_\lambda(x) = \lim_{x \to -\frac{1}{\lambda}^+} \ln(1 + \lambda x) + \lim_{x \to -\frac{1}{\lambda}^+} (1 - x) = -\infty.$$
et
$$\lim_{x \to +\infty} \varphi_\lambda(x) = \lim_{x \to +\infty} x\left(\frac{1}{x} - 1 + \frac{\ln(1 + \lambda x)}{1 + \lambda x} \cdot \frac{1 + \lambda x}{x}\right)$$
$$= +\infty \times (0 - 1 + 0 \times \lambda) = -\infty.$$

Par ailleurs, la fonction φ_λ est dérivable sur $\left]-\frac{1}{\lambda}, +\infty\right[$, en qualité de somme d'un polynôme et de la composée de deux fonctions dérivables. Au demeurant,
$$\varphi'_\lambda(x) = \frac{\lambda}{1 + \lambda x} - 1 = \frac{\lambda - 1 - \lambda x}{1 + \lambda x} = \frac{\lambda\left(-\frac{1}{\lambda} + 1 - x\right)}{1 + \lambda x}$$

pour tout $x \in \left]-\frac{1}{\lambda},+\infty\right[$. Donc,

$$\begin{cases} \varphi'_\lambda(x) > 0 \text{ si } x \in \left]-\frac{1}{\lambda},-\frac{1}{\lambda}+1\right[, \\ \varphi'_\lambda(x) = 0 \text{ si } x = -\frac{1}{\lambda}+1, \\ \varphi'_\lambda(x) < 0 \text{ si } x \in \left]-\frac{1}{\lambda}+1,+\infty\right[. \end{cases}$$

Du reste,

$$\varphi_\lambda\left(-\frac{1}{\lambda}+1\right) = 1 + \ln\left(1 + \lambda\left(-\frac{1}{\lambda}+1\right)\right) - \left(-\frac{1}{\lambda}+1\right)$$

$$= 1 + \ln(1-1+\lambda) + \frac{1}{\lambda} - 1$$

$$= \frac{1}{\lambda} + \ln\lambda.$$

Ces informations conduisent au tableau de variation suivant.

x	$-\frac{1}{\lambda}$		$-\frac{1}{\lambda}+1$		$+\infty$
$\varphi'_\lambda(x)$		$+$	0	$-$	
$\varphi_\lambda(x)$	$-\infty$	$\nearrow$	$\frac{1}{\lambda}+\ln\lambda$	$\searrow$	$-\infty$

Ce tableau de variation montre bien que la valeur maximale de φ_λ est

$$m(\lambda) = \varphi_\lambda\left(-\frac{1}{\lambda}+1\right) = \frac{1}{\lambda} + \ln\lambda.$$

(b) La fonction m admet des limites en 0^+ et $+\infty$. Précisément,

$$\lim_{\lambda\to 0^+} m(\lambda) = \lim_{\lambda\to 0^+}\left(\frac{1}{\lambda}+\ln\lambda\right) = \lim_{\lambda\to 0^+}\frac{1+\lambda\ln\lambda}{\lambda} = \frac{1+0}{0^+} = +\infty$$

et
$$\lim_{\lambda \to +\infty} m(\lambda) = \lim_{\lambda \to +\infty} \left(\frac{1}{\lambda} + \ln \lambda\right) = 0 + \infty = +\infty.$$

La fonction m est en outre dérivable sur $]0, +\infty[$ et
$$m'(\lambda) = -\frac{1}{\lambda^2} + \frac{1}{\lambda} = \frac{\lambda - 1}{\lambda^2}$$
pour chaque $\lambda \in]0, +\infty[$, puis
$$\begin{cases} m'(\lambda) < 0 & \text{si } 0 < \lambda < 1, \\ m'(\lambda) = 0 & \text{si } \lambda = 1, \\ m'(\lambda) > 0 & \text{si } \lambda > 1. \end{cases}$$

Au demeurant,
$$m(1) = \frac{1}{1} + \ln 1 = 1.$$

Le tableau de variation de m est à cet égard dressé comme suit.

λ	0		1		$+\infty$
$m'(\lambda)$		$-$	0	$+$	
$m(\lambda)$	$+\infty$	$\searrow$	1	$\nearrow$	$+\infty$

Ce tableau de variation de m établi que $m(\lambda) \geq 1 > 0$ pour tout $\lambda \in]0, +\infty[$.

(c) Soit $\lambda > 0$. Alors, $m(\lambda) > 0$. Eu égard au tableau de variation de φ_λ, il en résulte que la fonction φ_λ a exactement deux racines. Par conséquent, la courbe $(\mathcal{C}_\lambda)$ et la droite $(\mathcal{D})$ ont précisément deux points communs.

Partie B – Étude du cas particulier $\lambda = 1$.

1.

(a) Soit (Γ) la courbe de la fonction logarithme népérien. Alors, $(\mathcal{C}_1)$ est l'image de (Γ) par la translation de vecteur $\vec{u} = -\vec{i} + \vec{j}$, car

$$f_1(x) = \ln(x+1) + 1$$

pour tout $x \in {]}-1, +\infty[$.

(b) Les courbes $(\mathcal{C}_1)$ et (Γ), ainsi que la droite $(\mathcal{D})$, sont représentées sur le schéma 4.2 ci-dessous, avec 3 cm comme unité sur les axes.

2.

Soient P et Q les points d'intersection de $(\mathcal{C}_1)$ et $(\mathcal{D})$. Précisément, P est le point d'abscisse négative p, et Q est le point d'abscisse positive q. Alors, les réels p et q sont les uniques racines de la fonction φ_1. En outre,

$$\varphi_1(2) = 1 + \ln(1+2) - 2 = -1 + \ln 3 > 0$$

et

$$\varphi_1(3) = 1 + \ln(1+3) - 3 = -2 + \ln 4 = -2 + 2\ln 2 = 2(-1 + \ln 2) < 0.$$

Par conséquent, $\varphi_1(3) < 0 < \varphi_1(2)$. Or, la fonction φ_1 est strictement décroissante sur l'intervalle $]0, +\infty[$. Il en résulte que $2 < q < 3$.

3.

L'unité d'aire étant le cm^2, soit $\mathfrak{a}$ l'aire du domaine compris entre $(\mathcal{C}_1)$ et $(\mathcal{D})$, puis les droites d'équations respectives $x = p$ et $x = q$. Alors,

$$\mathfrak{a} = \delta \cdot \int_p^q \Big(\varphi_1(x) - x\Big) dx = \delta \cdot \int_p^q \Big(1 - x + \ln(x+1)\Big) dx,$$

où $\delta = \left\|\vec{i}\right\| \cdot \left\|\vec{j}\right\|$. Or, l'échelle sur les axes est 3 cm. Donc,

$$\delta = \left\|\vec{i}\right\| \cdot \left\|\vec{j}\right\| = 3^2 = 9.$$

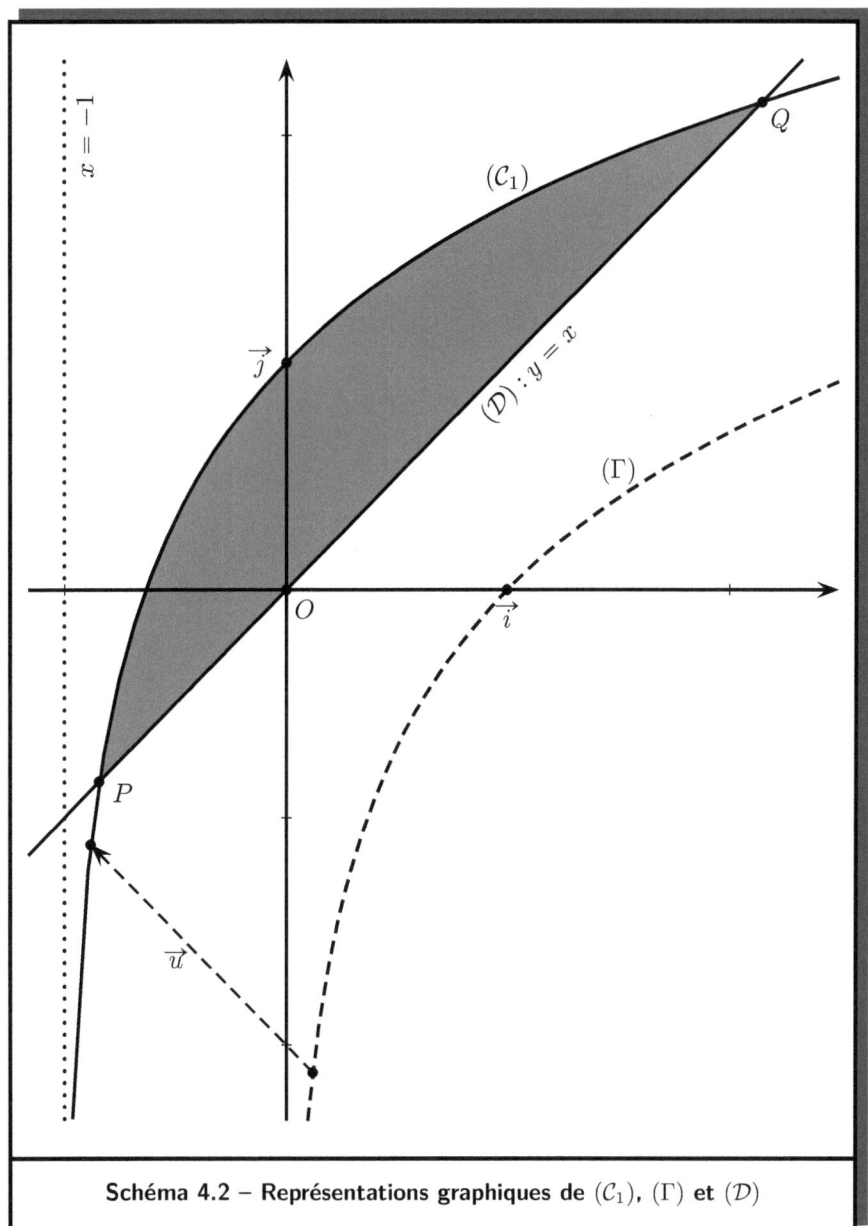

Schéma 4.2 – Représentations graphiques de $(\mathcal{C}_1)$, (Γ) et $(\mathcal{D})$

Par conséquent,
$$\mathfrak{a} = 9\int_p^q (1-x)dx + 9\int_p^q \ln(x+1)dx.$$

Par ailleurs,
$$\int_p^q (1-x)dx = \left[x - \frac{x^2}{2}\right]_p^q = q - \frac{q^2}{2} - p + \frac{p^2}{2} = (q-p) - \frac{1}{2}(q^2 - p^2)$$
$$= (q-p) - \frac{1}{2}(q-p)(q+p)$$
$$= (q-p)\left(1 - \frac{1}{2}(q+p)\right).$$

Maintenant, considérons les fonctions u et v définies par
$$u(x) = \ln(x+1) \quad \text{et} \quad v(x) = x.$$

Alors,
$$u'(x) = \frac{1}{x+1} \quad \text{et} \quad v'(x) = 1.$$

Ainsi,
$$\int_p^q \ln(x+1)dx = \int_p^q u(x)v'(x)dx = \left[u(x)v(x)\right]_p^q - \int_p^q u'(x)v(x)dx$$
$$= \left[x\ln(x+1)\right]_p^q - \int_p^q \frac{x}{x+1}dx.$$

Par ailleurs,
$$\int_p^q \frac{x}{x+1}dx = \int_p^q \left(1 - \frac{(x+1)'}{x+1}\right)dx = \left[x - \ln|x+1|\right]_p^q.$$

Or, $\{p,q\} \subseteq\ ]-1, +\infty[$. Donc,
$$\int_p^q \frac{x}{x+1}dx = q - \ln(q+1) - p + \ln(p+1),$$

puis
$$\int_p^q \ln(x+1)dx = q\ln(q+1) - p\ln(p+1) + \ln(q+1) - \ln(p+1) - q + p$$
$$= (q+1)\ln(q+1) - (p+1)\ln(p+1) - (q-p).$$

Tout compte fait, nous avons
$$\frac{\mathfrak{a}}{9} = (q-p)\left(1 - \frac{1}{2}(q+p)\right) - (q-p) + (q+1)\ln(q+1) - (p+1)\ln(p+1)$$
$$= (q-p)\left(1 - \frac{1}{2}(q+p) - 1\right) + (q+1)\ln(q+1) - (p+1)\ln(p+1)$$
$$= -\frac{1}{2}(q-p)(q+p) + (q+1)\ln(q+1) - (p+1)\ln(p+1)$$
$$= -\frac{1}{2}(q^2 - p^2) + (q+1)\ln(q+1) - (p+1)\ln(p+1).$$

Toutefois, $f_1(p) = p$ et $f_1(q) = q$, c'est-à-dire
$$\ln(p+1) = p - 1 \quad \text{et} \quad \ln(q+1) = q - 1.$$

Par conséquent,
$$\frac{\mathfrak{a}}{9} = -\frac{1}{2}(q^2 - p^2) + (q+1)(q-1) - (p+1)(p-1)$$
$$= -\frac{1}{2}(q^2 - p^2) + q^2 - 1 - p^2 + 1$$
$$= -\frac{1}{2}(q^2 - p^2) + (q^2 - p^2)$$
$$= \frac{1}{2}(q^2 - p^2).$$

En conclusion,
$$\mathfrak{a} = \frac{9}{2}(q^2 - p^2) \text{ cm}^2.$$

Partie C – Valeur approchée de q.

Soit la suite $(u_n)_{n \in \mathbb{N}}$ définie par $u_0 = 2$ et $u_{n+1} = f_1(u_n)$ pour tout $n \in \mathbb{N}$.

1.

Les termes u_1 et u_2 sont représentés sur l'axe des abscisses $\left(O, \vec{i}\right)$ du schéma 4.3 ci-dessous. La représentation de u_1 se réalise en trois étapes :
- marquage du point A d'abscisse $u_0 = 2$ et d'ordonnée $f_1(2) = u_1$;
- inscription de l'image A' de A par la projection sur la droite $(\mathcal{D})$, parallèlement à la droite $\left(O, \vec{i}\right)$;
- tracé du projeté orthogonal de A' sur l'axe des abscisses, correspondant au réel u_1.

Le dessin de u_2 est exécuté de manière analogue.

2.

Il est aisé de constater que
$$u_1 = f_1(u_0) = f_1(2) = 1 + \ln(1+2) = 1 + \ln(3) > 1 + \ln e = 2 = u_0.$$

À présent, supposons que $u_{n+1} \geqslant u_n$ pour un entier naturel n donné. Alors,
$$u_{n+2} = f(u_{n+1}) \geqslant f(u_n) = u_{n+1},$$

car la fonction f strictement croissante sur l'intervalle $]-1, +\infty[$, son ensemble de définition. Eu égard à la règle de récurrence, il en résulte que $u_{n+1} \geqslant u_n$ pour chaque $n \in \mathbb{N}$. Ceci signifie que la suite $(u_n)_{n \in \mathbb{N}}$ est croissante.

Nous avons établi précédemment que $u_0 = 2 < q$. Maintenant, supposons que $u_n < q$. Alors,
$$u_{n+1} = f_1(u_n) < f(q).$$

Or, $\varphi_1(q) = 0$, c'est-à-dire $f_1(q) = q$. Donc, $u_{n+1} < q$. Par conséquent, la suite $(u_n)_{n \in \mathbb{N}}$ est majorée par q.

3.

La fonction f_1 est dérivable sur l'intervalle $[2, q]$ et
$$f_1'(x) = \left(1 + \ln(x+1)\right)' = \frac{1}{x+1}$$

pour tout $x \in [2, q]$. Cependant, $x \in [2, q]$ induit $3 \leqslant x+1 \leqslant q+1$, puis
$$\frac{1}{q+1} \leqslant f_1'(x) \leqslant \frac{1}{3}.$$

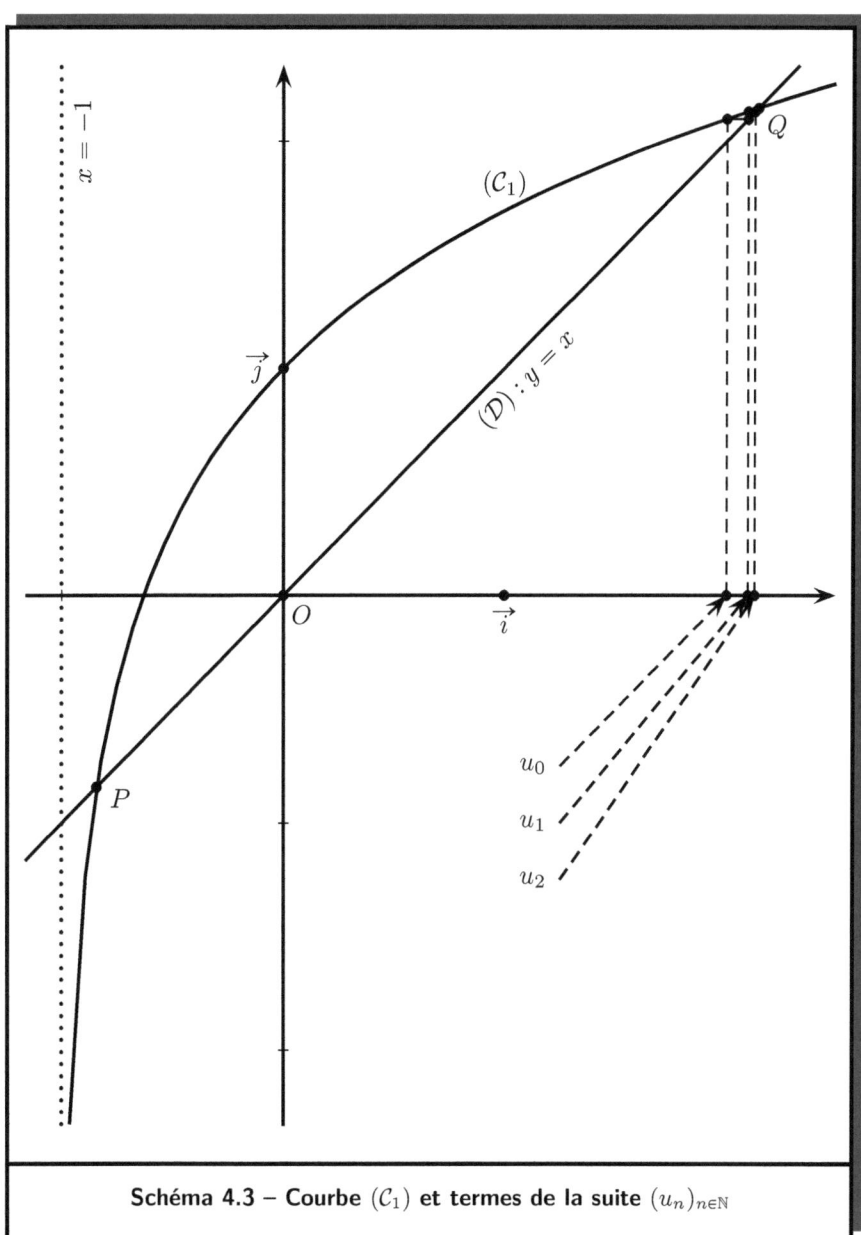

Schéma 4.3 – Courbe $(\mathcal{C}_1)$ et termes de la suite $(u_n)_{n\in\mathbb{N}}$

Par ailleurs, pour chaque $n \in \mathbb{N}$, nous avons $u_n \in [2, q]$. En vertu de l'inégalité des accroissements finis, il s'ensuit que

$$\frac{1}{q+1}(q - u_n) \leq f_1(q) - f(u_n) \leq \frac{1}{3}(q - u_n).$$

Par conséquent,
$$q - u_{n+1} \leq \frac{1}{3}(q - u_n) \tag{$\dagger$}$$

pour tout entier naturel n.

4.

À l'évidence,
$$q - u_0 = \frac{q - u_0}{1} \leq \frac{q - u_0}{3^0}.$$

Maintenant, supposons que
$$q - u_n \leq \frac{q - u_0}{3^n}$$

pour un entier naturel n. Alors, l'inégalité ($\dagger$) entraîne
$$q - u_{n+1} \leq \frac{1}{3}(q - u_n) \leq \frac{q - u_0}{3^{n+1}}.$$

Au compte de la règle de récurrence, ceci induit
$$q - u_{n+1} \leq \frac{1}{3^n}(q - u_0) \tag{$\dagger\dagger$}$$

pour chaque entier naturel n.

Selon la question **(2)**, la suite $(u_n)_{n \in \mathbb{N}}$ est croissante et majorée. Elle est donc convergente. Soit ℓ sa limite. Alors,

$$q - \ell = \lim_{n \to +\infty}(q - u_n) \leq \lim_{n \to +\infty}\frac{1}{3^n}(q - u_0) = \lim_{n \to +\infty}\left(\frac{1}{3}\right)^n(q - u_0) = 0.$$

Ainsi, $q \leq \ell$. En outre, $\ell \leq q$, car $u_n \leq q$ pour chaque $n \in \mathbb{N}$. Par conséquent, $\ell = q$. Autrement dit,
$$\lim_{n \to +\infty} u_n = q.$$

5.

Par définition, $u_0 = 2$. Puisque $q < 3$, il en résulte que $q - u_0 = q - 2 < 1$. En raison de l'égalité (††), ceci induit

$$q - u_n < \frac{1}{3^n}$$

pour chaque $n \in \mathbb{N}$. De ce fait, u_k est une valeur approchée de q à 10^{-2} près, si $\frac{1}{3^k} < \frac{1}{10^2}$. Ceci équivaut à $10^2 \leqslant 3^k$, puis à

$$\ln(10^2) \leqslant \ln(3^k) \qquad \text{et} \qquad 2\ln 10 \leqslant k \ln 3.$$

Cependant, $\frac{2\ln 10}{\ln 3} \approx 4{,}19$. Donc, si $k \geqslant \frac{2\ln 10}{\ln 3}$, alors u_k est une valeur approchée de q à 10^{-2} près. Par conséquent, u_5 est une valeur approchée de q à 10^{-2} près.

4.3. Notes et commentaires sur le sujet 2011

Deux points de ce sujet retiennent l'attention dans cette section : les questions (2.b) de l'Exercice 2 et (2.d) de l'Exercice 3.

La question (2.b) de l'Exercice 2 invite à déterminer l'intersection d'un plan et d'une sphère. Ce devoir participe également du sujet 2008, notamment au point (4.b) de l'Exercice 3. Les diverses approches de cette tâche, évoquées dans les notes et commentaires sur le sujet 2008 à la page 35 et à la suivante, restent pertinentes en cette occasion.

Au demeurant, dans la solution de la question (2.d) de l'Exercice 3, nous faisons usage une fois de plus du *théorème de l'angle au centre*, formulé et démontré à partir de la page 39.

Chapitre 5

Session 2012

5.1. Sujet 2012

Le sujet est constitué de trois exercices et d'un problème. L'exercice 1 est porté à l'attention des candidats de la série E, tandis que l'exercice 2 est un labeur pour les aspirants de la série C. L'exercice 3 et le problème sont quant à eux communs aux examinés des deux séries C et E.

Exercice 1 (E) : Bijection, réciproque et calcul intégral.

Soit f la fonction définie sur l'intervalle $]0, \pi[$ par

$$f(x) = \frac{1}{\sin x}.$$

1. Étudier la fonction f et construire sa courbe représentative $(\mathcal{C})$ dans un repère orthonormé $\left(O, \vec{i}, \vec{j}\right)$.

2. Montrer que la restriction g de f à l'intervalle $\left]0, \frac{\pi}{2}\right[$ possède une fonction réciproque g^{-1}. Représenter cette dernière dans le même repère que $(\mathcal{C})$.

3. Soit $y = g^{-1}(x)$. Montrer que $\sin y = \dfrac{1}{x}$ et que $\cos y = \dfrac{\sqrt{x^2-1}}{x}$.

4. En déduire que, pour tout $x \in\,]1, +\infty[$, on a
$$(g^{-1})'(x) = -\dfrac{1}{x\sqrt{x^2-1}}.$$

5. En se servant des résultats précédents, calculer
$$I = \int_{2\frac{\sqrt{3}}{3}}^{\sqrt{2}} \dfrac{dt}{t\sqrt{t^2-1}}.$$

Exercice 2 (C) : Congruences et coordonnées entières d'une parabole.

1. Soit N un entier relatif impair. Montrer $N^2 \equiv 1\,[\text{mod}\,8]$.
2. Montrer que, si un entier relatif M est tel que $M^2 \equiv 1\,[\text{mod}\,8]$, alors M est impair.
3. Résoudre dans $\mathbb{Z}^2$ l'équation $x^2 = 8y + 1$.
4. En déduire que la parabole (Γ) d'équation $y = \dfrac{x^2-1}{8}$ dans un repère orthonormé $\left(O, \vec{i}, \vec{j}\right)$ du plan P passe par une infinité de points à coordonnées entières.

Exercice 3 : Racines d'un polynôme complexe et triangle.

Dans l'ensemble $\mathbb{C}$ des nombres complexes, on considère l'équation
$$z^3 + (3-d^2)z + 2i(1+d^2) = 0, \qquad (\mathbf{E})$$
où d est un nombre complexe donné de module 2.

1. (a) Vérifier que $2i$ est une solution de l'équation $(\mathbf{E})$.
   (b) Résoudre dans $\mathbb{C}$ l'équation $(\mathbf{E})$.
2. Dans le plan complexe $\mathcal{P}$, on considère les points A, B, M et N d'affixes respectives $2i$, $-i$, $-i+d$ et $-i-d$.
   (a) Calculer MN et déterminer le milieu de $[MN]$.

(b) En déduire que lorsque d varie dans $\mathbb{C}$, les points M et N appartiennent à un cercle fixe à préciser.

(c) Dans le cas où AMN est un triangle, montrer que O est le centre de gravité du triangle AMN.

(d) En déduire les valeurs de d pour lesquelles le triangle AMN est isocèle de sommet principal A.

Problème : Fonctions – Suites réelles – Rotation et conique.

Le problème comporte trois parties **A**, **B** et **C**. Les parties **A** et **B** sont liées.

Partie A.

Soit l'équation différentielle
$$y'' + (2\ln 2)y' + (\ln 2)^2 y = 0. \qquad (\tilde{E})$$

1. (a) Résoudre l'équation $(\tilde{E})$ dans $\mathbb{R}$.

   (b) Déterminer la solution g de $(\tilde{E})$ vérifiant $g(0) = 0$ et $g'(0) = 1$.

2. On considère la fonction numérique u définie pour tout réel x par
$$u(x) = \frac{x}{2^x}.$$

   On note $(\mathcal{C})$ la courbe représentative de u dans un repère orthonormé du plan.

   (a) Montrer que la fonction dérivée u' de u est définie sur $\mathbb{R}$ par
$$u'(x) = (1 - x\ln 2)e^{-x\ln 2}.$$

   (b) Dresser le tableau de variation de u.

   (c) Préciser les branches infinies de $(\mathcal{C})$.

   (d) Tracer $(\mathcal{C})$ et sa tangente $(\mathcal{T}_0)$ au point d'abscisse 0. (Prendre $2\,\text{cm}$ comme unité sur les axes des coordonnées.)

3. (a) Prouver que u est une solution particulière de l'équation $(\tilde{E})$.

   (b) En déduire la valeur du nombre réel
$$(\ln 2)^2 \times \int_0^1 u(x)\,dx.$$

Partie B.

On définit la suite numérique $(V_n)_{n \in \mathbb{N}}$ par
$$V_0 = 0 \quad \text{et} \quad V_{n+1} = \frac{1}{2}(V_n + 2^{-n})$$
pour tout $n \in \mathbb{N}$.

1. Prouver par récurrence que $V_n = u(n)$ pour tout entier naturel n.
2. Pour tout entier naturel n, on pose
$$S_n = \sum_{k=0}^{n} V_k.$$

   (a) Démontrer par récurrence que
$$S_n = \left(\sum_{k=0}^{n} \frac{1}{2^k}\right) - \frac{n+1}{2^n}$$
   pour tout entier naturel n.

   (b) Calculer la limite de la suite $(S_n)_{n \in \mathbb{N}}$.

Partie C.

Dans le plan orienté et muni d'un repère orthonormé $\left(O, \vec{i}, \vec{j}\right)$, on considère les vecteurs
$$\vec{e_1} = \frac{1}{2}\vec{i} + \frac{\sqrt{3}}{2}\vec{j} \quad \text{et} \quad \vec{e_2} = -\frac{\sqrt{3}}{2}\vec{i} + \frac{1}{2}\vec{j}.$$

1. Démontrer que $(O, \vec{e_1}, \vec{e_2})$ est un repère orthonormé du plan.
2. Déterminer les éléments caractéristiques de la rotation qui transforme $(O, \vec{e_1}, \vec{e_2})$ en $\left(O, \vec{i}, \vec{j}\right)$.
3. Une conique dans le repère $(O, \vec{e_1}, \vec{e_2})$ a pour équation cartésienne
$$13X^2 + 7Y^2 + 6\sqrt{3}XY = 16.$$

   (a) Écrire l'équation cartésienne réduite de cette conique dans le repère $\left(O, \vec{i}, \vec{j}\right)$.

   (b) En déduire sa nature et son excentricité.

5.2. Corrigé 2012

Solution de l'Exercice 1 (E).

Soit f la fonction définie sur l'intervalle $]0, \pi[$ par
$$f(x) = \frac{1}{\sin x}.$$

1.

La fonction sinus admet des limites en 0 et en π, en raison de sa continuité. Précisément,
$$\lim_{x \to 0^+} \sin x = 0^+ \quad \text{et} \quad \lim_{x \to \pi^-} \sin x = 0^+.$$

Il en résulte que
$$\lim_{x \to 0^+} f(x) = \lim_{x \to 0^+} \frac{1}{\sin x} = +\infty$$

et
$$\lim_{x \to \pi^-} f(x) = \lim_{x \to \pi^-} \frac{1}{\sin x} = +\infty.$$

Par ailleurs, la fonction f est dérivable sur l'intervalle $]0, \pi[$, en tant qu'inverse d'une fonction dérivable et non nulle sur ledit intervalle. En outre,
$$f'(x) = -\frac{\sin' x}{\sin^2 x} = -\frac{\cos x}{\sin^2 x}$$

pour tout $x \in]0, \pi[$. Donc,
$$\begin{cases} f'(x) < 0 & \text{si } x \in]0, \frac{\pi}{2}[, \\ f'(x) = 0 & \text{si } x = \frac{\pi}{2}, \\ f'(x) > 0 & \text{si } x \in]\frac{\pi}{2}, \pi[. \end{cases}$$

De plus,
$$f\left(\frac{\pi}{2}\right) = \frac{1}{\sin\left(\frac{\pi}{2}\right)} = 1.$$

Ces informations permettent de dresser le tableau suivant.

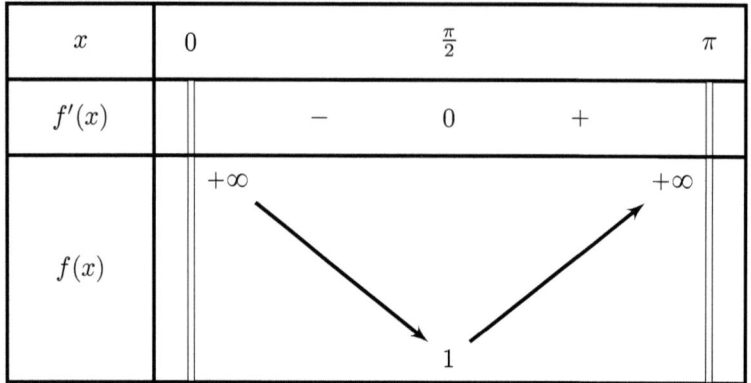

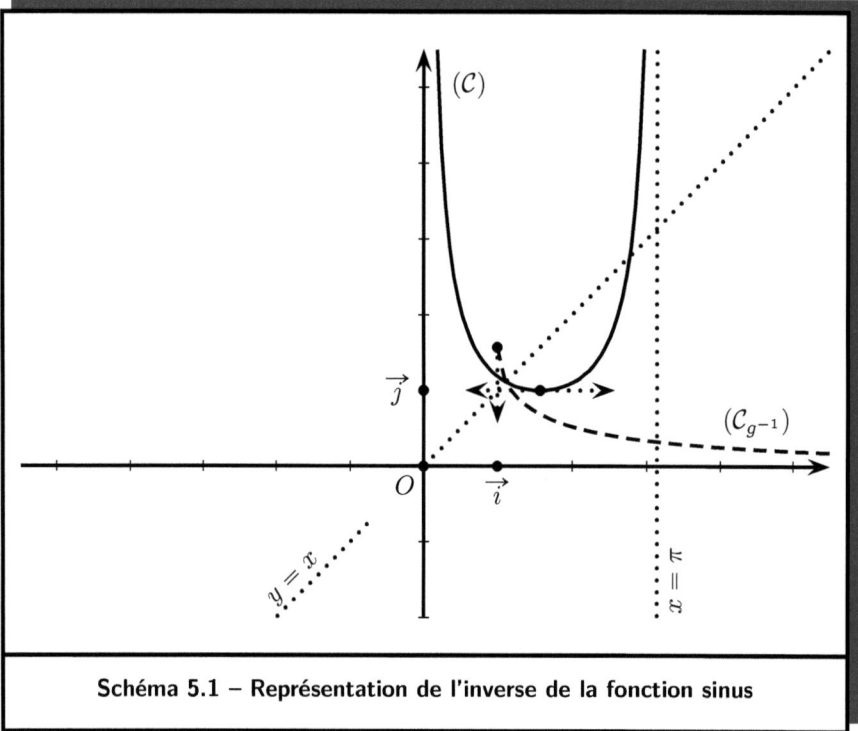

Schéma 5.1 – Représentation de l'inverse de la fonction sinus

Eu égard aux limites calculées plus haut, la courbe $(\mathcal{C})$ représentative de la fonction f admet deux branches infinies : l'une en 0 à droite et l'autre en π à gauche. Précisément, les droites d'équations respectives $x = 0$ et $x = \pi$ sont asymptotes verticales de $(\mathcal{C})$ en 0 à droite et en π à gauche, respectivement.

Le schéma 5.1 ci-dessus présente une représentation de la courbe $(\mathcal{C})$ dans un repère orthonormé $\left(O, \vec{i}, \vec{j}\right)$, l'échelle sur les axes etant $1\,\text{cm}$.

2.

Soit g la restriction de f à l'intervalle $]0, \frac{\pi}{2}[$. Alors, la fonction g est continue et strictement décroissante. Elle est de ce fait bijective. Sa réciproque g^{-1} est représentée sur le schéma 5.1 d'un trait interrompu. En effet, la courbe $(\mathcal{C}_{g^{-1}})$ de g^{-1} est l'image de la représentation de graphique de g par la symétrie orthogonale relativement à la première bissectrice, c'est-à-dire la droite d'équation $y = x$.

3.

Soit $y = g^{-1}(x)$. Alors, $x = g(y) = f(y) = \frac{1}{\sin y}$, c'est-à-dire $\sin y = \frac{1}{x}$. Par ailleurs,
$$\cos^2 y = 1 - \sin^2 y = 1 - \frac{1}{x^2} = \frac{x^2 - 1}{x^2}.$$

Or, la fonction g est définie de $]0, \frac{\pi}{2}[$ vers $]1, +\infty[$. Donc, $y \in]0, \frac{\pi}{2}[$ et $x \in]1, +\infty[$. Par conséquent,
$$\cos y > 0 \quad \text{et} \quad x^2 - 1 > 0.$$

Ceci induit
$$\cos y = \sqrt{\frac{x^2 - 1}{x^2}} = \frac{\sqrt{x^2 - 1}}{x}.$$

4.

Soit $x \in]1, +\infty[$. Alors,
$$\left(\sin g^{-1}(x)\right)' = (g^{-1})'(x) \times \cos g^{-1}(x).$$

Cependant,
$$\sin g^{-1}(x) = \sin y = \frac{1}{x} \quad \text{et} \quad \cos g^{-1}(x) = \frac{\sqrt{x^2 - 1}}{x}.$$

D'où
$$\left(\sin g^{-1}(x)\right)' = \left(\frac{1}{x}\right)' = -\frac{1}{x^2} \quad \text{et} \quad -\frac{1}{x^2} = (g^{-1})'(x) \cdot \frac{\sqrt{x^2 - 1}}{x}.$$

Par conséquent,
$$(g^{-1})'(x) = -\frac{1}{x^2} \cdot \frac{x}{\sqrt{x^2-1}} = -\frac{1}{x\sqrt{x^2-1}}$$
pour chaque $x \in]1, +\infty[$.

5.

Nous considérons l'intégrale
$$I = \int_{2\frac{\sqrt{3}}{3}}^{\sqrt{2}} \frac{dt}{t\sqrt{t^2-1}}.$$

Alors,
$$I = -\int_{2\frac{\sqrt{3}}{3}}^{\sqrt{2}} (g^{-1})'(t)dt = -\left[g^{-1}(t)\right]_{2\frac{\sqrt{3}}{3}}^{\sqrt{2}} = -g^{-1}\left(\sqrt{2}\right) + g^{-1}\left(\frac{2\sqrt{3}}{3}\right).$$

Par ailleurs,
$$g\left(\frac{\pi}{3}\right) = f\left(\frac{\pi}{3}\right) = \frac{1}{\sin\left(\frac{\pi}{3}\right)} = \frac{1}{\frac{\sqrt{3}}{2}} = \frac{2}{\sqrt{3}} = \frac{2\sqrt{3}}{2}$$

et
$$g\left(\frac{\pi}{4}\right) = f\left(\frac{\pi}{4}\right) = \frac{1}{\sin\left(\frac{\pi}{4}\right)} = \frac{1}{\frac{\sqrt{2}}{2}} = \frac{2}{\sqrt{2}} = \sqrt{2}.$$

Ainsi, $g^{-1}\left(\frac{2\sqrt{3}}{2}\right) = \frac{\pi}{3}$ et $g^{-1}\left(\sqrt{2}\right) = \frac{\pi}{4}$. Par conséquent,
$$I = \frac{\pi}{3} - \frac{\pi}{4} = \frac{4\pi - 3\pi}{12} = \frac{\pi}{12}.$$

Solution de l'Exercice 2 (C).

1.

Soit N un entier relatif impair. Alors, il existe un nombre entier relatif k tel que $N = 2k + 1$. Alors,
$$N^2 = (2k+1)^2 = 4k^2 + 4k + 1 = 4k(k+1) + 1.$$

Par ailleurs, le produit $k(k+1)$ est pair, en tout état de cause. En effet, il existe un $\ell \in \mathbb{Z}$ tel que

$$k(k+1) = \begin{cases} 2\ell(2\ell+1) & \text{si } k \text{ est pair,} \\ (2\ell+1)(2\ell+2) & \text{si } k \text{ est impair.} \end{cases}$$

Il existe donc un entier relatif a tel que $k(k+1) = 2a$. D'où $N^2 = 8a + 1$. Ceci induit $N^2 \equiv 1 \,[\mathrm{mod}\, 8]$.

2.

Soit M un entier relatif tel que $M^2 \equiv 1 \,[\mathrm{mod}\, 8]$. Alors, il existe un entier relatif k tel que $M^2 = 8k + 1$, c'est-à-dire $M \cdot M - 8k = 1$. Eu égard au théorème de BÉZOUT, il en résulte que les nombres M et 8 sont premiers entre eux. Par conséquent, l'entier M est impair.

3.

Soient x et y des entiers relatifs tels que $x^2 = 8y + 1$. Alors, $x^2 \equiv 1 \,[\mathrm{mod}\, 8]$. D'après la question **(2)**, il existe un nombre $k \in \mathbb{Z}$ tel que $x = 2k + 1$. Ainsi,

$$x^2 = (2k+1)^2 = 4k^2 + 4k + 1 = 4k(k+1) + 1.$$

D'où $4k(k+1) + 1 = 8y + 1$. Ceci équivaut à

$$y = \frac{4k(k+1)}{8} = \frac{1}{2}k(k+1).$$

Cependant, le produit $k(k+1)$ est pair pour chaque entier naturel k. De ce fait, le nombre $\frac{1}{2}k(k+1)$ est entier relatif. Par conséquent, l'ensemble S des solutions dans $\mathbb{Z}^2$ de l'équation $x^2 = 8y + 1$ est contenu dans l'ensemble

$$S' = \left\{ \left(2k+1, \frac{1}{2}k(k+1)\right) \;\middle|\; k \in \mathbb{Z} \right\}.$$

Au demeurant, pour chaque $k \in \mathbb{Z}$, nous avons

$$(2k+1)^2 = 4k^2 + 4k + 1 = 4k(k+1) + 1 = 8 \cdot \frac{1}{2}k(k+1) + 1.$$

Le couple $\left(2k+1, \frac{1}{2}k(k+1)\right)$ est donc une solution dans $\mathbb{Z}^2$ de l'équation $x^2 = 8y + 1$. Par suite, $S' \subseteq S$. Il s'ensuit que

$$S = \left\{ \left(2k+1, \frac{1}{2}k(k+1)\right) \;\middle|\; k \in \mathbb{Z} \right\}.$$

4.

Dans un repère orthonormé $\left(O, \vec{i}, \vec{j}\right)$ du plan $\mathcal{P}$, nous considérons la parabole (Γ) d'équation
$$y = \frac{x^2 - 1}{2}.$$
Alors, un point $M(x, y)$, où x et y sont des entiers relatifs, appartient à (Γ) si et seulement si $8y = x^2 - 1$, c'est-à-dire si le couple (x, y) est solution dans $\mathbb{Z}^2$ de l'équation $x^2 = 8y + 1$. Autrement dit, les points à coordonnées les éléments de l'ensemble S, défini et déterminé ci-dessus. Cet ensemble a une infinité d'éléments. La parabole (Γ) passe de ce fait par une infinité de points à coordonnées entières.

Solution de l'Exercice 3.

Dans l'ensemble $\mathbb{C}$ des nombres complexes, soit l'équation
$$z^3 + (3 - d^2)z + 2i(1 + d^2) = 0, \tag{E}$$
où d est un nombre complexe donné de module 2.

1.

(a) Un calcul simple montre que
$$\begin{aligned}(2i)^3 + 2i(3 - d^2) + 2i(1 + d^2) &= 8i^3 + 6i - 2d^2i + 2i + 2d^2i \\ &= -8i + 6i - 2d^2i + 2i + 2d^2i \\ &= 0.\end{aligned}$$

Le nombre $2i$ est donc une solution de l'équation $(\mathbf{E})$.

(b) Il existe des nombres complexes a et b tels que
$$z^3 + (3 - d^2)z + 2i(1 + d^2) = (z - 2i)(z^2 + az + b).$$

Puisque
$$\begin{aligned}(z - 2i)(z^2 + az + b) &= z^3 + az^2 + bz - 2iz^2 - 2aiz^2 - 2aiz - 2bi \\ &= z^3 + (a - 2i)z^2 + (b - 2ai)z - 2bi,\end{aligned}$$

il en résulte que $a - 2i = 0$ et $a = 2i$, puis

$$b - 2ai = 2i(1+d^2) = 2i + 2d^2i \quad \text{ou} \quad -2bi = 2i(1+d^2).$$

Ainsi, $b = -1 - d^2$. Donc,

$$z^3 + (3-d^2)z + 2i(1+d^2) = (z-2i)(z^2 + 2iz - 1 - d^2).$$

Par conséquent, les deux racines complexes du polynôme $z^2 + 2iz - 1 - d^2$ sont les autres solutions de l'équation (**E**). Il s'agit précisément de

$$z_1 = -i - \delta \quad \text{et} \quad z_1 = -i + \delta,$$

où δ est l'une des deux racines complexes du discriminant

$$i^2 + 1 + d^2 = -1 + 1 + d^2 = d^2.$$

Les solutions de (**E**) sont donc $2i$, $-i + d$ et $-i - d$.

2.

Dans le plan complexe $\mathcal{P}$, soient les points A, B, M et N d'affixes respectives $2i$, $-i$ et $-i + d$ et $-i - d$.

(a) La distance entre les points M et N est

$$MN = \big|-i - d - (-i+d)\big| = |-i+d+i-d| = |-2d| = |-2| \cdot |d| = 4.$$

Le milieu du segment $[MN]$ est le point d'affixe

$$\frac{-i+d-i-d}{2} = \frac{-2i}{2} = -i,$$

c'est-à-dire le point B.

(b) Ainsi, lorsque le nombre d varie dans $\mathbb{C}$, le point B est le milieu du segment $[MN]$ avec $MN = 4$. Ceci signifie que les points M et N appartiennent au cercle de centre B et de rayon 2.

(c) Soit AMN un triangle. Alors, la somme des affixes des points A, M et N vaut

$$2i + (-i+d) + (-i-d) = 2i - 2i = 0.$$

Ceci signifie que
$$\vec{OA} + \vec{OM} + \vec{ON} = \vec{0}.$$
Le point O est donc le centre de gravité du triangle AMN.

(d) Le point B étant le milieu du segment $[MN]$, le triangle AMN est isocèle de sommet principal A si et seulement si la droite (AB) est la médiatrice du segment $[MN]$. Par ailleurs, le centre de gravité d'un triangle est le point de rencontre des médianes. Or, si AMN est un triangle isocèle de sommet principal A, alors la médiane issue du sommet A est la médiatrice (AB). Par conséquent, le triangle AMN est isocèle de sommet principal A si et seulement si
$$\text{Mes}\left(\widehat{\vec{OA}, \vec{BM}}\right) \equiv -\frac{\pi}{2} \,[\text{mod}\, 2\pi] \quad \text{ou} \quad \text{Mes}\left(\widehat{\vec{OA}, \vec{BM}}\right) \equiv \frac{\pi}{2} \,[\text{mod}\, 2\pi],$$
c'est-à-dire
$$\arg\left(\frac{z_M - z_B}{z_A - z_O}\right) \equiv -\frac{\pi}{2} \,[\text{mod}\, 2\pi] \quad \text{ou} \quad \arg\left(\frac{z_M - z_B}{z_A - z_O}\right) \equiv \frac{\pi}{2} \,[\text{mod}\, 2\pi].$$
Cependant,
$$\frac{z_M - z_B}{z_A - z_O} = \frac{-i + d - (-i)}{2i - 0} = \frac{d}{2i} = -\frac{i}{2}d,$$
puis
$$\arg\left(\frac{z_M - z_B}{z_A - z_O}\right) = \arg\left(-\frac{i}{2}d\right) \equiv \arg\left(-\frac{i}{2}\right) + \arg(d) \,[\text{mod}\, 2\pi].$$
Ainsi,
$$\arg\left(\frac{z_M - z_B}{z_A - z_O}\right) \equiv -\frac{\pi}{2} + \arg(d) \,[\text{mod}\, 2\pi].$$
Le triangle AMN est donc isocèle en A si et seulement si
$$-\frac{\pi}{2} \equiv -\frac{\pi}{2} + \arg(d) \,[\text{mod}\, 2\pi] \quad \text{ou} \quad \frac{\pi}{2} \equiv -\frac{\pi}{2} + \arg(d) \,[\text{mod}\, 2\pi],$$
c'est-à-dire
$$\arg(d) \equiv 0 \,[\text{mod}\, 2\pi] \quad \text{ou} \quad \arg(d) \equiv \pi \,[\text{mod}\, 2\pi].$$
Ceci équivaut à $d = 2e^{i0} = 2$ ou $d = 2e^{i\pi} = -2$. En conclusion, le triangle AMN est isocèle de sommet principal A si et seulement si $d \in \{-2, 2\}$.

Solution du Problème.

Partie A.

Soit l'équation différentielle
$$y'' + (2\ln 2)y' + (\ln 2)^2 y = 0. \qquad (\widetilde{E})$$

1.

(a) L'équation différentielle $(\widetilde{E})$ a pour équation caractéristique associée
$$r^2 + 2r\ln 2 + (\ln 2)^2 = 0 \qquad \text{ou} \qquad (r + \ln 2)^2 = 0.$$

Cette dernière admet à l'évidence $\ln 2$ comme racine double. De ce fait, les solutions de $(\widetilde{E})$ sont les fonctions définies par
$$g(x) = (\lambda x + \mu)e^{-x\ln 2} = (\lambda x + \mu)2^{-x} = \frac{\lambda x + \mu}{2^x},$$
où λ et μ sont des constantes réelles.

(b) Pour tout $x \in \mathbb{R}$, nous avons
$$g'(x) = (\lambda x + \mu)' \cdot 2^{-x} + (\lambda x + \mu) \cdot (2^{-x})' = \lambda \cdot 2^{-x} + (\lambda x + \mu) \cdot -2^{-x}\ln 2$$
$$= 2^{-x}(-\lambda x \ln 2 + \lambda - \mu \ln 2).$$

Les égalités $g(0) = 0$ et $g'(0) = 1$ sont équivalentes à $\mu = 0$ et $\lambda - \mu \ln 2 = 1$, c'est-à-dire $\mu = 0$ et $\lambda = 1$. Par conséquent, la solution g de $(\widetilde{E})$ vérifiant $g(0) = 0$ et $g'(0) = 1$ est donnée par
$$g(x) = \frac{x}{2^x}.$$

2.

Soit la fonction numérique u définie, pour tout réel x, par
$$u(x) = \frac{x}{2^x}.$$

Du reste, la courbe représentative de u, dans un repère orthonormé du plan, est symbolisée par $(\mathcal{C})$.

(a) Soit x un nombre réel. Alors,

$$u'(x) = \frac{(x)'2^x - x(2^x)'}{(2^x)^2} = \frac{2^x - x2^x \ln 2}{(2^x)^2} = \frac{1 - x\ln 2}{2^x} = (1 - x\ln 2) \cdot 2^{-x}$$
$$= (1 - x\ln 2) \cdot e^{-x\ln 2}.$$

(b) D'après la question précédente,

$$\begin{cases} u'(x) > 0 \text{ si } x \in \left]-\infty, \frac{1}{\ln 2}\right[, \\ u'(x) = 0 \text{ si } x = \frac{1}{\ln 2}, \\ u'(x) < 0 \text{ si } x \in \left]\frac{1}{\ln 2}, +\infty\right[. \end{cases}$$

Au demeurant,

$$\lim_{x \to -\infty} u(x) = \lim_{x \to -\infty} xe^{-x\ln 2} = -\infty \times +\infty = -\infty$$

et

$$\lim_{x \to +\infty} u(x) = \lim_{x \to +\infty} \frac{1}{\ln 2} \cdot \frac{x \ln 2}{e^{x\ln 2}} = \lim_{t \to +\infty} \frac{1}{\ln 2} \cdot \frac{t}{e^t} = \lim_{t \to +\infty} \frac{1}{\ln 2} \cdot \frac{1}{e^t/t} = 0^+.$$

De plus,

$$u\left(\frac{1}{\ln 2}\right) = \frac{1}{\ln 2} \cdot e^{-\frac{1}{\ln 2} \cdot \ln 2} = \frac{1}{\ln 2} \cdot e^{-1} = \frac{1}{e\ln 2}.$$

Ces faits sont condensés dans le tableau de variation.

x	$-\infty$		$\frac{1}{\ln 2}$		$+\infty$
$u'(x)$		$+$	0	$-$	
$u(x)$	$-\infty$	$\nearrow$	$\frac{1}{e\ln 2}$	$\searrow$	0^+

(c) La courbe $(\mathcal{C})$ possède exactement deux branches infinies : la première en $-\infty$ et la seconde en $+\infty$. Précisément, $(\mathcal{C})$ admet en $-\infty$ une branche parabolique ayant pour direction l'axe des ordonnées, car

$$\lim_{x \to -\infty} u(x) = -\infty$$

et

$$\lim_{x \to -\infty} \frac{u(x)}{x} = \lim_{x \to -\infty} \frac{1}{2^x} = \lim_{x \to -\infty} \frac{1}{e^{x \ln 2}} = \frac{1}{0^+} = +\infty.$$

Par ailleurs,

$$\lim_{x \to +\infty} u(x) = 0^+.$$

En conséquence, la droite d'équation $x = 0$, c'est-à-dire l'axe des abscisses, est asymptote horizontale à la courbe $(\mathcal{C})$ en $+\infty$.

(d) À l'évidence, $u(0) = 0$ et $u'(0) = 1$. De ce fait, la tangente $(\mathcal{T}_0)$ à la courbe $(\mathcal{C})$, au point d'abscisse 0, a pour équation $y = x$. En d'autres termes, $(\mathcal{T}_0)$ est la première bissectrice.

La courbe $(\mathcal{C})$ et sa tangente $(\mathcal{T}_0)$ sont représentées sur le schéma 5.2 à la page 136. Elles sont dessinées dans un repère orthonormé avec 2 cm comme unité sur les axes de coordonnées.

3.

(a) De toute évidence, la solution g de de l'équation différentielle $(\widetilde{\mathbf{E}})$, vérifiant $g(0) = 0$ et $g'(0) = 1$, est égale à u. De ce fait, u est une solution particulière de $(\widetilde{\mathbf{E}})$.

(b) Au compte de la question précédente, pour tout réel x, nous avons

$$(\ln 2)^2 u(x) = -u''(x) - (2 \ln 2) u'(x).$$

Par conséquent,

$$(\ln 2)^2 \times \int_0^1 u(x)dx = \int_0^1 (\ln 2)^2 \cdot u(x)dx = \int_0^1 \left(-u''(x) - (2\ln 2)u'(x)\right)dx$$

$$= \Big[-u'(x) - (2\ln 2) \cdot u(x)\Big]_0^1$$

et

$$(\ln 2)^2 \times \int_0^1 u(x)dx = -u'(1) - (2\ln 2) \cdot u(1) + u'(0) + (2\ln 2) \cdot u(0).$$

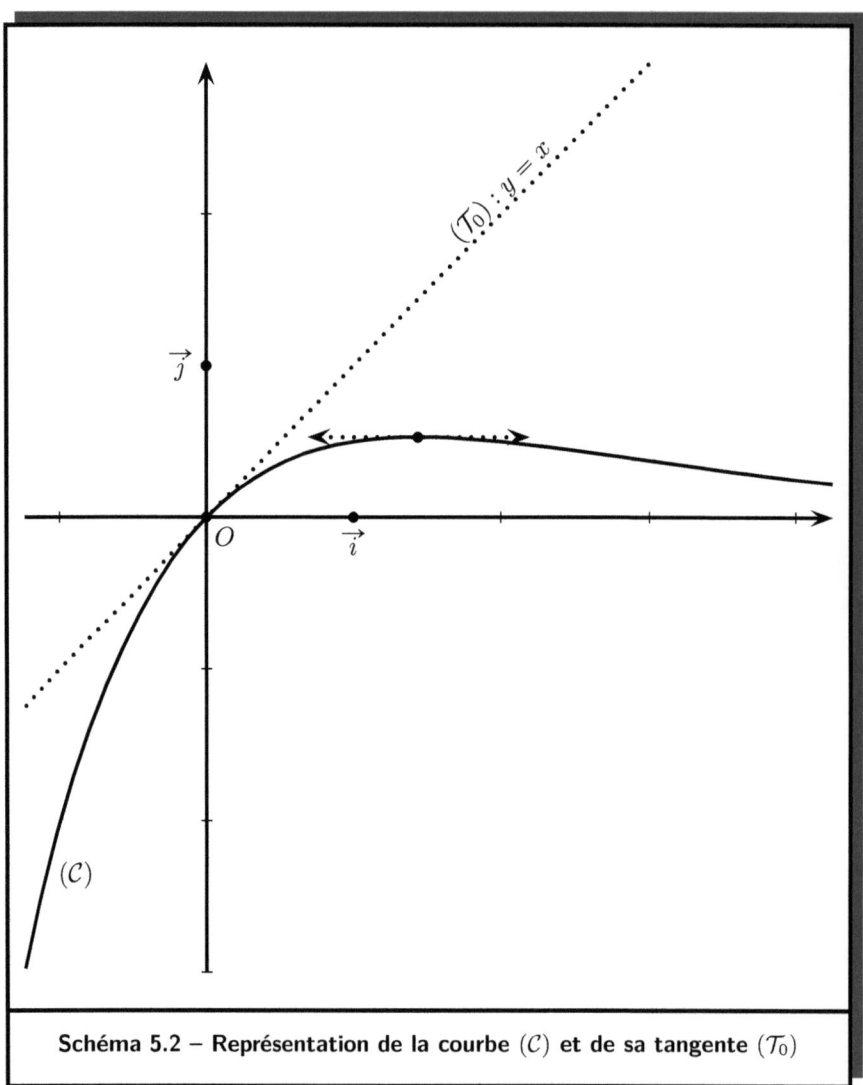

Schéma 5.2 – Représentation de la courbe $(\mathcal{C})$ et de sa tangente $(\mathcal{T}_0)$

Or, $u'(0) = 1$ et $u(0) = 0$, tandis que

$$u'(1) = (1 - \ln 2)e^{-\ln 2} = \frac{1}{2}(1 - \ln 2) \qquad \text{et} \qquad u(1) = \frac{1}{2}.$$

Ainsi,

$$(\ln 2)^2 \times \int_0^1 u(x)dx = -\frac{1}{2}(1 - \ln 2) - \ln 2 + 1 = \frac{1}{2}(1 - \ln 2).$$

Partie B.

Soit la suite numérique $(V_n)_{n \in \mathbb{N}}$ définie par

$$V_0 = 0 \qquad \text{et} \qquad V_{n+1} = \frac{1}{2}(V_n + 2^{-n})$$

pour tout $n \in \mathbb{N}$.

1.

De toute évidence, $V_0 = 0 = u(0)$. Par ailleurs, s'il existe un entier naturel n satisfaisant $V_n = u(n)$, alors

$$V_{n+1} = \frac{1}{2}\bigl(u(n) + 2^{-n}\bigr) = \frac{1}{2}\left(\frac{n}{2^n} + \frac{1}{2^n}\right) = \frac{1}{2} \cdot \frac{n+1}{2^n} = \frac{n+1}{2^{n+1}} = u(n+1).$$

Selon la règle du raisonnement par récurrence, il en résulte que $V_n = u(n)$ pour chaque $n \in \mathbb{N}$.

2.

Pour tout entier naturel n, soit $S_n = \sum\limits_{k=0}^{n} V_k$.

(a) Par définition,

$$S_0 = V_0 = 0 = \frac{1}{2^0} - \frac{0+1}{2^0} = \left(\sum_{k=0}^{0} \frac{1}{2^k}\right) - \frac{0+1}{2^0}.$$

Maintenant, nous supposons que

$$S_n = \left(\sum_{k=0}^{n} \frac{1}{2^k}\right) - \frac{n+1}{2^n}$$

pour un entier naturel n quelconque. Alors,
$$S_{n+1} = S_n + V_{n+1} = S_n + u(n+1).$$
Ceci entraîne
$$\begin{aligned}S_{n+1} &= \left(\sum_{k=0}^{n}\frac{1}{2^k}\right) - \frac{n+1}{2^n} + \frac{n+1}{2^{n+1}} = \left(\sum_{k=0}^{n+1}\frac{1}{2^k}\right) - \frac{1}{2^{n+1}} - \frac{n+1}{2^n} + \frac{n+1}{2^{n+1}}\\ &= \left(\sum_{k=0}^{n+1}\frac{1}{2^k}\right) - \frac{1}{2^{n+1}} - \frac{2n+2}{2^{n+1}} + \frac{n+1}{2^{n+1}}\\ &= \left(\sum_{k=0}^{n+1}\frac{1}{2^k}\right) - \frac{1+2n+2-n-1}{2^{n+1}}\\ &= \left(\sum_{k=0}^{n+1}\frac{1}{2^k}\right) - \frac{(n+1)+1}{2^{n+1}}.\end{aligned}$$

Par conséquent,
$$S_n = \left(\sum_{k=0}^{n}\frac{1}{2^k}\right) - \frac{n+1}{2^n}$$
pour chaque entier naturel n, eu égard à la règle de récurrence.

(b) Pour calculer la limite de la suite $(S_n)_{n\in\mathbb{N}}$, remarquons que
$$\sum_{k=0}^{n}\frac{1}{2^k} = \sum_{k=0}^{n}\left(\frac{1}{2}\right)^k = \frac{1-\left(\frac{1}{2}\right)^{n+1}}{1-\frac{1}{2}} = 2 - \left(\frac{1}{2}\right)^n$$
pour chaque entier naturel n. Donc,
$$S_n = 2 - \left(\frac{1}{2}\right)^n - \frac{n+1}{2^n} = 2 - \left(\frac{1}{2}\right)^n - \frac{n}{2^n} - \left(\frac{1}{2}\right)^n = 2 - 2\left(\frac{1}{2}\right)^n - u(n).$$

Cependant,
$$\lim_{n\to+\infty}\left(\frac{1}{2}\right)^n = 0 \quad \text{et} \quad \lim_{n\to+\infty} u(n) = 0.$$

Par conséquent,
$$\lim_{n\to+\infty} S_n = 2.$$

Partie C.

Dans le plan orienté et muni d'un repère orthonormé $\left(O, \vec{i}, \vec{j}\right)$, soient les vecteurs

$$\vec{e_1} = \frac{1}{2}\vec{i} + \frac{\sqrt{3}}{2}\vec{j} \quad \text{et} \quad \vec{e_2} = -\frac{\sqrt{3}}{2}\vec{i} + \frac{1}{2}\vec{j}.$$

1.

Les vecteurs $\vec{e_1}$ et $\vec{e_2}$ sont orthogonaux, car

$$\vec{e_1} \cdot \vec{e_2} = \frac{1}{2} \times -\frac{\sqrt{3}}{2} + \frac{\sqrt{3}}{2} \times \frac{1}{2} = -\frac{\sqrt{3}}{4} + \frac{\sqrt{3}}{4} = 0.$$

De plus,

$$\|\vec{e_1}\|^2 = \left(\frac{1}{2}\right)^2 + \left(\frac{\sqrt{3}}{2}\right)^2 = \frac{1}{4} + \frac{3}{4} = 1$$

et

$$\|\vec{e_2}\|^2 = \left(-\frac{\sqrt{3}}{2}\right)^2 + \left(\frac{1}{2}\right)^2 = \frac{3}{4} + \frac{1}{4} = 1.$$

Ainsi, $\|\vec{e_1}\| = \|\vec{e_2}\| = 1$. Par conséquent, le triplet $(O, \vec{e_1}, \vec{e_2})$ est un repère orthonormé du plan.

2.

Considérons l'application affine r du plan vers lui-même qui, à tout point $M(x, y)$, associe le point $M'(x', y')$ défini par

$$x' = \frac{1}{2}x - \frac{\sqrt{3}}{2}y \quad \text{et} \quad y' = \frac{\sqrt{3}}{2}x + \frac{1}{2}y.$$

Cependant,

$$\frac{1}{2} = \cos\frac{\pi}{3} \quad \text{et} \quad \frac{\sqrt{3}}{2} = \sin\frac{\pi}{3}.$$

Alors, r est la rotation de centre O et d'angle $\frac{\pi}{3}$. À présent, soit ϱ l'application linéaire associée à r. Alors,

$$\varrho\left(\vec{i}\right) = \frac{1}{2}\vec{i} + \frac{\sqrt{3}}{2}\vec{j} = \vec{e_1} \quad \text{et} \quad \varrho\left(\vec{j}\right) = -\frac{\sqrt{3}}{2}\vec{i} + \frac{1}{2}\vec{j} = \vec{e_2}.$$

Donc,
$$(O, \vec{e_1}, \vec{e_2}) = \left(r(O), \varrho\left(\vec{i}\right), \varrho\left(\vec{j}\right)\right).$$
De ce fait,
$$\left(O, \vec{i}, \vec{j}\right) = \left(r^{-1}(O), \varrho^{-1}\left(\vec{e_1}\right), \varrho^{-1}\left(\vec{e_1}\right)\right).$$
Cependant, r^{-1}, réciproque de r, est la rotation de centre O et d'angle $-\frac{\pi}{3}$. Dans le même esprit, ϱ^{-1} est la rotation vectorielle d'angle $-\frac{\pi}{3}$. En conclusion, la rotation, qui transforme le repère orthonormé $(O, \vec{e_1}, \vec{e_2})$ en $\left(O, \vec{i}, \vec{j}\right)$, a pour centre O et est d'angle $-\frac{\pi}{3}$.

3.

Une conique $(\mathcal{G})$, dans le repère $(O, \vec{e_1}, \vec{e_2})$, a pour équation cartésienne
$$13X^2 + 7Y^2 + 6\sqrt{3}XY = 16.$$

(a) Pour écrire l'équation cartésienne réduite de la conique $(\mathcal{G})$ dans le repère $\left(O, \vec{i}, \vec{j}\right)$, il convient d'exprimer les coordonnées (x, y) d'un point M dans $\left(O, \vec{i}, \vec{j}\right)$ en fonction de ses coordonnées (X, Y) dans $(O, \vec{e_1}, \vec{e_2})$.
À cet effet, remarquons que
$$\overrightarrow{OM} = x\vec{i} + y\vec{j} \quad \text{et} \quad \overrightarrow{OM} = X\vec{e_1} + Y\vec{e_2}.$$
Donc,
$$x\vec{i} + y\vec{j} = X\left(\frac{1}{2}\vec{i} + \frac{\sqrt{3}}{2}\vec{j}\right) + Y\left(-\frac{\sqrt{3}}{2}\vec{i} + \frac{1}{2}\vec{j}\right)$$
$$= \frac{1}{2}X\vec{i} + \frac{\sqrt{3}}{2}X\vec{j} - \frac{\sqrt{3}}{2}Y\vec{i} + \frac{1}{2}Y\vec{j}$$
$$= \left(\frac{1}{2}X - \frac{\sqrt{3}}{2}Y\right)\vec{i} + \left(\frac{\sqrt{3}}{2}X + \frac{1}{2}Y\right)\vec{j}.$$
Ceci implique
$$\begin{cases} \frac{1}{2}X - \frac{\sqrt{3}}{2}Y = x, \\ \frac{\sqrt{3}}{2}X + \frac{1}{2}Y = y. \end{cases}$$

Par conséquent,

$$X = \frac{\begin{vmatrix} x & -\frac{\sqrt{3}}{2} \\ y & \frac{1}{2} \end{vmatrix}}{\begin{vmatrix} \frac{1}{2} & -\frac{\sqrt{3}}{2} \\ \frac{\sqrt{3}}{2} & \frac{1}{2} \end{vmatrix}} = \frac{1}{2}x + \frac{\sqrt{3}}{2}y = \frac{1}{2}\left(x + \sqrt{3}y\right)$$

et

$$Y = \frac{\begin{vmatrix} \frac{1}{2} & x \\ \frac{\sqrt{3}}{2} & y \end{vmatrix}}{\begin{vmatrix} \frac{1}{2} & -\frac{\sqrt{3}}{2} \\ \frac{\sqrt{3}}{2} & \frac{1}{2} \end{vmatrix}} = -\frac{\sqrt{3}}{2}x + \frac{1}{2}y = \frac{1}{2}\left(-\sqrt{3}x + y\right).$$

Ainsi, $M(x,y) \in (\mathcal{G})$ si et seulement si

$$\frac{13}{4}\left(x + \sqrt{3}y\right)^2 + \frac{7}{4}\left(-\sqrt{3}x + y\right)^2 + \frac{6\sqrt{3}}{4}\left(x + \sqrt{3}y\right)\left(-\sqrt{3}x + y\right) = 16,$$

c'est-à-dire

$$13\left(x + \sqrt{3}y\right)^2 + 7\left(-\sqrt{3}x + y\right)^2 + 6\sqrt{3}\left(x + \sqrt{3}y\right)\left(-\sqrt{3}x + y\right) = 64$$

ou

$$13x^2 + 39y^2 + 26\sqrt{3}xy + 21x^2 + 7y^2 - 14\sqrt{3}xy - 18x^2 - 12\sqrt{3}xy + 18y^2 = 64.$$

Donc, $M(x,y) \in (\mathcal{G})$ si et seulement si $16x^2 + 64y^2 = 64$, c'est-à-dire

$$\frac{x^2}{4} + y^2 = 1.$$

La conique $(\mathcal{G})$ a de ce fait pour équation

$$\frac{x^2}{2^2} + \frac{y^2}{1^2} = 1$$

dans le repère orthonormé $\left(O, \vec{i}, \vec{j}\right)$.

(b) La conique $(\mathcal{G})$ est par conséquent une ellipse d'excentricité

$$e = \frac{\sqrt{2^2 - 1^2}}{2} = \frac{\sqrt{3}}{2}.$$

5.3. Notes et commentaires sur le sujet 2012

Caractérisation des triangles isocèles.

Par définition, un triangle AMN est isocèle en A si et seulement si le point A appartient à la médiatrice du segment $[MN]$. De ce fait, le milieu du segment $[MN]$ étant désigné par I, si un triangle AMN est isocèle de sommet principal A, alors l'angle $\widehat{AIM}$ est droit. Le plan étant muni d'un repère orthonormé direct, ceci équivaut à

$$\operatorname{Mes}\left(\widehat{\overrightarrow{IA},\overrightarrow{IM}}\right) \equiv -\frac{\pi}{2}\,[\operatorname{mod} 2\pi] \quad \text{ou} \quad \operatorname{Mes}\left(\widehat{\overrightarrow{IA},\overrightarrow{IM}}\right) \equiv \frac{\pi}{2}\,[\operatorname{mod} 2\pi].$$

Cette propriété des triangles isocèles a été mise à contribution dans la solution de la question **(2.d)** de l'Exercice 3.

Image d'un repère cartésien par une application affine.

La deuxième question de la Partie C du Problème invite à montrer qu'une rotation transforme le repère orthonormé $(O, \overrightarrow{e_1}, \overrightarrow{e_2})$ en $\left(O, \overrightarrow{i}, \overrightarrow{j}\right)$. Ceci peut paraître paradoxal, dans la mesure où les rotations ont pour antécédents et images des points, pas des vecteurs.

Ce paradoxe apparent est évacué par le fait que chaque repère cartésien $(A, \overrightarrow{u}, \overrightarrow{v})$ correspond à un unique triplet de points (A, B, C) satisfaisant

$$\overrightarrow{u} = \overrightarrow{AB} \quad \text{et} \quad \overrightarrow{v} = \overrightarrow{AC}.$$

L'image du repère $(A, \overrightarrow{u}, \overrightarrow{v})$ par une application affine f est alors définie par

$$\begin{aligned}
f(A, \overrightarrow{u}, \overrightarrow{v}) &= \left(f(A), \overrightarrow{f(A)f(B)}, \overrightarrow{f(A)f(C)}\right) \\
&= \left(f(A), \varphi\left(\overrightarrow{AB}\right), \varphi\left(\overrightarrow{AC}\right)\right) \\
&= \left(f(A), \varphi(\overrightarrow{u}), \varphi(\overrightarrow{v})\right),
\end{aligned}$$

où φ est l'application linéaire associée à f.

Chapitre 6

Session 2013

6.1. Sujet 2013

Le sujet est composé de quatre exercices et d'un problème. Le premier exercice est réservé aux aspirants de la série C. Le deuxième est porté à l'attention exclusive des postulants de la série E. Les exercices 3 et 4, ainsi que le problème, sont communs à tous les candidats des deux séries C et E.

Exercice 1 (C) : Numération et division euclidienne.

On désigne par N un entier naturel dont l'écriture en base 10 est

$$N = \overline{a_n a_{n-1} \cdots a_1 a_0}.$$

1. Démontrer que le reste de la division de N par 100 est l'entier r dont l'écriture en base 10 est égal à $\overline{a_1 a_0}$.

2. **Application :** Démontrer que le chiffre des unités et le chiffre des dizaines du nombre $N = 7^{7^{7^7}}$ sont respectivement 3 et 4.

Exercice 2 (E) : Minoration d'une fonction définie par une intégrale.

Soit f une fonction numérique continue sur l'intervalle $[0, 1]$ et telle que
$$\int_x^1 f(t)dt \geq \frac{1-x^2}{2}$$
pour tout réel $x \in [0, 1]$. Soit F une primitive de f sur $[0, 1]$.

1.(a) En intégrant par parties l'intégrale
$$I = \int_0^1 xf(x)dx,$$
montrer que
$$F(1) = \int_0^1 xf(x)dx + \int_0^1 F(x)dx.$$

(b) En déduire que $\int_0^1 xf(x)dx \geq \frac{1}{3}$.

2.(a) Développer et réduire $[f(x) - x]^2$.

(b) Déduire que $\int_0^1 [f(x)]^2 dx \geq \frac{1}{3}$.

Exercice 3 : Barycentre et lieux géométriques dans l'espace.

Soit λ un nombre réel strictement positif. On donne dans l'espace un triangle ABC rectangle en A tel que $AB = 2\lambda$ et $AC = \lambda$.

1. Construire le barycentre G des points A, B et C affectés respectivement des coefficients 3, -1 et 2.
2. Déterminer l'ensemble (Γ) des points M de l'espace vérifiant l'égalité $3MA^2 - MB^2 + 2MC^2 = 5\lambda^2$.
3. Soit l'espace rapporté à un repère orthonormé $\left(A, \vec{i}, \vec{j}, \vec{k}\right)$. Soient les points $B(0, 4, 0)$ et $C(0, 0, 2)$.
   (a) Déterminer les coordonnées de G.
   (b) Écrire les équations cartésiennes respectives du plan (ABC) et de l'ensemble (Γ).
   (c) Préciser l'intersection de (ABC) et (Γ).

Exercice 4 : Racines complexes et mesures d'angles vectorielles.

Soit α un réel de l'intervalle $]0, \frac{\pi}{2}[$. Le plan complexe orienté est rapporté à un repère orthonormé $(O, \vec{u}, \vec{v})$, et $\mathbb{C}$ désigne l'ensemble des nombres complexes.

1. Résoudre dans $\mathbb{C}$ l'équation
$$z^2 \cos^2 \alpha - z \sin 2\alpha + 1 = 0.$$

On note z_1 et z_2 les solutions de cette équation. Précisément, z_1 désigne la solution dont la partie imaginaire est positive. Du reste, A et B désignent les points d'affixes respectives z_1 et z_2.

2. Quelle est la nature du triangle OAB ? Justifier votre réponse.

3. (a) Calculer une mesure en radians de l'angle $\left(\widehat{\overrightarrow{OB}, \overrightarrow{OA}}\right)$.

   (b) En déduire une mesure en radians de l'angle $\left(\widehat{\overrightarrow{BA}, \overrightarrow{BO}}\right)$.

4. Résoudre l'équation différentielle
$$(\cos^2 \alpha) f'' - (\sin 2\alpha) f' + f = 0,$$
sachant que f est une fonction numérique d'une variable réelle x vérifiant $f(0) = 1$ et $f'(0) = -\tan \alpha$.

Problème : Fonctions, calcul d'aire et suites réelles.

Dans tout le problème, f est la fonction définie dans l'intervalle $]-2, +\infty[$ par
$$f(x) = \ln(x+2),$$
tandis que g est la fonction définie dans l'intervalle $]0, +\infty[$ par
$$g(x) = \ln x.$$
Par ailleurs, soient $(\mathcal{C}_f)$ et $(\mathcal{C}_g)$ les courbes représentatives de f et g dans un repère orthonormé ; l'unité de longueur des axes étant égal à 2 cm. En outre, soit $(\mathcal{D})$ la droite d'équation $y = x$ dans le repère précédent. De plus, soient $(U_n)_{n \in \mathbb{N}}$ et $(V_n)_{n \in \mathbb{N}}$ les suites numériques définies par $U_0 = 1$ et $U_{n+1} = f(U_n)$ pour chaque $n \in \mathbb{N}$, puis $V_0 = 2$ et $V_{n+1} = f(V_n)$ pour tout $n \in \mathbb{N}$.

1.(a) Dresser les tableaux de variations de f et g.

(b) Démontrer que $(\mathcal{C}_f)$ et $(\mathcal{D})$ se coupent en deux points M_1 et M_2 dont les abscisses x_1 et x_2 vérifient $-2 < x_1 < -1$ et $1 < x_2 < 2$.

(c) Étudier suivant les valeurs de x les positions relatives $(\mathcal{C}_f)$ et $(\mathcal{D})$.

(d) Tracer $(\mathcal{C}_f)$, $(\mathcal{C}_g)$ et $(\mathcal{D})$ après avoir étudié les branches infinies de $(\mathcal{C}_f)$ et $(\mathcal{C}_g)$.

2. Montrer que $(\mathcal{C}_f)$ est l'image de $(\mathcal{C}_g)$ par la translation de vecteur $-2\vec{i}$.

3. Soit (Γ) la partie du plan délimitée par les droites d'équation $x = -1$ et $x = 1$, puis par la courbe $(\mathcal{C}_f)$ et la droite $(\mathcal{D})$. À l'aide d'une d'une intégration par parties, calculer la valeur exacte de l'aire de (Γ).

4. On note α et β deux réels tels que $x_1 < \alpha < x_2 < \beta$. Démontrer que $x_1 < f(\alpha) < x_2 < f(\beta)$.

5.(a) Démontrer que la suite $(U_n)_{n\in\mathbb{N}}$ est croissante.

(b) Prouver que la suite $(V_n)_{n\in\mathbb{N}}$ est décroissante.

(c) Démontrer que $1 \leqslant U_n < x_2 < V_n \leqslant 2$ pour tout $n \in \mathbb{N}$.

6. On note I l'intervalle $[1, 2]$.

(a) Démontrer que $\frac{1}{4} \leqslant f'(x) \leqslant \frac{1}{3}$ pour tout $x \in I$.

(b) En déduire que

$$0 < f(V_n) - f(U_n) \leqslant \frac{1}{3}(V_n - U_n)$$

pour tout entier naturel n.

7.(a) Démontrer que

$$0 < V_n - U_n \leqslant \left(\frac{1}{3}\right)^n$$

pour chaque entier naturel n.

(b) En déduire que les suites $(V_n)_{n\in\mathbb{N}}$ et $(U_n)_{n\in\mathbb{N}}$ sont convergentes et ont la même limite.

6.2. Corrigé 2013

Solution de l'Exercice 1 (C).

Soit N un entier naturel dont l'écriture en base 10 est
$$N = \overline{a_n a_{n-1} \cdots a_1 a_0}.$$

1.

Par définition, $0 \leqslant a_j \leqslant 9$ pour chaque $j \in \{0, 1, \ldots, n\}$. Du reste,
$$N = \sum_{j=0}^{n} a_j 10^j = \left(\sum_{j=2}^{n} a_j 10^j\right) + 10 a_1 + 10^0 a_0,$$
où, par convention, $\sum_{j=2}^{n} x_j = 0$ lorsque $n < 2$. Ainsi,
$$N = 10^2 \cdot \left(\sum_{j=2}^{n} a_j 10^{j-2}\right) + 10 a_1 + a_0$$
$$= 100 \cdot \left(\sum_{j=2}^{n} a_j 10^{j-2}\right) + 10 a_1 + a_0.$$

Par ailleurs, $0 \leqslant a_1 \leqslant 9$ et $0 \leqslant a_0 \leqslant 9$. Donc,
$$0 \leqslant a_0 + 10 a_1 \leqslant 99.$$

Par conséquent, $r = a_0 + 10 a_1$ est le reste de la division euclidienne de N par 100. En outre, $\overline{a_1 a_0}$ est l'écriture de r en base 10.

2.

Nous avons de toute évidence
$$7^1 = 100 \times 0 + 7 \equiv 7 \,[\mathrm{mod}\, 100],$$
$$7^2 = 49 = 100 \times 0 + 49 \equiv 49 \,[\mathrm{mod}\, 100],$$
$$7^3 = 343 = 100 \times 3 + 43 \equiv 43 \,[\mathrm{mod}\, 100],$$
$$7^4 = 2401 = 10 \times 24 + 1 \equiv 1 \,[\mathrm{mod}\, 100].$$

Ceci induit
$$7^n \equiv \begin{cases} 1\,[\text{mod}\,100] & \text{si } n \equiv 0\,[\text{mod}\,4], \\ 7\,[\text{mod}\,100] & \text{si } n \equiv 1\,[\text{mod}\,4], \\ 49\,[\text{mod}\,100] & \text{si } n \equiv 2\,[\text{mod}\,4], \\ 43\,[\text{mod}\,100] & \text{si } n \equiv 3\,[\text{mod}\,4]. \end{cases} \quad (*)$$

Au demeurant,
$$N = \left((7^7)^7\right)^7 = (7^7)^{7\times 7} = 7^{7\times 7\times 7}.$$

Par conséquent,
$$N = 7^{7^3}. \quad (**)$$

Cependant, $7 = 4\times 1 + 3 \equiv 3\,[\text{mod}\,4]$. D'où $7^3 \equiv 3^3\,[\text{mod}\,4]$. Toutefois,
$$3^3 = 27 = 4\times 6 + 3 \equiv 3\,[\text{mod}\,4].$$

Eu égard aux résultats $(*)$ et $(**)$, il en résulte que
$$N \equiv 43\,[\text{mod}\,100].$$

En vertu de la question (**1**), il en découle que 3 est le chiffre des unités de N, tandis que 4 est son chiffre des dizaines.

Solution de l'Exercice 2 (E).

Soit f une fonction numérique continue sur l'intervalle $[0,1]$ et telle que
$$\int_x^1 f(t)dt \geqslant \frac{1-x^2}{2}$$
pour tout réel $x \in [0,1]$. Soit F une primitive de f sur l'intervalle $[0,1]$.

1.

  (a) Soit
$$I = \int_0^1 xf(x)dx.$$
Nous considérons par ailleurs les fonctions u et v définies sur $[0,1]$ par
$$u(x) = x \quad \text{et} \quad v(x) = F(x).$$

Alors,
$$u'(x) = 1 \quad \text{et} \quad v'(x) = f(x).$$
D'après la règle d'intégration par parties, ceci entraîne
$$I = \int_0^1 u(x)v'(x)dx = \Big[xF(x)\Big]_0^1 - \int_0^1 u'(x)v(x)dx = F(1) - \int_0^1 F(x)dx.$$
De ce fait,
$$F(1) = \int_0^1 xf(x)dx + \int_0^1 F(x)dx.$$

(b) De ce qui précède, nous avons
$$\int_0^1 xf(x)dx = F(1) - \int_0^1 F(x)dx.$$
Par ailleurs, il existe un réel r tel que
$$F(x) = r + \int_1^x f(t)dt$$
pour tout $x \in [0,1]$. Ainsi, $F(1) = r$ et
$$-F(x) = -r - \int_1^x f(t)dt = -r + \int_x^1 f(t)dt,$$
puis
$$-F(x) \geqslant -r + \frac{1-x^2}{2} = -r + \frac{1}{2} - \frac{x^2}{2}.$$
Par conséquent,
$$-\int_0^1 F(x)dx \geqslant \int_0^1 \left(-r + \frac{1}{2} - \frac{x^2}{2}\right)dx = \left[-rx + \frac{x}{2} - \frac{x^3}{6}\right]_0^1$$
$$= -r + \frac{1}{2} - \frac{1}{6}$$
$$= -r + \frac{1}{3}.$$
Donc,
$$\int_0^1 xf(x)dx = F(1) - \int_0^1 F(x)dx = r - \int_0^1 F(x)dx \geqslant r - r + \frac{1}{3} = \frac{1}{3}.$$

2.

(a) Pour chaque $x \in [0,1]$, l'expression $[f(x)-x]^2$ peut être développée et réduite comme suit :
$$[f(x)-x]^2 = [f(x)-x][f(x)-x] = [f(x)]^2 - xf(x) - xf(x) + x^2$$
$$= [f(x)]^2 - 2xf(x) + x^2.$$

(b) Le résultat de la question précédente induit
$$\int_0^1 [f(x)-x]^2 dx = \int_0^1 [f(x)]^2 dx - 2\int_0^1 xf(x)dx + \int_0^1 x^2 dx$$

ou
$$\int_0^1 [f(x)]^2 dx = \int_0^1 [f(x)-x]^2 dx + 2\int_0^1 xf(x)dx - \int_0^1 x^2 dx.$$

Toutefois,
$$\int_0^1 [f(x)-x]^2 dx \geq 0 \quad \text{et} \quad \int_0^1 x^2 dx = \left[\frac{x^3}{3}\right]_0^1 = \frac{1}{3}.$$

D'où
$$\int_0^1 [f(x)]^2 dx \geq 2\int_0^1 xf(x)dx - \frac{1}{3} = 2I - \frac{1}{3}.$$

Or, $I \geq \frac{1}{3}$. Par conséquent,
$$\int_0^1 [f(x)]^2 dx \geq 2 \cdot \frac{1}{3} - \frac{1}{3} = \frac{1}{3}.$$

Solution de l'Exercice 3.

Étant donné un réel λ strictement positif, soit dans l'espace un triangle ABC rectangle en A tel que $AB = 2\lambda$ et $AC = \lambda$.

1.

Soit G le barycentre des points A, B et C affectés des coefficients 3, -1 et 2. Alors,
$$3\overrightarrow{GA} - \overrightarrow{GB} + 2\overrightarrow{GC} = \overrightarrow{0}.$$

Cependant,
$$\begin{aligned} 3\overrightarrow{GA} - \overrightarrow{GB} + 2\overrightarrow{GC} &= 3\overrightarrow{GA} - \left(\overrightarrow{GA} + \overrightarrow{AB}\right) + 2\left(\overrightarrow{GA} + \overrightarrow{AC}\right) \\ &= 3\overrightarrow{GA} - \overrightarrow{GA} + 2\overrightarrow{GA} - \overrightarrow{AB} + 2\overrightarrow{AC} \\ &= 4\overrightarrow{GA} + \overrightarrow{AC} + \overrightarrow{BA} + \overrightarrow{AC} \\ &= -4\overrightarrow{AG} + \overrightarrow{AC} + \overrightarrow{BC}. \end{aligned}$$

De ce fait, $-4\overrightarrow{AG} + \overrightarrow{AC} + \overrightarrow{BC} = \overrightarrow{0}$. D'où
$$-4\overrightarrow{AG} = -\overrightarrow{AC} - \overrightarrow{BC} = \overrightarrow{CA} + \overrightarrow{CB} \qquad \text{et} \qquad \overrightarrow{AG} = -\frac{1}{4}\left(\overrightarrow{CA} + \overrightarrow{CB}\right).$$

Or, il existe un unique point D tel que $\overrightarrow{CA} + \overrightarrow{CB} = \overrightarrow{CD}$. Ce point est l'un des deux points de rencontre du cercle de centre A et de rayon CB d'une part, et du cercle de centre B et de rayon CA d'autre part. Il s'agit précisément du point de rencontre de ces deux cercles, situé dans le demi-plan de frontière (AB), ne contenant pas C (voir le schéma 6.1 à la page 6.1). Ainsi, le segment $[CD]$ est l'une des diagonales du parallélogramme $ACBD$. Il coupe l'autre diagonale $[AB]$ en un point symbolisé ici par I. Alors, I est le milieu des segments $[CD]$ et $[AB]$. Donc,
$$\overrightarrow{CD} = 2\overrightarrow{CI} = -2\overrightarrow{IC}.$$

De ce fait,
$$\overrightarrow{AG} = -\frac{1}{4}\left(\overrightarrow{CA} + \overrightarrow{CB}\right) = -\frac{1}{4} \cdot -2\overrightarrow{IC} = \frac{1}{2}\overrightarrow{IC}$$

Il existe toutefois un unique point A' tel que $\overrightarrow{AA'} = \overrightarrow{IC}$. Ce point A' se construit avec une méthode analogue à celle employée pour la construction de D. Nous avons donc
$$\overrightarrow{AG} = \frac{1}{2}\overrightarrow{AA'}.$$

Ceci signifie que G est le milieu du segment $[AA']$. Pour construire ce milieu, il suffit de tracer la médiatrice de $[AA']$; elle passe par l'intersection des cercles de centres respectifs A et A', de même rayon ; elle est perpendiculaire à la droite (AA') en G. En particulier, le point C appartient à la médiatrice du segment $[AA']$, car
$$A'C = AI = \frac{1}{2} \cdot AB = \frac{1}{2} \cdot 2\lambda = \lambda = AC.$$

Ainsi, G est l'intersection de la droite (AA') et de sa perpendiculaire passant par C (voir schéma 6.1 ci-dessous).

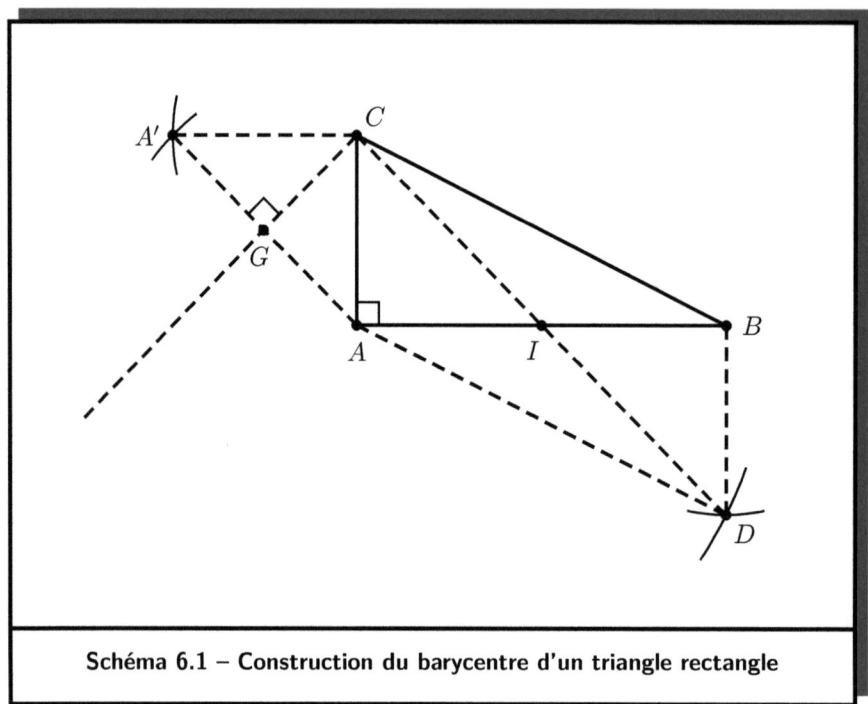

Schéma 6.1 – Construction du barycentre d'un triangle rectangle

2.

Soit (Γ) l'ensemble des points M de l'espace vérifiant
$$3MA^2 - MB^2 + 2MC^2 = 5\lambda^2.$$
Un calcul simple, mais fastidieux, montre que
$$3MA^2 - MB^2 + 2MC^2 = 4MG^2 + 3GA^2 - GB^2 + 2GC^2.$$
À ce compte-là, en posant $s = 3GA^2 - GB^2 + 2GC^2$, nous obtenons
$$\begin{cases} -AB^2 + 2AC^2 = 4GA^2 + s, \\ 3AB^2 + 2BC^2 = 4GB^2 + s, \\ 3AC^2 - BC^2 = 4GC^2 + s, \end{cases}$$

c'est-à-dire
$$\begin{cases} 4GA^2 = -AB^2 + 2AC^2 - s, \\ 4GB^2 = 3AB^2 + 2BC^2 - s, \\ 4GC^2 = 3AC^2 - BC^2 - s. \end{cases}$$

Il en résulte que

$$4s = 4(3GA^2 - GB^2 + 2GC^2) = 3(4GA^2) - (4GB^2) + 2(4GC^2)$$
$$= -3AB^2 + 6AC^2 - 3s - 3AB^2 - 2BC^2 + s + 6AC^2 - 2BC^2 - 2s$$
$$= -6AB^2 + 12AC^2 - 4BC^2 - 4s,$$

puis
$$8s = 2(-3AB^2 + 6AC^2 - 2BC^2)$$
et
$$s = \frac{1}{4}(-3AB^2 + 6AC^2 - 2BC^2).$$

Or, d'après le théorème de PYTHAGORE, $BC^2 = AB^2 + AC^2$. D'où

$$s = \frac{1}{4}\left(-3AB^2 + 6AC^2 - 2AB^2 - 2AC^2\right) = \frac{1}{4}(-5AB^2 + 4AC^2)$$
$$= \frac{1}{4}(-5 \cdot 4\lambda^2 + 4\lambda^2) = -4\lambda^2.$$

Tout compte fait,
$$3MA^2 - MB^2 + 2MC^2 = 4MG^2 - 4\lambda^2.$$

Donc, un point M appartient à (Γ) si et seulement si
$$4MG^2 - 4\lambda^2 = 5\lambda^2,$$

c'est-à-dire $4GM^2 = 9\lambda^2$ ou $GM = \frac{3}{2}\lambda$. De ce fait, (Γ) est la sphère de centre G et de rayon $\frac{3}{2}\lambda$.

3.

Soit l'espace rapporté à un repère orthonormé $\left(A, \vec{i}, \vec{j}, \vec{k}\right)$. Nous considérons du reste les points $B(0, 4, 0)$ et $C(0, 0, 2)$.

(a) Par définition, $\overrightarrow{AB} = 4\overrightarrow{j}$ et $\overrightarrow{AC} = 2\overrightarrow{k}$. En outre, nous avons montré plus haut que

$$4\overrightarrow{AG} = \overrightarrow{AC} + \overrightarrow{BC} = \overrightarrow{AC} + \overrightarrow{BA} + \overrightarrow{AC} = -\overrightarrow{AB} + 2\overrightarrow{AC}.$$

De ce fait,

$$\overrightarrow{AG} = \frac{1}{4}\left(-\overrightarrow{AB} + 2\overrightarrow{AC}\right) = \frac{1}{4}\left(-4\overrightarrow{j} + 4\overrightarrow{k}\right) = -\overrightarrow{j} + \overrightarrow{k}.$$

Par conséquent, $G(0, -1, 1)$.

(b) Le produit vectoriel de $\overrightarrow{AB}$ et $\overrightarrow{AC}$ est déterminé par

$$\overrightarrow{AB} \wedge \overrightarrow{AC} = \begin{vmatrix} 4 & 0 \\ 0 & 2 \end{vmatrix} \cdot \overrightarrow{i} + \begin{vmatrix} 0 & 2 \\ 0 & 0 \end{vmatrix} \cdot \overrightarrow{j} + \begin{vmatrix} 0 & 0 \\ 4 & 0 \end{vmatrix} \cdot \overrightarrow{k} = 8\overrightarrow{i}.$$

Le vecteur $\overrightarrow{i}$ est donc normal au plan (ABC). Ce dernier a de ce fait pour équation $x + d = 0$, où $d \in \mathbb{R}$. Puisque $A(0, 0, 0) \in (ABC)$, il en résulte que $d = 0$. Par conséquent,

$$(ABC) : x = 0.$$

Par ailleurs, un point $M(x, y, z)$ appartient à (Γ), la sphère de centre G et de rayon $\frac{3}{2}\lambda$, si et seulement si

$$x^2 + \left(y - (-1)\right)^2 + (z - 1)^2 = \frac{9}{4}\lambda^2.$$

Cependant, $\lambda = AC = \left\|\overrightarrow{AC}\right\| = \sqrt{0^2 + 0^2 + 2^2} = 2$. Ainsi, $M(x, y, z) \in (\Gamma)$ si et seulement si

$$x^2 + (y + 1)^2 + (z - 1)^2 = 9.$$

(c) Le centre G de la sphère (Γ) appartient au plan (ABC). Par conséquent, $(ABC) \cap (\Gamma)$ est le cercle de centre G et de même rayon que (Γ), c'est-à-dire 3. En effet, G est le projeté orthogonal de G sur (ABC), et donc, $d\bigl(G, (ABC)\bigr) = 0$.

Solution de l'Exercice 4.

Soit α un réel de l'intervalle $]0, \frac{\pi}{2}[$. Le plan complexe orienté est rapporté à un repère orthonormé $(O, \vec{u}, \vec{v})$, et $\mathbb{C}$ désigne l'ensemble des nombres complexes.

1.

Soient z_1 et z_2 les solutions de l'équation
$$z^2 \cos^2 \alpha - z \sin 2\alpha + 1 = 0$$
dans $\mathbb{C}$. Précisément, z_1 désigne la solution dont la partie imaginaire est positive. Le discriminant de cette équation est

$$\Delta = (-\sin 2\alpha)^2 - 4\cos^2 \alpha = \sin^2 2\alpha - 4\cos^2 \alpha = 4\sin^2 \alpha \cos^2 \alpha - 4\cos^2 \alpha$$
$$= 4\cos^2 \alpha (\sin^2 \alpha - 1).$$

Or, $1 = \cos^2 \alpha + \sin^2 \alpha$ et $-\cos^2 \alpha = \sin^2 \alpha - 1$. Donc,

$$\Delta = -4\cos^4 \alpha = (2i \cos^2 \alpha)^2.$$

Ceci entraîne

$$z_1 = \frac{\sin 2\alpha + 2i \cos^2 \alpha}{2\cos^2 \alpha} = \frac{2\sin\alpha \cos\alpha + 2i \cos^2 \alpha}{2\cos^2 \alpha} = \frac{\sin\alpha}{\cos\alpha} + i = \tan\alpha + i$$
$$= \frac{1}{\cos\alpha}(\sin\alpha + i\cos\alpha)$$
$$= \frac{1}{\cos\alpha}\left(\cos\left(\frac{\pi}{2} - \alpha\right) + i\sin\left(\frac{\pi}{2} - \alpha\right)\right)$$
$$= \frac{1}{\cos\alpha} \cdot e^{i\left(\frac{\pi}{2} - \alpha\right)}$$

et

$$z_2 = \frac{\sin 2\alpha - 2i \cos^2 \alpha}{2\cos^2 \alpha} = \frac{2\sin\alpha \cos\alpha - 2i \cos^2 \alpha}{2\cos^2 \alpha} = \frac{\sin\alpha}{\cos\alpha} - i = \tan\alpha - i$$
$$= \frac{1}{\cos\alpha}(\sin\alpha - i\cos\alpha)$$
$$= \frac{1}{\cos\alpha}\left(\cos\left(\alpha - \frac{\pi}{2}\right) + i\sin\left(\alpha - \frac{\pi}{2}\right)\right)$$
$$= \frac{1}{\cos\alpha} \cdot e^{-i\left(\frac{\pi}{2} - \alpha\right)} = \overline{z_1}.$$

2.

Soient A et B le points d'affixes respectives z_1 et z_2. Alors,
$$OA = |z_1| = |\overline{z_1}| = |z_2| = OB.$$

Le triangle OAB est par conséquent isocèle en O.

3.

(a) L'affixe d'un point quelconque M du plan complexe étant symbolisée par z_M, nous avons
$$\text{Mes}\left(\widehat{\overrightarrow{OB}, \overrightarrow{OA}}\right) \equiv \arg\left(\frac{z_A - z_O}{z_B - z_O}\right) \,[\text{mod } 2\pi].$$

Toutefois,
$$\frac{z_A - z_O}{z_B - z_O} = \frac{z_1}{z_2} = \frac{\frac{1}{\cos\alpha} \cdot e^{i\left(\frac{\pi}{2} - \alpha\right)}}{\frac{1}{\cos\alpha} \cdot e^{i\left(\alpha - \frac{\pi}{2}\right)}} = e^{i\left(\frac{\pi}{2} - \alpha - \alpha + \frac{\pi}{2}\right)} = e^{i(\pi - 2\alpha)}.$$

Par conséquent,
$$\text{Mes}\left(\widehat{\overrightarrow{OB}, \overrightarrow{OA}}\right) \equiv \pi - 2\alpha \,[\text{mod } 2\pi].$$

(b) Le triangle OAB est isocèle en O. De ce fait,
$$\left(\widehat{\overrightarrow{AO}, \overrightarrow{AB}}\right) = \left(\widehat{\overrightarrow{BA}, \overrightarrow{BO}}\right).$$

Au demeurant, la somme $\left(\widehat{\overrightarrow{OB}, \overrightarrow{OA}}\right) + \left(\widehat{\overrightarrow{AO}, \overrightarrow{AB}}\right) + \left(\widehat{\overrightarrow{BA}, \overrightarrow{BO}}\right)$ est égale à l'angle plat $\left(\widehat{\overrightarrow{OB}, \overrightarrow{BO}}\right)$. Il en résulte que
$$\text{Mes}\left(\widehat{\overrightarrow{OB}, \overrightarrow{OA}}\right) + \text{Mes}\left(\widehat{\overrightarrow{AO}, \overrightarrow{AB}}\right) + \text{Mes}\left(\widehat{\overrightarrow{BA}, \overrightarrow{BO}}\right) \equiv \pi \,[\text{mod } 2\pi].$$

Donc,
$$\pi - 2\alpha + 2 \cdot \text{Mes}\left(\widehat{\overrightarrow{BA}, \overrightarrow{BO}}\right) \equiv \pi \,[\text{mod } 2\pi].$$

Il s'ensuit que
$$\text{Mes}\left(\widehat{\overrightarrow{BA}, \overrightarrow{BO}}\right) \equiv \alpha \,[\text{mod } 2\pi].$$

4.

L'équation différentielle
$$(\cos^2 \alpha)^2 f'' - (\sin 2\alpha) f' + f = 0 \tag{†}$$
a pour équation caractéristique
$$z^2 \cos^2 \alpha - z \sin 2\alpha + 1 = 0.$$
Cette dernière admet deux racines complexes conjuguées, à savoir $\tan \alpha + i$ et $\tan \alpha - i$. De ce fait, les solutions de (†) sont les fonctions
$$\varphi_{\lambda,\mu} : \mathbb{R} \to \mathbb{R}, \quad x \mapsto (\lambda \cos x + \mu \sin x) e^{x \tan \alpha},$$
où λ et μ sont des constantes réelles. Par ailleurs,
$$\varphi'_{\lambda,\mu}(x) = (\lambda \cos x + \mu \sin x)' e^{x \tan \alpha} + (\lambda \cos x + \mu \sin x)\left(e^{x \tan \alpha}\right)'$$
$$= (-\lambda \sin x + \mu \cos x) e^{x \tan \alpha} + (\lambda \cos x + \mu \sin x) e^{x \tan \alpha} \cdot \tan \alpha$$
pour chaque réel x. En particulier, nous avons
$$\varphi_{\lambda,\mu}(0) = \lambda \quad \text{et} \quad \varphi'_{\lambda,\mu}(0) = \mu + \lambda \tan \alpha.$$
Par conséquent, $\varphi_{\lambda,\mu}(0) = 1$ et $\varphi'_{\lambda,\mu}(0) = -\tan \alpha$ si et seulement si
$$\lambda = 1 \quad \text{et} \quad \mu + \tan \alpha = -\tan \alpha,$$
c'est-à-dire $\lambda = 1$ et $\mu = -2 \tan \alpha$. Ainsi, la solution f de l'équation différentielle (†) vérifiant $f(0) = 1$ et $f'(0) = -\tan \alpha$ est définie par
$$f(x) = (\cos x - 2 \tan \alpha \cdot \sin x) e^{x \tan \alpha}.$$

Solution du Problème.

Dans ce problème, f est la fonction définie dans l'intervalle $]-2, +\infty[$ par
$$f(x) = \ln(x+2),$$
tandis que g est la fonction définie dans l'intervalle $]0, +\infty[$ par
$$g(x) = \ln x.$$

Par ailleurs, soient $(\mathcal{C}_f)$ et $(\mathcal{C}_g)$ les courbes représentatives de f et g dans un repère orthonormé ; l'unité de longueur des axes étant égal à 2 cm. En outre, soit $(\mathcal{D})$ la droite d'équation $y = x$ dans le repère précédent. De plus, soient $(U_n)_{n \in \mathbb{N}}$ et $(V_n)_{n \in \mathbb{N}}$ les suites numériques définies par $U_0 = 1$ et $U_{n+1} = f(U_n)$ pour chaque $n \in \mathbb{N}$, puis $V_0 = 2$ et $V_{n+1} = f(V_n)$ pour tout $n \in \mathbb{N}$.

1.

(a) La fonction f admet des limites aux bornes de son ensemble de définition. Notamment,

$$\lim_{x \to -2^+} f(x) = \lim_{x \to -2^+} \ln(x+2) = -\infty$$

et

$$\lim_{x \to +\infty} f(x) = \lim_{x \to +\infty} \ln(x+2) = +\infty.$$

La fonction f est du reste dérivable sur son ensemble de définition, en tant que composée du logarithme népérien et d'une fonction polynôme. Par ailleurs,

$$f'(x) = \frac{(x+2)'}{x+2} = \frac{1}{x+2} > 0$$

pour chaque réel x de l'intervalle $]2, +\infty[$. Ces faits sont compilés dans le tableau de variation suivant.

x	-2		$+\infty$
$f'(x)$		$+$	
$f(x)$	$-\infty$	$\nearrow$	$+\infty$

Le tableau de variation de g, le logarithme népérien, a été dressé dans le cours. Il est repris ci-dessous.

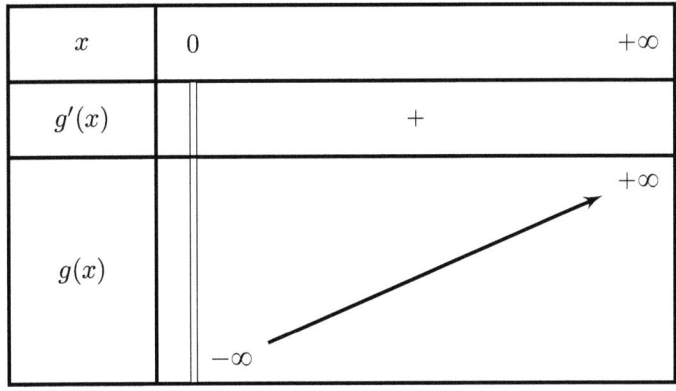

(b) Pour déterminer l'intersection de la courbe $(\mathcal{C}_f)$ et de la droite $(\mathcal{D})$ d'équation $y = x$, il sied d'étudier la fonction h définie par

$$h(x) = f(x) - x.$$

Alors,
$$D_h = D_f =]-2, +\infty[.$$

En outre,
$$\lim_{x \to -2^+} h(x) = \lim_{x \to -2^+} \big[\ln(x+2) - x\big] = -\infty$$

et
$$\lim_{x \to +\infty} h(x) = \lim_{x \to +\infty} x \left[\frac{x+2}{x} \cdot \frac{\ln(x+2)}{x+2} - 1\right] = +\infty \cdot (1 \times 0 - 1) = -\infty.$$

Par ailleurs, h est dérivable sur D_h et

$$h'(x) = f'(x) - 1 = \frac{1}{x+2} - 1 = -\frac{x+1}{x+2}$$

pour chaque $x \in]-2, +\infty[$. La dérivée de h s'annule donc en -1. Elle est cependant strictement positive sur l'intervalle $]-2, -1[$ et strictement négative sur $]-1, +\infty[$. De plus,

$$h(-1) = \ln(-1+2) - (-1) = 1.$$

Ces informations sont synthétisées dans le tableau de variation suivant.

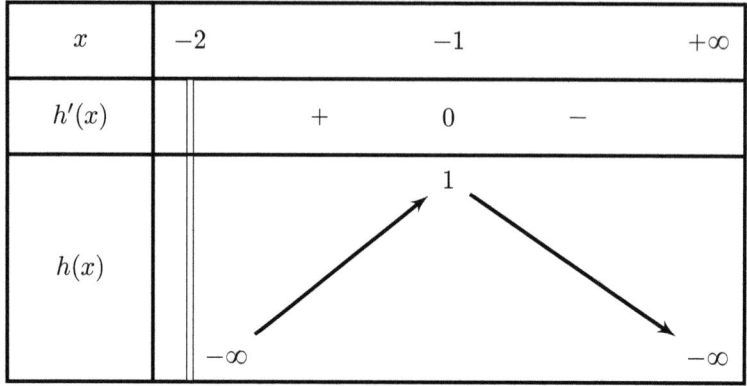

Ce tableau de variation montre que la fonction h à deux racines x_1 et x_2. Celles-ci correspondent aux abscisses des points M_1 et M_2 de rencontre de la courbe $(\mathcal{C}_f)$ et de la droite $(\mathcal{D})$.

Au demeurant, la fonction h est strictement croissante sur $]-2,-1]$. Puisque $h(1) = 1 > 0 = h(x_1)$, il en résulte que $-2 < x_1 < -1$. Dans le même esprit, la fonction h est strictement décroissante sur $[-1, +\infty[$. Dans la mesure où

$$h(1) = \ln(1+2) - 1 = \ln 3 - \ln e > 0 = h(x_2)$$

et

$$h(2) = \ln(2+2) - 2 = 2\ln 2 - 2 = 2(\ln 2 - 1) < 0 = h(x_2),$$

il s'ensuit que $1 < x_2 < 2$.

(c) Le signe de h est donné comme suit :

$$\begin{cases} h(x) < 0 \text{ si } x \in \,]-2, x_1[, \\ h(x) > 0 \text{ si } x \in \,]x_1, x_2[, \\ h(x) < 0 \text{ si } x \in \,]x_2, +\infty[. \end{cases}$$

Ainsi, $(\mathcal{C}_f)$ est en dessous de $(\mathcal{D})$ lorsque $x \in \,]-2, x_1[\,\cup\,]x_2, +\infty[$, tandis que $(\mathcal{C}_f)$ est au dessus de $(\mathcal{D})$ si $x \in \,]x_1, x_2[$.

(d) La courbe $(\mathcal{C}_f)$ admet deux branches infinies : l'une en -2 à droite et l'autre en $+\infty$. Précisément, la droite d'équation $x = -2$ est asymptote à

$(\mathcal{C}_f)$ en -2 à droite. De plus, $(\mathcal{C}_f)$ admet en $+\infty$ une branche parabolique de direction $\left(O, \vec{i}\right)$, l'axe des abscisses, car
$$\lim_{x \to +\infty} f(x) = +\infty$$
et
$$\lim_{x \to +\infty} \frac{f(x)}{x} = \lim_{x \to +\infty} \frac{x+2}{x} \cdot \frac{\ln(x+2)}{x+2} = 1 \times 0 = 0.$$

La nature des deux branches infinies de la fonction g, le logarithme népérien, est connue. Notamment, la droite d'équation $x = 0$, l'axe des ordonnées, est asymptote verticale à $(\mathcal{C}_g)$ en 0 à droite, tandis que $(\mathcal{C}_g)$ admet en $+\infty$ une branche parabolique de direction $\left(O, \vec{i}\right)$, l'axe des abscisses.

Les courbes $(\mathcal{C}_f)$ et $(\mathcal{C}_g)$, puis la droite $(\mathcal{D})$, sont tracées ci-dessous sur le schéma 6.2 à la page 162. L'unité employée est $2\,\text{cm}$ sur chacun des axes du repère orthonormé $\left(O, \vec{i}, \vec{j}\right)$.

2.

Pour tout $x \in\,]-2, +\infty[$, nous avons
$$f(x) = g\bigl(x - (-2)\bigr) + 0.$$
De ce fait, la courbe $(\mathcal{C}_f)$ est l'image de $(\mathcal{C}_g)$ par la translation de vecteur $-2\vec{i}$.

3.

Soit (Γ) la partie du plan délimitée par les droites d'équations respectives $x = -1$ et $x = 1$, puis par la courbe $(\mathcal{C}_f)$ et la droite $(\mathcal{D})$ (voir la partie grisée du schéma 6.2). Nous désignons par $\mathfrak{a}$ l'aire de la partie (Γ). Alors,
$$\mathfrak{a} = \left\|\vec{i}\right\| \cdot \left\|\vec{j}\right\| \cdot \int_{-1}^{1} \bigl(f(x) - x\bigr)dx = 4\int_{-1}^{1} \bigl(\ln(x+2) - x\bigr)dx.$$
Donc,
$$\frac{\mathfrak{a}}{4} = \int_{-1}^{1} \ln(x+2)dx - \int_{-1}^{1} x\,dx.$$
Puisque la fonction identité est impaire, nous avons
$$\int_{-1}^{1} x\,dx = 0.$$

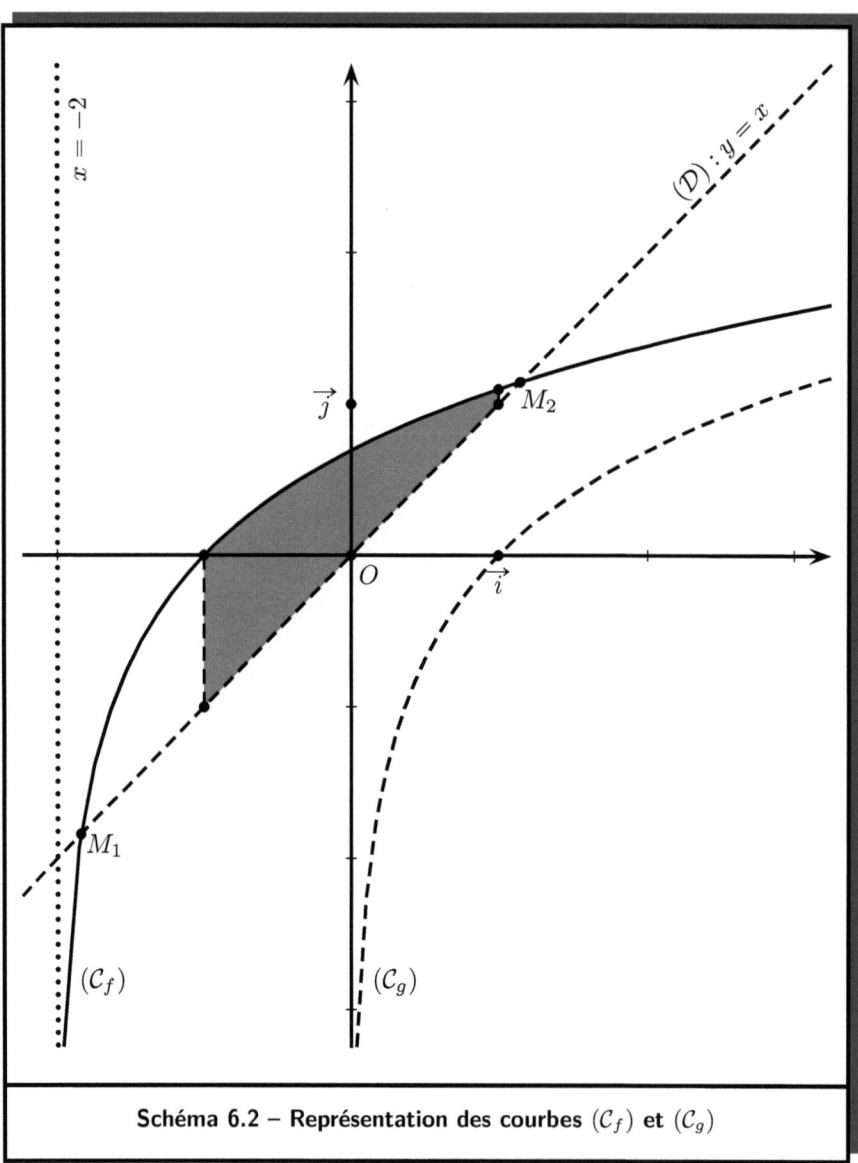

Schéma 6.2 – Représentation des courbes $(\mathcal{C}_f)$ et $(\mathcal{C}_g)$

Ceci induit
$$\frac{\mathfrak{a}}{4} = \int_{-1}^{1} \ln(x+2)dx.$$

Nous considérons maintenant les fonctions u et v définies par
$$u(x) = \ln(x+2) \quad \text{et} \quad v(x) = x.$$

Alors,
$$u'(x) = \frac{1}{x+2} \quad \text{et} \quad v'(x) = 1,$$

puis
$$\frac{\mathfrak{a}}{4} = \int_{-1}^{1} u(x)v'(x)dx.$$

Eu égard à la règle d'intégration par parties, il en résulte que
$$\frac{\mathfrak{a}}{4} = \Big[u(x)v(x)\Big]_{-1}^{1} - \int_{-1}^{1} u'(x)v(x)dx = \Big[x\ln(x+2)\Big]_{-1}^{1} - \int_{-1}^{1} \frac{x}{x+2}dx$$
$$= \ln 3 + \ln 1 - \int_{-1}^{1} \frac{x+2-2}{x+2}dx.$$

En outre,
$$\int_{-1}^{1} \frac{x+2-2}{x+2}dx = \int_{-1}^{1} \left(1 - \frac{2}{x+2}\right)dx = \Big[x - 2\ln|x+2|\Big]_{-1}^{1}$$
$$= 1 - 2\ln 3 - (-1 - 2\ln 1) = 2 - 2\ln 3.$$

D'où $\frac{\mathfrak{a}}{4} = \ln 3 - 2 + 2\ln 3 = -2 + 3\ln 3$. Par conséquent,
$$\mathfrak{a} = 4(-2 + 3\ln 3)\,\text{cm}^2.$$

4.

Soient α et β des réels tels que $x_1 < \alpha < x_2 < \beta$. Alors,
$$f(x_1) < f(\alpha) < f(x_2) < f(\beta),$$

car la fonction f est strictement croissante sur son ensemble de définition. Par ailleurs, $f(x_1) = x_1$ et $f(x_2) = x_2$. De ce fait,
$$x_1 < f(\alpha) < x_2 < f(\beta).$$

5.

(a) Montrons par récurrence que la suite $(U_n)_{n\in\mathbb{N}}$ est croissante. À cet effet, remarquons d'abord que

$$U_1 = f(U_0) = f(1) = \ln(1+2) = \ln 3 > \ln e = 1 = U_0.$$

Ensuite, supposons que $U_n \leqslant U_{n+1}$ pour un entier naturel n quelconque. Alors, $f(U_n) \leqslant f(U_{n+1})$, car la fonction f est strictement croissante. Ainsi, $U_n \leqslant U_{n+1}$ induit $U_{n+1} \leqslant U_{n+2}$. Ceci permet de conclure que $U_n \leqslant U_{n+1}$ pour tout entier naturel n. En d'autres termes, la suite $(U_n)_{n\in\mathbb{N}}$ est croissante.

(b) De manière analogue à ce qui précède, nous établissons ici la décroissance de la suite $(V_n)_{n\in\mathbb{N}}$. Pour le faire, constatons que

$$V_1 = f(V_0) = f(2) = \ln(2+2) = \ln 2^2 = 2\ln 2 < 2\ln e = 2 = V_0.$$

Maintenant, supposons que $V_{n+1} \leqslant V_n$ pour un entier naturel n donné. Alors,

$$V_{n+2} = f(V_n) \leqslant f(V_n) = V_{n+1},$$

puisque la fonction f est décroissante. Par conséquent, la suite $(V_n)_{n\in\mathbb{N}}$ est décroissante.

(c) La suite $(U_n)_{n\in\mathbb{N}}$ étant croissante, nous avons $U_0 \leqslant U_n$, c'est-à-dire $1 \leqslant U_n$ pour chaque $n \in \mathbb{N}$. Du reste, $U_0 = 1 < x_2$ (voir la question **1.b**). De plus, $U_n < x_2$ pour un entier naturel n quelconque, alors $f(U_n) < f(x_2) = x_2$, car f est strictement croissante. Donc, $U_2 < x_2$ entraîne $U_{n+1} < x_2$. Par conséquent, $1 \leqslant U_n < x_2$ pour tout $n \in \mathbb{N}$.

Nous avons $V_n \leqslant V_0 = 2$ pour chaque $n \in \mathbb{N}$, puisque la suite $(V_n)_{n\in\mathbb{N}}$ est décroissante. Il est au demeurant notoire que $x_2 < 2 = V_0$. En outre, si $x_2 < V_n$ pour un $n \in \mathbb{N}$, alors $x_2 < V_n \leqslant 2$ pour chaque $n \in \mathbb{N}$.

Tout compte fait,
$$1 \leqslant U_n < x_2 < V_n \leqslant 2$$
pour tout nombre entier naturel n.

6.

Soit l'intervalle $I = [1, 2]$.

(a) Soit $x \in I$. Alors,
$$3 \leqslant x+2 \leqslant 4 \quad \text{et} \quad \frac{1}{4} \leqslant \frac{1}{x+2} \leqslant \frac{1}{3}.$$

Ceci signifie que $\frac{1}{4} \leqslant f'(x) \leqslant \frac{1}{3}$ pour tout $x \in I$.

(b) En vertu de l'inégalité des accroissements finis, le résultat de la question précédente entraîne
$$\frac{1}{4}(b-a) \leqslant f(b) - f(a) \leqslant \frac{1}{3}(b-a)$$

pour chaque couple $(a,b) \in I^2$ tel que $a < b$. Cela est valable pour tout couple (U_n, V_n) lorsque $n \in \mathbb{N}$, car $1 \leqslant U_n < V_n \leqslant 2$. Ainsi,
$$\frac{1}{4}(V_n - U_n) \leqslant f(V_n) - f(U_n) \leqslant \frac{1}{3}(V_n - U_n).$$

Or, $V_n - U_n > 0$. De ce fait, $\frac{1}{4}(V_n - U_n) > 0$, puis
$$0 < f(V_n) - f(U_n) \leqslant \frac{1}{3}(V_n - U_n)$$

pour tout $n \in \mathbb{N}$.

7.

(a) À l'évidence, $0 < V_0 - U_0 = 2 - 1 = 1 \leqslant \left(\frac{1}{3}\right)^0$. Nous supposons maintenant que
$$0 < V_n - U_n < \left(\frac{1}{3}\right)^n$$

pour un entier naturel n quelconque. Alors,
$$0 < V_{n+1} - U_{n+1} = f(U_n) - f(V_n) \leqslant \frac{1}{3}(V_n - U_n) \leqslant \frac{1}{3} \cdot \left(\frac{1}{3}\right)^n = \left(\frac{1}{3}\right)^{n+1}.$$

Par conséquent,
$$0 < V_n - U_n \leqslant \left(\frac{1}{3}\right)^n$$

pour tout entier naturel n.

(b) La suite $(U_n)_{n\in\mathbb{N}}$ est croissante et majorée. Elle est donc convergente. Il en est de même pour la suite $(V_n)_{n\in\mathbb{N}}$ qui est décroissante et minorée. Soit

$$\lim_{n\to+\infty} U_n = \ell \quad \text{et} \quad \lim_{n\to+\infty} V_n = \ell'.$$

Alors,
$$\lim_{n\to+\infty} (V_n - U_n) = \ell' - \ell.$$

Cependant,
$$\lim_{n\to+\infty} \left(\frac{1}{3}\right)^n = 0.$$

Toutefois,
$$0 < V_n - U_n < \left(\frac{1}{3}\right)^n$$

pour tout $n \in \mathbb{N}$. Eu égard au théorème des gendarmes, il en résulte que

$$0 \leqslant \ell' - \ell \leqslant 0,$$

c'est-à-dire $\ell' - \ell = 0$ et $\ell' = \ell$. Les suites $(U_n)_{n\in\mathbb{N}}$ et $(V_n)_{n\in\mathbb{N}}$ ont donc la même limite ℓ.

Par ailleurs, nous avons $U_n < x_2 < V_n$ pour chaque $n \in \mathbb{N}$. Ceci induit

$$\lim_{n\to+\infty} U_n \leqslant x_2 \leqslant \lim_{n\to+\infty} V_n,$$

c'est-à-dire $\ell \leqslant x_2 \leqslant \ell$. Par conséquent, chacune des suites $(U_n)_{n\in\mathbb{N}}$ et $(V_n)_{n\in\mathbb{N}}$ converge vers x_2.

6.3. Notes et commentaires sur le sujet 2013

Dans ce sujet, comme dans celui de la Session 2011, il est question de déterminer l'intersection d'un plan et d'une sphère. Cette question est posée au point **(3.c)** de l'Exercice 3. La solution proposée ici est conforme aux principes exposés à la page 35 et à la suivante.

Au demeurant, la construction d'un barycentre des trois sommets d'un triangle rectangle est le challenge de la première question de l'Exercice 3. Celle présentée ici est basée sur des techniques de dessin, avec la règle et le compas, des entités géométriques suivantes : parallélogramme, médiatrice et milieu d'un segment.

Construction d'un parallélogramme.

Soient P, Q et R des points non alignés du plan euclidien. Alors, il existe un unique point S tel que $PQRS$ soit un parallélogramme. De toute évidence, ce point appartient au cercle de centre P et de rayon QR, ainsi qu'au cercle de centre R et de rayon PQ. Ces cercles ont exactement deux points en commun, situés de part et d'autre de la droite (PR). Le point S recherché est celui contenu dans le demi-plan de frontière (PR) ne contenant pas Q.

Ces enseignements découlent de l'étude générale de l'intersection de deux cercles, exposée notamment dans l'ouvrage [2] de la bibliographie. Ils permettent de dessiner le parallélogramme $PQRS$ avec une règle et un compas. Précisément, avec le compas, on trace d'abord le cercle de centre P et de rayon QR, puis le cercle de centre R et de rayon PQ. Ensuite, on marque leur point commun S dans le demi-plan de frontière (PR) ne contenant pas Q. Enfin, avec la règle, on trace les segments du parallélogramme (voir le schéma 6.3 ci-dessous).

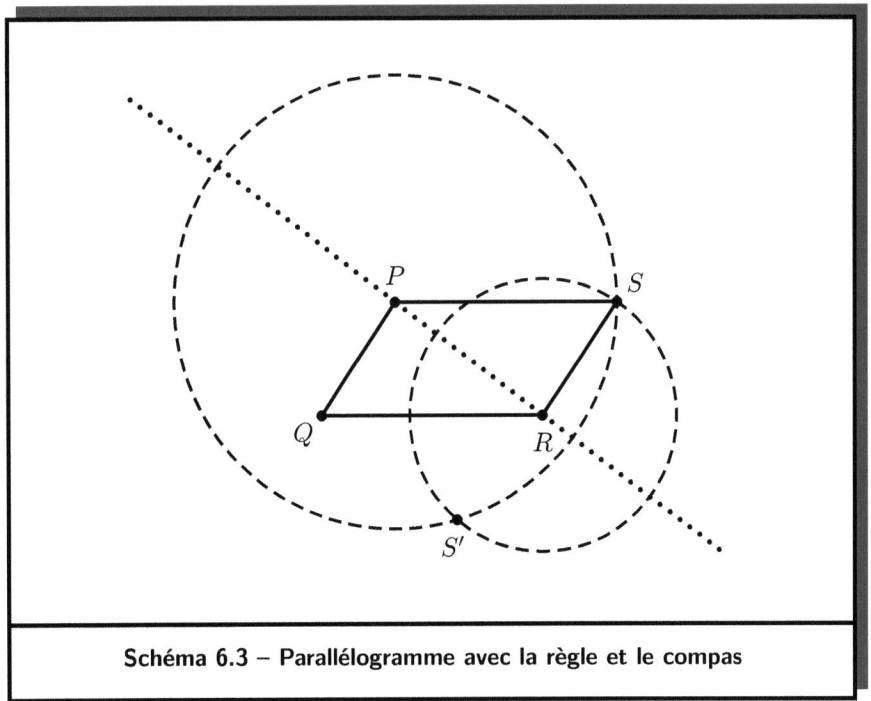

Schéma 6.3 – Parallélogramme avec la règle et le compas

Dans le plan euclidien muni d'un repère cartésien, soient P, Q, R et S des points tels que trois d'entre eux sont non alignés. Alors, $PQRS$ est un parallélogramme si et seulement si $\overrightarrow{PQ} = \overrightarrow{SR}$ ou $\overrightarrow{PS} = \overrightarrow{QR}$.

Donc, étant donné des points A, I et C non alignés, le point A' vérifiant $\overrightarrow{AA'} = \overrightarrow{IC}$ est l'unique point tel que $AICA'$ soit un parallélogramme. Ce fait a été exploité dans la solution de la première question de l'Exercice 3 pour dessiner ce point A', conformément à la procédure décrite dans le paragraphe introductif de cette section.

Dans le même esprit, considérant des points non alignés A, B et C, ainsi qu'un point quelconque D, nous avons $\overrightarrow{CD} = \overrightarrow{CA} + \overrightarrow{AD}$. Ainsi, l'égalité

$$\overrightarrow{CA} + \overrightarrow{CB} = \overrightarrow{CD} \tag{$\diamond$}$$

équivaut à $\overrightarrow{CA} + \overrightarrow{AD} = \overrightarrow{CA} + \overrightarrow{CB}$, c'est-à-dire $\overrightarrow{AD} = \overrightarrow{CB}$. Par conséquent, l'égalité ($\diamond$) est valide si et seulement si $ACBD$ est un parallélogramme. Ceci est le fondement de la construction du point D de la solution de la première question de l'Exercice 3.

Construction de la médiatrice et du milieu d'un segment.

Par définition, la médiatrice d'un segment est la droite perpendiculaire à ce segment en son milieu. Du reste, un point appartient à la médiatrice d'un segment $[AB]$ s'il est équidistant de A et de B. Par ailleurs, le cercle de centre A et de rayon AB partage exactement deux points avec le cercle de centre B et de rayon BA. Ce deux points appartiennent fatalement à la médiatrice du segment $[AB]$.

À ce compte-là, pour tracer la médiatrice d'un segment quelconque $[AB]$, il suffit de se munir d'une règle et d'un compas. Alors, dans un premier temps, à l'aide du compas, on représente le cercle de centre A et de rayon AB, ainsi que le cercle de centre B et de rayon BA. Dans un second temps, avec la règle, on trace la droite passant par les deux points communs à ces cercles. Cette droite est la médiatrice recherchée ; elle rencontre le segment en son milieu (voir le schéma 6.4 ci-dessous).

Le barycentre G de la première question de l'Exercice 3, reconnu comme étant le milieu du segment $[AA']$, est construit selon ce principe.

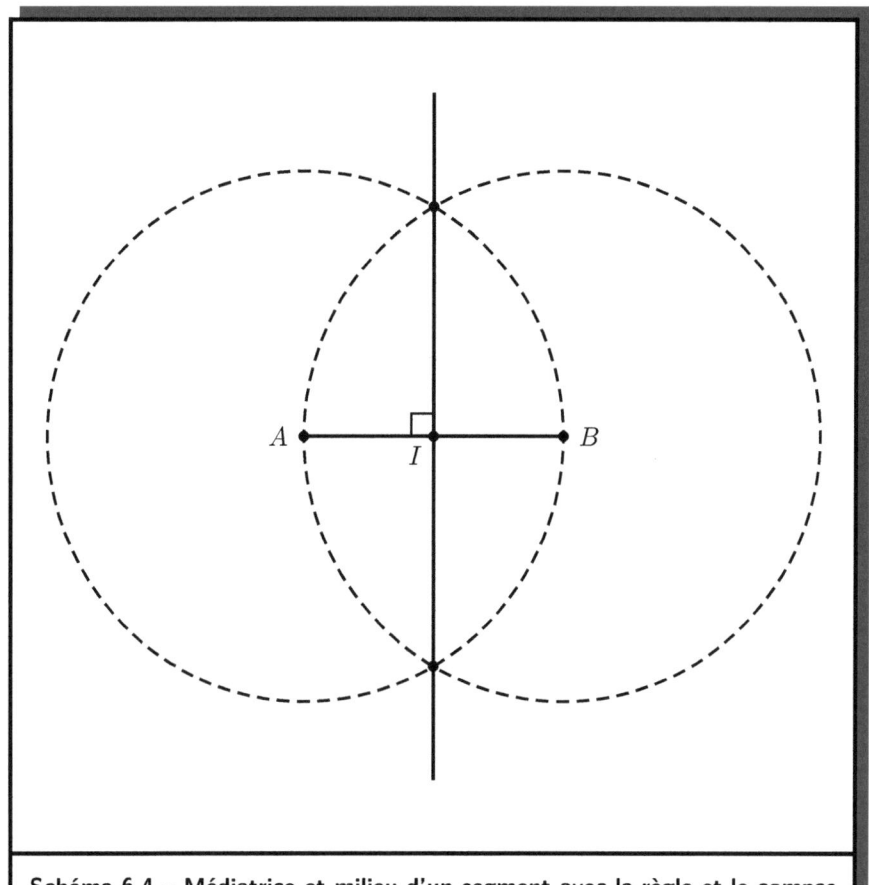

Schéma 6.4 – Médiatrice et milieu d'un segment avec la règle et le compas

Chapitre 7

Session 2014

7.1. Sujet 2014

Ce sujet se compose de trois exercices et d'un problème, tous obligatoires pour les séries C et E.

Exercice 1 : Volume d'un tétraèdre – Sphère et réflexion.

Dans l'espace muni d'un repère orthonormé direct $\left(O, \vec{i}, \vec{j}, \vec{k}\right)$, soient les points $A(1, -1, 0)$, $B(3, 0, 1)$, $C(1, 2, -1)$ et $D(1, 0, 0)$.

1. Démontrer que les points A, B, C et D ne sont pas coplanaires.
2. (a) Écrire une équation cartésienne du plan (ABC).
   (b) Calculer le volume du tétraèdre $ABCD$.
   (c) Déterminer l'expression analytique de la réflexion f par rapport au plan (ABC).
3. Soit $(\mathcal{S})$ la sphère de centre D passant par B. Déterminer la nature et les éléments caractéristiques de l'image $(\mathcal{S}')$ de $(\mathcal{S})$ par f.

Exercice 2 : Équations différentielles – Étude d'une fonction.

1. On considère les équations différentielles suivantes :
$$y'' - 4y' + 4y = 2\cos x + \sin x \quad (\mathbf{E})$$
et
$$y'' - 4y' + 4y = 0. \quad (\mathbf{E_0})$$

   (a) Déterminer les réels a et b pour lesquels la fonction g, définie pour tout réel x par $g(x) = a\cos x + b\sin x$, est solution de $(\mathbf{E})$.

   (b) Soit f une fonction deux fois dérivable sur $\mathbb{R}$. Montrer que f est une solution de $(\mathbf{E})$ si et seulement si $f - g$ est solution de $(\mathbf{E_0})$.

   (c) Résoudre l'équation $(\mathbf{E_0})$ est en déduire la forme générale des solutions de $(\mathbf{E})$.

2. Soit la fonction h définie dans l'intervalle $[0, \pi[$ par
$$h(x) = \frac{2}{5}\cos x - \frac{1}{5}\sin x.$$

   On désigne par $(\mathcal{C})$ sa courbe représentative dans un repère orthonormé $\left(O, \vec{i}, \vec{j}\right)$.

   (a) Calculer $h'(x)$ et $h''(x)$ pour tout $x \in [0, \pi[$.

   (b) Étudier les variations de h' sur $\left[\frac{\pi}{2}, \pi\right[$ et en déduire que l'équation $h'(x) = 0$ dans $\left[\frac{\pi}{2}, \pi\right[$ a une unique solution α avec $2{,}6 < \alpha < 2{,}7$.

   (c) Montrer que $h'(x) > 0$ si et seulement si $x \in]\alpha, \pi[$. Dresser alors le tableau de variation de h.

   (d) Tracer $(\mathcal{C})$ (prendre $\alpha = 2{,}6$ et $2{,}5\,\text{cm}$ pour unité de longueur sur les axes).

Exercice 3 : Encadrement et convergence d'une suite réelle.

1. Soit a un réel strictement positif.

   (a) Montrer que $1 - a < \dfrac{1}{1+a} < 1$.

   (b) Déduire que $a - \dfrac{a^2}{2} < \ln(1+a) < a$.

2. Soit n un entier naturel non nul. On pose
$$P_n = \left(1 + \frac{1}{n^2}\right)\left(1 + \frac{2}{n^2}\right)\cdots\left(1 + \frac{n}{n^2}\right).$$

(a) Justifier que $1^2 + 2^2 + 3^2 + \cdots + n^2 = \frac{1}{6}n(n+1)(2n+1)$.

(b) Montrer que
$$\frac{1}{2}\left(1 + \frac{1}{n}\right) - \frac{1}{12}\frac{(n+1)(2n+1)}{n^3} < \ln P_n < \frac{1}{2}\left(1 + \frac{1}{n}\right).$$

(c) Déduire que la suite $(P_n)_{n\in\mathbb{N}^*}$ converge et déterminer sa limite.

Problème : Inversion dans un cercle – Application non-linéaire.

Dans le plan $(\mathcal{P})$ rapporté à un repère orthonormé d'origine O, on considère l'application ψ définie par

$$\psi(O) = O \quad \text{et} \quad \psi(M) = M' \quad \text{avec} \quad \overrightarrow{OM'} = \frac{4}{OM^2}\cdot\overrightarrow{OM}$$

pour tout M du plan, distinct de O.

Partie A.

1.(a) Montrer que $\psi \circ \psi(M) = M$ pour tout point $M \in (\mathcal{P})$.

(b) Justifier que l'ensemble des points $M \in (\mathcal{P})$, distincts de O, tels que $\psi(M) = M$, est le cercle de centre O et de rayon 2.

Pour toute la suite, (d) désigne une droite du plan $(\mathcal{P})$, puis D un point donné de (d), distinct de O, tandis que $\vec{u}$ est un vecteur directeur de (d). De plus, on pose $\vec{e_2} = \frac{\vec{u}}{\|\vec{u}\|}$ et on suppose que le plan complexe est rapporté à un repère orthonormé $(O, \vec{e_1}, \vec{e_2})$. En outre, soit $\overrightarrow{OD} = a\vec{e_1} + b\vec{e_2}$.

2. Justifier que (d) est l'ensemble des points M d'affixe z satisfaisant $z = a + it$, où $t \in \mathbb{R}$.

3. Soient M et M' deux points de $(\mathcal{P})$, tous distincts de O, et d'affixes respectives z et z'.

(a) Montrer que $\psi(M) = M'$ si et seulement si $z' = \frac{4}{\bar{z}}$.

(b) En posant $\overrightarrow{OM} = a\overrightarrow{e_1} + t\overrightarrow{e_2}$ et $\overrightarrow{OM'} = x'\overrightarrow{e_1} + y'\overrightarrow{e_2}$. Montrer que $\psi(M) = M'$ si et seulement si
$$x' = \frac{4a}{a^2 + t^2} \quad \text{et} \quad y' = \frac{4t}{a^2 + t^2}.$$

(c) Vérifier que, dans ce cas,
$$\left(x' - \frac{2}{a}\right)^2 + (y')^2 = \frac{4}{a^2}.$$

(d) Déduire que, si M appartient à (d), alors $\psi(M)$ appartient au cercle $(\mathcal{C}_1)$ de diamètre $[OH']$, où H' est l'image par ψ du projeté orthogonal H de O sur (d).

4. Soit h l'application affine qui, à tout point $M(x, y)$, associe le point $M_1(x_1, y_1)$ tel que $x_1 = x$ et $y_1 = \frac{2}{3}y$. Montrer que l'image de $(\mathcal{C}_1)$ par h est une ellipse dont on donnera l'excentricité.

Partie B.

Dans le plan vectoriel $\overrightarrow{\mathcal{P}}$ associé à $(\mathcal{P})$, soit φ l'application telle que
$$\varphi(\overrightarrow{0}) = \overrightarrow{0} \quad \text{et} \quad \varphi(\overrightarrow{u}) = \frac{4}{\|\overrightarrow{u}\|^2}\overrightarrow{u} \quad \text{si} \quad \overrightarrow{u} \neq \overrightarrow{0}.$$

1. Soit $\overrightarrow{v}$ un vecteur non nul. Exprimer $\varphi\left(\frac{4}{\|\overrightarrow{v}\|^2}\overrightarrow{v}\right)$ en fonction de $\overrightarrow{v}$ et en déduire que φ n'est pas une application linéaire.

2. (a) Déterminer l'ensemble $\mathbf{inv}(\varphi)$ des vecteurs $\overrightarrow{u}$ de $\overrightarrow{\mathcal{P}}$ satisfaisant $\varphi(\overrightarrow{u}) = \overrightarrow{u}$.

(b) Soient $\overrightarrow{u_1}$ et $\overrightarrow{u_2}$ deux vecteurs de $\overrightarrow{\mathcal{P}}$ tels que
$$\|\overrightarrow{u_1}\| = \|\overrightarrow{u_2}\| = 2 \quad \text{et} \quad \text{Mes}(\widehat{\overrightarrow{u_1}, \overrightarrow{u_2}}) = \frac{\pi}{3}.$$

Calculer $\|\overrightarrow{u_1} + \overrightarrow{u_2}\|$ et en déduire que $\mathbf{inv}(\varphi)$ n'est pas un sous-espace vectoriel de $\overrightarrow{\mathcal{P}}$.

3. Soit $\mathbf{opp}(\varphi)$ l'ensemble des vecteurs $\overrightarrow{u}$ de $\overrightarrow{\mathcal{P}}$ tels que $\varphi(\overrightarrow{u}) = -\overrightarrow{u}$. Déterminer $\mathbf{opp}(\varphi)$ et montrer que $\mathbf{opp}(\varphi)$ est un sous-espace vectoriel de $\overrightarrow{\mathcal{P}}$.

7.2. Corrigé 2014

Solution de l'Exercice 1.

Dans l'espace muni d'un repère orthonormé direct $\left(O, \vec{i}, \vec{j}, \vec{k}\right)$, soient les points $A(1,-1,0)$, $B(3,0,1)$, $C(1,2,-1)$ et $D(1,0,0)$.

1.

Les vecteurs $\overrightarrow{AB}$, $\overrightarrow{AC}$ et $\overrightarrow{AD}$ sont déterminés comme suit :

$$\overrightarrow{AB} = (3-1)\vec{i} + (0-(-1))\vec{j} + (1-0)\vec{k} = 2\vec{i} + \vec{j} + \vec{k}$$

et

$$\overrightarrow{AB} = (1-1)\vec{i} + (2-(-1))\vec{j} + (-1-0)\vec{k} = 3\vec{j} - \vec{k},$$

puis

$$\overrightarrow{AD} = (1-1)\vec{i} + (0-(-1))\vec{j} + (0-0)\vec{k} = \vec{j}.$$

De ce fait,

$$\overrightarrow{AB} \wedge \overrightarrow{AC} = \begin{vmatrix} 1 & 3 \\ 1 & -1 \end{vmatrix} \cdot \vec{i} + \begin{vmatrix} 1 & -1 \\ 2 & 0 \end{vmatrix} \cdot \vec{j} + \begin{vmatrix} 2 & 0 \\ 1 & 3 \end{vmatrix} \cdot \vec{k}$$

$$= -4\vec{i} + 2\vec{j} + 6\vec{k} = -2\left(2\vec{i} - \vec{j} - 3\vec{k}\right) \neq \vec{0}.$$

Les points A, B et C sont donc non alignés, et définissent le plan (ABC). Au demeurant,

$$\left(\overrightarrow{AB} \wedge \overrightarrow{AC}\right) \cdot \overrightarrow{AD} = -4 \times 0 + 2 \times 1 + 6 \times 0 = 2 \neq 0.$$

Dans la mesure où le vecteur $\overrightarrow{AB} \wedge \overrightarrow{AC}$ est normal au plan (ABC), ceci induit que D n'appartient pas ce plan. Autrement dit, les points A, B, C et D ne sont pas coplanaires.

2.

(a) Un point $M(x,y,z)$ appartient au plan (ABC) si et seulement si $\left(\overrightarrow{AB} \wedge \overrightarrow{AC}\right) \cdot \overrightarrow{AD} = 0$, c'est-à-dire

$$-2 \cdot \left(2\vec{i} - \vec{j} - 3\vec{k}\right) \cdot \left[(x-1)\vec{i} + (y+1)\vec{j} + z\vec{k}\right] = 0.$$

Cependant,
$$\left(2\vec{i}-\vec{j}-3\vec{k}\right)\cdot\left[(x-1)\vec{i}+(y+1)\vec{j}+z\vec{k}\right]=2(x-1)-(y+1)-3z$$
$$=2x-y-3z-3.$$

De ce fait, le plan (ABC) a pour équation
$$2x-y-3z-3=0.$$

(b) Soit V le volume du tétraèdre $ABCD$, puis $\mathfrak{a}$ l'aire du triangle ABC et h la distance du point D au plan (ABC). Alors,
$$V=\frac{1}{3}\mathfrak{a}h.$$

Cependant,
$$\mathfrak{a}=\frac{1}{2}\cdot\left\|\overrightarrow{AB}\wedge\overrightarrow{AC}\right\|=\frac{1}{2}\cdot\left\|-2\cdot\left(2\vec{i}-\vec{j}-3\vec{k}\right)\right\|$$
$$=\frac{1}{2}\cdot 2\cdot\sqrt{2^2+(-1)^2+(-3)^2}$$
$$=\sqrt{14}.$$

De plus, pour tout vecteur normal $\vec{n}$ du plan (ABC), nous avons
$$h=\frac{\left|\vec{n}\cdot\overrightarrow{AD}\right|}{\|\vec{n}\|}.$$

En particulier,
$$h=\frac{\left|\left(2\vec{i}-\vec{j}-3\vec{k}\right)\cdot\vec{j}\right|}{\left\|2\vec{i}-\vec{j}-3\vec{k}\right\|}=\frac{|-1|}{\sqrt{2^2+(-1)^2+(-3)^2}}=\frac{1}{\sqrt{14}}.$$

Par conséquent,
$$V=\frac{1}{3}\mathfrak{a}h=\frac{1}{3}\cdot\sqrt{14}\cdot\frac{1}{\sqrt{14}}=\frac{1}{3}.$$

(c) Soit f la réflexion par rapport au plan (ABC). Du reste, soient des points $M(x,y,z)$ et $M'(x',y',z')$. Leur milieu étant désigné par I, nous avons

$I\left(\frac{x+x'}{2}, \frac{y+y'}{2}, \frac{z+z'}{2}\right)$. Rappelons nous ici que $\vec{n} = 2\vec{i} - \vec{j} - 3\vec{k}$ est un vecteur normal du plan (ABC). Ainsi, $M' = f(M)$ si et seulement si $\overrightarrow{MM'} = \lambda \cdot \vec{n}$ et si $I \in (ABC)$, c'est-à-dire

$$(x' - x, y' - y, z' - z) = \lambda \cdot (2, -1, -3) \qquad (*)$$

et

$$(x + x') - \frac{1}{2}(y + y') - \frac{3}{2}(z + z') - 3 = 0. \qquad (**)$$

L'égalité $(*)$ est équivalente à

$$(x', y', z') = (2\lambda + x, -\lambda + y, -3\lambda + z).$$

Il en résulte que

$$(x + x', y + y', z + z') = (2\lambda + 2x, -\lambda + 2y, -3\lambda + 2z)$$

et

$$\left(x + x', -\frac{1}{2}(y + y'), -\frac{3}{2}(z + z')\right) = \left(2\lambda + 2x, \frac{\lambda}{2} - y, \frac{9\lambda}{2} - 3z\right).$$

L'égalité $(**)$ entraîne de ce fait

$$7\lambda + 2x - y - 3z - 3 = 0,$$

puis

$$\lambda = \frac{1}{7}(-2x + y + 3z + 3).$$

Par conséquent,

$$x' = 2\lambda + x = \frac{1}{7}(-4x + 2y + 6z + 6) + \frac{1}{7}(7x) = \frac{1}{7}(3x + 2y + 6z + 6)$$

et

$$y' = -\lambda + y = \frac{1}{7}(2x - y - 3z - 3) + \frac{1}{7}(7x) = \frac{1}{7}(2x + 6y - 3z - 3),$$

puis

$$z' = -3\lambda + z = \frac{1}{7}(6x - 3y - 9z - 9) + \frac{1}{7}(7z) = \frac{1}{7}(6x - 3y - 2z - 9).$$

La réflexion f par rapport au plan (ABC) est donc donnée de manière analytique par
$$f : M(x, y, z) \mapsto M'(x', y', z'),$$
où
$$\begin{cases} x' = \frac{1}{7}(3x + 2y + 6z + 6), \\ y' = \frac{1}{7}(2x + 6y - 3z - 3), \\ z' = \frac{1}{7}(6x - 3y - 2z - 9). \end{cases}$$

3.

Soit $(\mathcal{S})$ la sphère de centre D passant par B, puis $(\mathcal{S}')$ l'image de $(\mathcal{S})$ par la réflexion f. Nous désignons du reste par D' l'image de D par f. Alors,
$$x_{D'} = \frac{1}{7}(3 \times 1 + 2 \cdot 0 + 6 \times 0 + 6) = \frac{9}{7}$$
et
$$y_{D'} = \frac{1}{7}(2 \times 1 + 6 \times 0 - 3 \times 0 - 3) = -\frac{1}{7},$$
puis
$$z_{D'} = \frac{1}{7}(6 \times 1 - 3 \times 0 - 2 \times 0 - 9) = -\frac{3}{7}.$$
En d'autres termes, $D'\left(\frac{9}{7}, -\frac{1}{7}, -\frac{3}{7}\right)$. Par ailleurs, $f(B) = B$, car $B \in (ABC)$. Donc, si un point M appartient à la sphère $(\mathcal{S})$, alors
$$DM = DB \quad \text{et} \quad f(D)f(M) = f(D)f(B),$$
c'est-à-dire $D'f(M) = D'B$, car la réflexion f, en tant qu'isométrie, conserve les distances dans l'espace. Ainsi, l'image par f de tout point de la sphère $(\mathcal{S})$ appartient à la sphère de centre D' et de rayon $D'B = f(D)f(B) = DB$. Nous considérons maintenant un point M' de cette dernière sphère. Alors, $D'M' = DB$. Or, la réflexion f est une bijection involutive. Ceci signifie que $f^{-1} = f$. Il existe donc un point M de l'espace tel que $M' = f(M)$. Alors, $f(M') = M$ et $f(D') = D$. De ce fait,
$$DM = f(D')f(M') = D'M' = DB.$$
Par conséquent, la sphère de centre D' et de rayon DB, c'est-à-dire la sphère de centre D' et passant par B, est contenue dans l'image de $(\mathcal{S})$ par f. Ceci induit, tout compte fait, que $(\mathcal{S}')$ est la sphère de centre D' et de rayon $D'B = DB = \sqrt{(1-3)^2 + (0-0)^2 + (0-1)^2} = \sqrt{5}$.

Solution de l'Exercice 2.

1.

Soient les équations différentielles suivantes :
$$y'' - 4y' + 4y = 2\cos x + \sin x \quad (\mathbf{E})$$

et
$$y'' - 4y' + 4y = 0. \quad (\mathbf{E_0})$$

(a) Considérons la fonction g, définie pour chaque nombre réel x, par $g(x) = a\cos x + b\sin x$, où a et b sont des constantes réelles. Alors,
$$g'(x) = -a\sin x + b\cos x \quad \text{et} \quad g''(x) = -a\cos x - b\sin x.$$

De ce fait,
$$g''(x) - 4g'(x) + 4g(x) = (-a - 4b + 4a)\cos x + (-b + 4a + 4b)\sin x$$
$$= (3a - 4b)\cos x + (4a + 3b)\sin x$$

pour chaque réel x. Ainsi, la fonction g est une solution de $(\mathbf{E})$ si et seulement si le couple (a, b) est solution du système d'équation suivant :
$$\begin{cases} 3a - 4b = 2, \\ 4a + 3b = 1. \end{cases}$$

Pour s'en convaincre, il suffit de remplacer x par 0, puis par $\frac{\pi}{2}$. Par conséquent,

$$a = \frac{\begin{vmatrix} 2 & -4 \\ 1 & 3 \end{vmatrix}}{\begin{vmatrix} 3 & -4 \\ 4 & 3 \end{vmatrix}} = \frac{6+4}{9+16} = \frac{10}{25} = \frac{2}{5}$$

et

$$b = \frac{\begin{vmatrix} 3 & 2 \\ 4 & 1 \end{vmatrix}}{\begin{vmatrix} 3 & -4 \\ 4 & 3 \end{vmatrix}} = \frac{3-8}{9+16} = -\frac{5}{25} = -\frac{1}{5}.$$

Donc, la fonction g, définie sur $\mathbb{R}$ par

$$g(x) = \frac{2}{5}\cos x - \frac{1}{5}\sin x,$$

est une solution de l'équation différentielle (**E**).

(b) Soit f une fonction deux fois dérivable sur $\mathbb{R}$. Alors, f est une solution de (**E**) si et seulement si

$$f'' - 4f' + 4f = g'' - 4g' + 4g,$$

c'est-à-dire

$$(f-g)'' - 4(f-g)' + 4(f-g) = (f'' - 4f' + 4f) - (g'' - 4g' + 4g) = 0.$$

Ceci signifie que $f - g$ est une solution de (**E$_0$**). Donc, f est une solution de (**E**) si et seulement si $f - g$ est une solution (**E$_0$**).

(c) L'équation différentielle (**E$_0$**) est homogène, du second degré, à coefficients constants. Son équation caractéristique est $r^2 - 4r + 4 = 0$. Cette équation a pour discriminant $\Delta = (-4)^2 - 4 \times 4 = 0$. Elle admet de ce fait une racine double; notamment 2. Les solutions de (**E$_0$**) sont donc les fonctions

$$\varphi_{\alpha,\beta} : \mathbb{R} \to \mathbb{R}, \quad x \mapsto (\alpha x + \beta)e^{2x},$$

où α et β sont des constantes réelles. Par conséquent, les solutions de (**E**) sont de la forme

$$\mathbb{R} \to \mathbb{R}, \quad x \mapsto (\alpha x + \beta)e^{2x} + \frac{2}{5}\cos x - \frac{1}{5}\sin x,$$

avec $\alpha \in \mathbb{R}$ et $\beta \in \mathbb{R}$.

2.

Soit la fonction h définie dans l'intervalle $[0, \pi[$ par

$$h(x) = \frac{2}{5}\cos x - \frac{1}{5}\sin x,$$

puis $(\mathcal{C})$ sa courbe représentative dans un repère orthonormé $\left(O, \vec{i}, \vec{j}\right)$.

(a) Pour tout réel $x \in [0, \pi[$, nous avons

$$h'(x) = -\frac{2}{5}\sin x - \frac{1}{5}\cos x \qquad \text{et} \qquad h''(x) = -\frac{2}{5}\cos x + \frac{1}{5}\sin x.$$

(b) Soit $x \in \left[\frac{\pi}{2}, \pi\right[$. Alors,

$$-1 < \cos x \leqslant 0 \qquad \text{et} \qquad 0 < \sin x \leqslant 1,$$

puis

$$0 \leqslant -\frac{2}{5}\cos x < \frac{2}{5} \qquad \text{et} \qquad 0 < \frac{1}{5}\sin x \leqslant \frac{1}{5}.$$

De ce fait, $0 < -\frac{2}{5}\cos x + \frac{1}{5}\sin x = h''(x)$ pour tout $x \in \left[\frac{\pi}{2}, \pi\right[$. Ainsi, la fonction h' est strictement croissante sur l'intervalle $\left[\frac{\pi}{2}, \pi\right[$. Du reste,

$$h'\left(\frac{\pi}{2}\right) = -\frac{2}{5}\sin\frac{\pi}{2} - \frac{1}{5}\cos\frac{\pi}{2} = -\frac{2}{5} < 0$$

et

$$h'(\pi) = -\frac{2}{5}\sin\pi - \frac{1}{5}\cos\pi = \frac{1}{5} > 0.$$

Par conséquent, il existe un unique réel $\alpha \in \left[\frac{\pi}{2}, \pi\right[$ tel que $h'(\alpha) = 0$. Au demeurant, $\frac{\pi}{2} < 2{,}6 < 2{,}7 < \pi$, puis

$$h'(2{,}6) \approx -0{,}03 < 0 \qquad \text{et} \qquad h'(2{,}7) \approx 0{,}009 > 0.$$

Ceci induit $2{,}6 < \alpha < 2{,}7$.

(c) La fonction h' est strictement croissante sur l'intervalle $\left[\frac{\pi}{2}, \pi\right[$ avec $h'(\alpha) = 0$. De ce fait, $h'(x) > 0$ pour chaque $x \in]\alpha, \pi[$ et $h'(x) < 0$ pour tout $x \in \left[\frac{\pi}{2}, \alpha\right[$. Nous considérons à présent un réel $x \in \left[0, \frac{\pi}{2}\right[$. Alors, $0 \leqslant \sin x < 1$ et $0 < \cos x \leqslant 1$, puis

$$-\frac{2}{5} < -\frac{2}{5}\sin x \leqslant 0 \qquad \text{et} \qquad -\frac{1}{5} \leqslant -\frac{1}{5}\cos x < 0.$$

De ce fait,

$$h'(x) = -\frac{2}{5}\sin x - \frac{1}{5}\cos x < 0$$

pour chaque $x \in \left[0, \frac{\pi}{2}\right[$. Tout compte fait, nous avons
$$\begin{cases} h'(x) < 0 & \text{si } x \in [0, \alpha[, \\ h'(x) = 0 & \text{si } x = \alpha, \\ h'(x) > 0 & \text{si } x \in]\alpha, \pi[. \end{cases}$$

Par ailleurs,
$$h(0) = \frac{2}{5}\cos 0 - \frac{1}{5}\sin 0 = \frac{2}{5}$$
et
$$\lim_{x \to \pi^-} h(x) = h(\pi) = \frac{2}{5}\cos\pi - \frac{1}{5}\sin\pi = -\frac{2}{5}.$$

Ces faits sont compilés dans le tableau de variation suivant.

x	0		α		π
$h'(x)$		$-$	0	$+$	
$h(x)$	$\frac{2}{5}$	↘	$h(\alpha)$	↗	$-\frac{2}{5}$

(d) Prenons $\alpha = 2{,}6$. Alors, $h(\alpha) \approx -0{,}44$. La courbe $(\mathcal{C})$ est tracée sur le schéma 7.1 ci-dessous, avec $2{,}5\,\text{cm}$ pour unité sur les axes.

Solution de l'Exercice 3.

1.

Soit a un réel strictement positif.

(a) Alors, $1 - a^2 < 1 < 1 + a$. Cependant, $1 + a > 0$. D'où
$$\frac{1 - a^2}{1 + a} < \frac{1}{1 + a} < \frac{1 + a}{1 + a}.$$

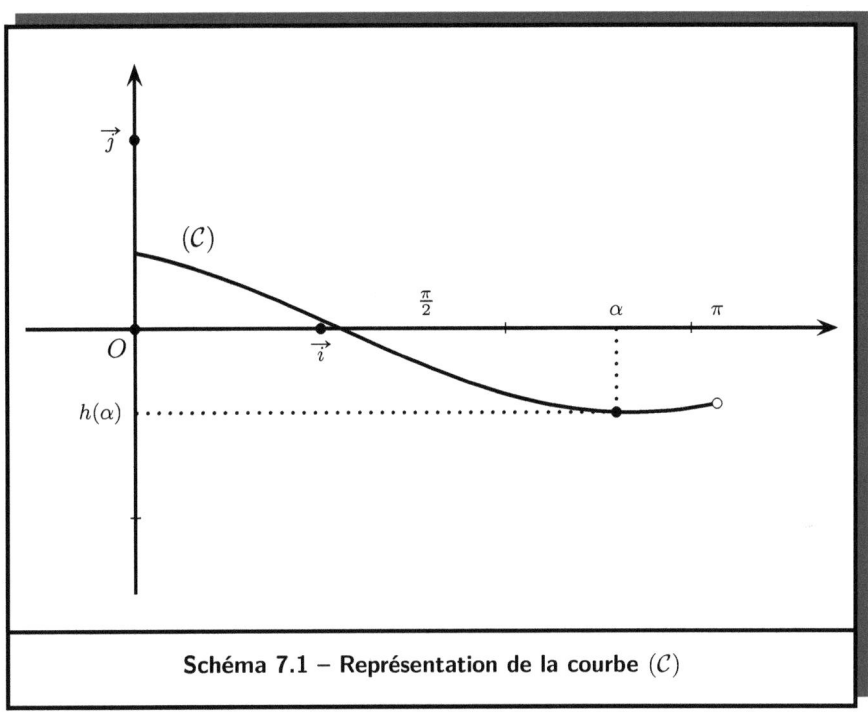

Schéma 7.1 – Représentation de la courbe $(\mathcal{C})$

Or, $1 - a^2 = (1-a)(1+a)$. De ce fait,

$$1 - a < \frac{1}{1+a} < 1.$$

(b) Pour chaque réel $t > 0$, nous avons donc

$$1 - t < \frac{1}{1+t} < 1.$$

Par conséquent,

$$\int_0^a (1-t)dt < \int_0^a \frac{dt}{1-t} < \int_0^a dt,$$

c'est-à-dire

$$\left[t - \frac{t^2}{2}\right]_0^a < \Big[\ln|1+t|\Big]_0^a < \Big[t\Big]_0^a$$

ou
$$a - \frac{a^2}{2} < \ln(1+a) < a$$
pour chaque réel a strictement positif.

2.

Étant donné un entier naturel non nul n, soit
$$P_n = \left(1 + \frac{1}{n^2}\right)\left(1 + \frac{2}{n^2}\right)\cdots\left(1 + \frac{n}{n^2}\right).$$

(a) De tout évidence,
$$1^2 = 1 = \frac{6}{6} = \frac{1 \times 2 \times 3}{6} = \frac{1(1+1)(2 \times 1 + 1)}{6}.$$

Supposons à présent que
$$1^2 + 2^2 + \cdots + n^2 = \frac{n(n+1)(n+2)}{6}$$

pour un entier naturel non nul n donné. Alors,
$$1^2 + 2^2 + \cdots n^2 + (n+1)^2 = \frac{n(n+1)(n+2)}{6} + (n+1)^2$$
$$= (n+1)\left[\frac{n(2n+1)}{6} + (n+1)\right]$$
$$= (n+1) \cdot \frac{n(2n+1) + 6(n+1)}{6}$$
$$= (n+1) \cdot \frac{2n^2 + 7n + 6}{6}.$$

Cependant,
$$2n^2 + 7n + 6 = (n+2)(2n+3) = [(n+1)+1][2(n+1)+1].$$

Par conséquent,
$$1^2 + 2^2 + \cdots n^2 + (n+1)^2 = \frac{(n+1)[(n+1)+1][2(n+1)+1]}{6}.$$

En raisonnant par récurrence, ceci induit, pour tout $n \in \mathbb{N}^*$, l'égalité
$$1^2 + 2^2 + \cdots + n^2 = \frac{n(n+1)(2n+1)}{6}.$$

(b) Soit $n \in \mathbb{N}^*$. Alors,
$$\ln P_n = \ln \prod_{k=1}^{n}\left(1 + \frac{k}{n^2}\right) = \sum_{k=1}^{n} \ln\left(1 + \frac{k}{n^2}\right).$$

Toutefois, pour chaque $k \in \{1, \ldots, n\}$, nous avons $\frac{k}{n^2} > 0$ et
$$\frac{k}{n^2} - \frac{1}{2}\left(\frac{k}{n^2}\right)^2 < \ln\left(1 + \frac{k}{n^2}\right) < \frac{k}{n^2},$$

selon la question (**1.b**). Ainsi,
$$\frac{1}{n^2} \cdot k - \frac{1}{2n^4} \cdot k^2 < \ln\left(1 + \frac{k}{n^2}\right) < \frac{1}{n^2} \cdot k.$$

De ce fait,
$$\frac{1}{n^2} \cdot \left(\sum_{k=1}^{n} k\right) - \frac{1}{2n^4} \cdot \left(\sum_{k=1}^{n} k^2\right) < \ln P_n < \frac{1}{n^2} \cdot \left(\sum_{k=1}^{n} k\right).$$

Or,
$$\sum_{k=1}^{n} k = \frac{n(n+1)}{2} \qquad \text{et} \qquad \sum_{k=1}^{n} k^2 = \frac{n(n+1)(2n+1)}{6}.$$

D'où
$$\frac{1}{n^2} \cdot \left(\sum_{k=1}^{n} k\right) = \frac{1}{n^2} \cdot \frac{n(n+1)}{2} = \frac{1}{2}\left(1 + \frac{1}{n}\right)$$

et
$$\frac{1}{2n^4} \cdot \left(\sum_{k=1}^{n} k^2\right) = \frac{1}{2n^4} \cdot \frac{n(n+1)(2n+1)}{6} = \frac{1}{12} \cdot \frac{(n+1)(2n+1)}{n^3}.$$

Par conséquent,
$$\frac{1}{2}\left(1 + \frac{1}{n}\right) - \frac{1}{12} \cdot \frac{(n+1)(2n+1)}{n^3} < \ln P_n < \frac{1}{2}\left(1 + \frac{1}{n}\right).$$

(c) D'entrée de jeu, nous remarquons que

$$\frac{(n+1)(2n+1)}{n^3} = \left(\frac{n+1}{n}\right)\left(\frac{2n+1}{n^2}\right) = \left(1+\frac{1}{n}\right)\left(\frac{2}{n}+\frac{1}{n^2}\right)$$

pour chaque $n \in \mathbb{N}^*$. Puisque

$$\lim_{n\to+\infty}\frac{1}{n} = \lim_{n\to+\infty}\frac{1}{n^2} = 0,$$

il en résulte que

$$\lim_{n\to+\infty}\frac{1}{2}\left(1+\frac{1}{n}\right) = \frac{1}{2},$$

puis

$$\lim_{n\to+\infty}\frac{(n+1)(2n+1)}{n^3} = \lim_{n\to+\infty}\left(1+\frac{1}{n}\right)\left(\frac{2}{n}+\frac{1}{n^2}\right)(1+0)(0+0) = 0$$

et

$$\lim_{n\to+\infty}\left[\frac{1}{2}\left(1+\frac{1}{n}\right) - \frac{1}{12}\cdot\frac{(n+1)(2n+1)}{n^3}\right] = \frac{1}{2} - \frac{1}{12}\cdot 0 = \frac{1}{2}.$$

En vertu du théorème des gendarmes, ceci entraîne

$$\lim_{n\to+\infty}\ln P_n = \frac{1}{2}.$$

Toutefois, $P_n = e^{\ln P_n}$ pour chaque $n \in \mathbb{N}^*$, et la fonction exponentielle est continue sur $\mathbb{R}$. De ce fait, la suite $(P_n)_{n\in\mathbb{N}^*}$ converge vers

$$\lim_{n\to+\infty} P_n = \lim_{n\to+\infty} e^{\ln P_n} = e^{\frac{1}{2}} = \sqrt{e}.$$

Solution du Problème.

Dans le plan $(\mathcal{P})$ rapporté à un repère orthonormé d'origine O, soit l'application ψ définie par

$$\psi(O) = O \quad \text{et} \quad \psi(M) = M' \quad \text{avec} \quad \overrightarrow{OM'} = \frac{4}{OM^2}\cdot\overrightarrow{OM}$$

pour tout M du plan, distinct de O.

Partie A.

1.

(a) Par définition, $\psi(\psi(O)) = \psi(O) = O$. À présent, soit M un point du plan distinct de O, puis $M' = \psi(M)$ et $M'' = \psi(M')$. Alors,

$$\overrightarrow{OM'} = \frac{4}{OM^2} \cdot \overrightarrow{OM},$$

puis

$$OM' = \frac{4}{OM^2} \cdot OM = \frac{4}{OM} \quad \text{et} \quad (OM')^2 \cdot OM^2 = 16.$$

Par ailleurs,

$$\overrightarrow{OM''} = \frac{4}{(OM')^2} \cdot \overrightarrow{OM'} = \frac{4}{(OM')^2} \cdot \frac{4}{OM^2} \cdot \overrightarrow{OM} = \overrightarrow{OM}.$$

D'où $M'' = M$. Or, $M'' = \psi(M') = \psi(\psi(M)) = \psi \circ \psi(M)$. Par conséquent,

$$M = \psi \circ \psi(M)$$

pour tout point M du plan $(\mathcal{P})$.

(b) Soit M un point de $(\mathcal{P})$, distinct de O, tel que $\psi(M) = M$. Alors,

$$\overrightarrow{OM} = \frac{4}{OM^2} \cdot \overrightarrow{OM}.$$

Ceci entraîne

$$OM = \frac{4}{OM^2} \cdot OM = \frac{4}{OM},$$

c'est-à-dire $OM^2 = 4$. Le point M appartient donc au cercle de centre O et de rayon 2.

Soit à présent M un point de ce cercle. Alors, $M \neq O$ et $OM = 2$. Donc,

$$\frac{4}{OM^2} \cdot \overrightarrow{OM} = \frac{4}{2^2} \cdot \overrightarrow{OM} = \overrightarrow{OM}.$$

Ceci signifie que $M = \psi(M)$. Par conséquent, l'ensemble des points $M \in (\mathcal{P})$, distincts de O, tels que $\psi(M) = M$ est le cercle de centre O et de rayon 2.

Pour toute la suite, (d) désigne une droite du plan $(\mathcal{P})$, puis D un point donné de (d), distinct de O, tandis que $\vec{u}$ est un vecteur directeur de (d). De plus, on pose $\vec{e_2} = \frac{1}{\|\vec{u}\|} \cdot \vec{u}$ et on suppose que le plan complexe est rapporté à un repère orthonormé $(O, \vec{e_1}, \vec{e_2})$. En outre, soit $\overrightarrow{OD} = a\vec{e_1} + b\vec{e_2}$.

2.

Soit M un point d'affixe z. Alors, $M \in (d)$ si et seulement s'il existe un réel λ tel que $\overrightarrow{DM} = \lambda \vec{e_2}$, car $\vec{e_2} = \frac{1}{\|\vec{u}\|} \cdot \vec{u}$ est un vecteur directeur de la droite (d). Ainsi, l'appartenance de M à (d) est équivalente à $z - z_D = i\lambda$, c'est-à-dire

$$z = i\lambda + z_D = i\lambda + a + ib = a + i(\lambda + b).$$

Or, pour chaque réel λ, il existe un unique $t \in \mathbb{R}$ tel que $t = \lambda + a$. Par conséquent, $M \in (d)$ si et seulement s'il existe un réel t vérifiant $z = a + it$.

3.

Soient M et M' deux points de $(\mathcal{P})$, tous distincts de O et d'affixes respectives z et z'.

(a) Par définition, $M' = \psi(M)$ si et seulement si $\overrightarrow{OM'} = \frac{4}{OM^2} \cdot \overrightarrow{OM}$, c'est-à-dire

$$z' - 0 = \frac{4}{|z-0|^2} \cdot (z - 0) = \frac{4}{|z|^2} \cdot z.$$

Cependant, $|z|^2 = z \cdot \overline{z}$. De ce fait, l'égalité $\psi(M) = M'$ équivaut à

$$z' = \frac{4}{z \cdot \overline{z}} \cdot z = \frac{4}{\overline{z}}.$$

(b) Soit $\overrightarrow{OM} = a\vec{e_1} + t\vec{e_2}$ et $\overrightarrow{OM'} = x'\vec{e_1} + y'\vec{e_2}$. Alors, $\psi(M) = M'$ si et seulement si

$$x' + iy' = \frac{4}{|a+it|^2} \cdot (a+it) = \frac{4a}{a^2+t^2} + i \cdot \frac{4t}{a^2+t^2},$$

c'est-à-dire

$$x' = \frac{4a}{a^2+t^2} \quad \text{et} \quad y' = \frac{4t}{a^2+t^2}.$$

(c) Les égalités précédentes induisent

$$x' - \frac{2}{a} = \frac{4a}{a^2+t^2} - \frac{2}{a} = \frac{4a^2 - 2a^2 - 2t^2}{a(a^2+t^2)} = \frac{2a^2 - 2t^2}{a(a^2+t^2)} = \frac{2(a^2-t^2)}{a(a^2+t^2)}$$

et

$$\left(x' - \frac{2}{a}\right)^2 + (y')^2 = \frac{4(a^2 - t^2)^2}{a^2(a^2 + t^2)^2} + \frac{16t^2}{(a^2 + t^2)^2}$$
$$= \frac{4(a^4 - 2a^2t^2 + t^4) + 4 \cdot 4a^2t^2}{a^2(a^2 + t^2)}$$
$$= \frac{4(a^4 - 2a^2t^2 + t^4 + 4a^2t^2)}{a^2(a^2 + t^2)}$$
$$= \frac{4(a^4 + 2a^2t^2 + t^4)}{a^2(a^2 + t^2)}$$
$$= \frac{4(a^2 + t^2)^2}{a^2(a^2 + t^2)},$$

puis

$$\left(x' - \frac{2}{a}\right)^2 + (y')^2 = \frac{4}{a^2}.$$

(d) Soit H le projeté orthogonal de O sur la droite (d), puis H' l'image de H par ψ. Alors, l'affixe de H est $z_H = a$. En effet, les points de (d) ont pour affixe $a + it$ avec $t \in \mathbb{R}$), puis

$$\overrightarrow{OH} \cdot \overrightarrow{e_2} = (a\overrightarrow{e_1}) \cdot \overrightarrow{e_2} = a \cdot (\overrightarrow{e_1} \cdot \overrightarrow{e_2}) = a \cdot 0 = 0.$$

Ainsi, le point H d'affixe a appartient à la droite (d), puis les droites (OH) et (d) sont perpendiculaires. Il en résulte que l'affixe de H' est

$$z_{H'} = \frac{4}{\overline{z_H}} = \frac{4}{a}.$$

Par conséquent, $H(a, 0)$ et $H'\left(\frac{4}{a}, 0\right)$. Cependant, un point $M(x, y)$ appartient au cercle $(\mathcal{C}_1)$ de diamètre $[OH']$ si et seulement si $\overrightarrow{OM} \cdot \overrightarrow{H'M} = 0$. Par ailleurs,

$$\overrightarrow{OM} = x\overrightarrow{e_1} + y\overrightarrow{e_2} \qquad \text{et} \qquad \overrightarrow{H'M} = \left(x - \frac{4}{a}\right)\overrightarrow{e_1} + y\overrightarrow{e_2},$$

puis
$$\overrightarrow{OM} \cdot \overrightarrow{H'M} = x\left(x - \frac{4}{a}\right) + y^2 = x^2 - 2 \cdot x \cdot \frac{2}{a} + \left(\frac{2}{a}\right)^2 + y^2 - \frac{4}{a^2}$$
$$= \left(x - \frac{2}{a}\right)^2 + y^2 - \frac{4}{a^2}.$$

Le cercle $(\mathcal{C}_1)$ de diamètre $[OH']$ a donc pour équation
$$\left(x - \frac{2}{a}\right)^2 + y^2 = \frac{4}{a^2}.$$

Ceci correspond à l'ensemble des points contenant l'image de la droite (d) par l'application ψ, tel que déterminé dans les questions **3.b** et **3.c**. Autrement dit, si M est un point de la droite (d), alors son image $\psi(M)$ par ψ appartient au cercle $(\mathcal{C}_1)$ de diamètre $[OH']$.

4.

Soit h l'application affine du plan associant à tout point $M(x,y)$ le point $M_1(x_1, y_1)$ tel que $x_1 = x$ et $y_1 = \frac{2}{3}y$. Premièrement, soit $M(x,y) \in (\mathcal{C}_1)$. Alors,
$$\left(x - \frac{2}{a}\right)^2 + y^2 = \frac{4}{a^2},$$
puis
$$\left(x_1 - \frac{2}{a}\right)^2 + \left(\frac{3}{2}y_1\right)^2 = \frac{4}{a^2},$$
c'est-à-dire
$$\frac{\left(x_1 - \frac{2}{a}\right)^2}{\frac{4}{a^2}} + \frac{\left(\frac{3}{2}y_1\right)^2}{\frac{4}{a^2}} = 1$$
ou
$$\frac{\left(x_1 - \frac{2}{a}\right)^2}{\left(\frac{2}{a}\right)^2} + \frac{y_1^2}{\left(\frac{4}{3a}\right)^2} = 1. \qquad (\dagger)$$

Par conséquent, l'image du cercle $(\mathcal{C}_1)$ par h est contenue dans l'ellipse d'excentricité
$$e = \frac{\sqrt{\left(\frac{2}{a}\right)^2 - \left(\frac{4}{3a}\right)^2}}{\frac{2}{|a|}} = \sqrt{\frac{\frac{4}{a^2} - \frac{16}{9a^2}}{\frac{4}{a^2}}} = \sqrt{\frac{\frac{36-16}{9a^2}}{\frac{4}{a^2}}} = \sqrt{\frac{20}{9a^2} \cdot \frac{a^2}{4}} = \sqrt{\frac{5}{9}} = \frac{\sqrt{5}}{3}.$$

Deuxièmement, soit $M_1(x_1, y_1)$ un point de l'ellipse d'équation (†). Alors,
$$\left(x_1 - \frac{2}{a}\right)^2 + \left(\frac{3}{2}y_1\right)^2 = \frac{4}{a^2}.$$

Du reste, le point $M(x, y)$, où $x = x_1$ et $y = \frac{3}{2}y_1$, est l'antécédent de M_1 par h. Ses coordonnées satisfont en outre l'équation
$$\left(x - \frac{2}{a}\right)^2 + y^2 = \frac{4}{a^2}.$$

Ainsi, $M_1 = \psi(M)$ et $M \in (\mathcal{C}_1)$. L'ellipse d'équation (†) est donc contenue dans l'image du cercle $(\mathcal{C}_1)$ par h. Par conséquent, cette dernière, symbolisée par $h(\mathcal{C}_1)$, est l'ellipse d'équation (†), dont l'excentricité est $e = \frac{\sqrt{5}}{3}$.

Partie B.

Dans le plan vectoriel $\overrightarrow{\mathcal{P}}$ associé à $(\mathcal{P})$, soit φ l'application telle que
$$\varphi(\overrightarrow{0}) = \overrightarrow{0} \qquad \text{et} \qquad \varphi(\overrightarrow{u}) = \frac{4}{\|\overrightarrow{u}\|^2}\overrightarrow{u} \qquad \text{si} \qquad \overrightarrow{u} \neq \overrightarrow{0}.$$

1.

Soit $\overrightarrow{v}$ un vecteur non nul. Alors,
$$\left\|\frac{4}{\|\overrightarrow{v}\|^2}\overrightarrow{v}\right\|^2 = \left(\frac{4}{\|\overrightarrow{v}\|^2} \cdot \|\overrightarrow{v}\|\right)^2 = \left(\frac{4}{\|\overrightarrow{v}\|}\right)^2 = \frac{16}{\|\overrightarrow{v}\|^2}.$$

et
$$\varphi\left(\frac{4}{\|\overrightarrow{v}\|^2}\overrightarrow{v}\right) = \frac{4}{\frac{16}{\|\overrightarrow{v}\|^2}} \cdot \frac{4}{\|\overrightarrow{v}\|^2}\overrightarrow{v} = \overrightarrow{v}.$$

De ce fait, si $\|\overrightarrow{v}\|^2 \neq 4$, c'est-à-dire $\|\overrightarrow{v}\| \neq 2$, alors
$$\varphi\left(\frac{4}{\|\overrightarrow{v}\|^2}\overrightarrow{v}\right) = \overrightarrow{v} \neq \frac{4}{\|\overrightarrow{v}\|^2} \cdot \frac{4}{\|\overrightarrow{v}\|^2}\overrightarrow{v} = \frac{4}{\|\overrightarrow{v}\|^2}\varphi(\overrightarrow{v}).$$

Ceci montre que l'application φ ne conserve pas la multiplication des vecteurs par un scalaire réel. Elle n'est donc pas linéaire.

2.

(a) Soit $\mathbf{inv}(\varphi)$ l'ensemble des vecteurs $\vec{u}$ de $\vec{\mathcal{P}}$ satisfaisant $\varphi(\vec{u}) = \vec{u}$. Alors, $\vec{u} \in \mathbf{inv}(\varphi)$ si et seulement si $\vec{u} = \vec{0}$, ou

$$\vec{u} \neq \vec{0} \quad \text{et} \quad \frac{4}{\|\vec{u}\|^2}\vec{u} = \vec{u},$$

c'est-à-dire

$$\vec{u} \neq \vec{0} \quad \text{et} \quad \|\vec{u}\|^2 = 4.$$

Par conséquent,

$$\mathbf{inv}(\varphi) = \{\vec{0}\} \cup \left\{\vec{u} \in \vec{\mathcal{P}} \;\middle|\; \|\vec{u}\| = 2\right\}.$$

(b) Soit $\vec{u_1}$ et $\vec{u_2}$ deux vecteurs de $\vec{\mathcal{P}}$ tels que

$$\|\vec{u_1}\| = \|\vec{u_2}\| = 2 \quad \text{et} \quad \mathrm{Mes}(\widehat{\vec{u_1}, \vec{u_2}}) = \frac{\pi}{3}.$$

Alors,

$$\|\vec{u_1} + \vec{u_2}\|^2 = (\vec{u_1} + \vec{u_2})^2 = \vec{u_1}^2 + \vec{u_2}^2 + 2 \cdot \vec{u_1} \cdot \vec{u_2}$$
$$= \|\vec{u_1}\|^2 + \|\vec{u_2}\|^2 + 2 \cdot \|\vec{u_1}\| \cdot \|\vec{u_2}\| \cdot \cos \mathrm{Mes}(\widehat{\vec{u_1}, \vec{u_2}})$$
$$= 2^2 + 2^2 + 2 \times 2 \times \times 2 \times \cos \frac{\pi}{3}$$
$$= 4 + 4 + 4 \times 2 \times \frac{1}{2}$$
$$= 4 + 4 + 4$$
$$= 4 \times 3$$

et

$$\|\vec{u_1} + \vec{u_2}\| = \sqrt{4 \times 3} = 2\sqrt{3} \neq 2.$$

Ainsi, les vecteurs $\vec{u_1}$ et $\vec{u_2}$ appartiennent à $\mathbf{inv}(\varphi)$, mais pas leur somme $\vec{u_1} + \vec{u_2}$. Ceci signifie que l'ensemble $\mathbf{inv}(\varphi)$ n'est pas un sous-espace vectoriel de $\vec{\mathcal{P}}$.

3.

Soit $\mathbf{opp}(\varphi)$ l'ensemble des vecteurs $\vec{u}$ de $\vec{\mathcal{P}}$ tels que $\varphi(\vec{u}) = -\vec{u}$. Alors, $\vec{0} \in \mathbf{opp}(\varphi)$, car $\varphi(\vec{0}) = \vec{0} = -\vec{0}$. Du reste, si $\vec{v}$ est un vecteur non nul de $\vec{\mathcal{P}}$, alors

$$\frac{4}{\|\vec{v}\|^2} > 0 \qquad \text{et} \qquad \varphi(\vec{v}) = \frac{4}{\|\vec{v}\|^2}\vec{v} \neq -\vec{v}.$$

De ce fait, $\varphi(\vec{v}) \neq -\vec{v}$ pour chaque vecteur non nul $\vec{v}$. Par conséquent,

$$\mathbf{opp}(\varphi) = \{\vec{0}\}.$$

L'ensemble $\mathbf{opp}(\varphi)$ est donc le sous-espace vectoriel trivial de $\vec{\mathcal{P}}$ contenant exclusivement le vecteur nul.

7.3. Notes et commentaires sur le sujet 2014

Dans le programme de mathématiques de l'enseignement secondaire, les applications du plan ou de l'espace étudiées sont affines, c'est-à-dire qu'elles conservent la colinéarité. Il s'agit notamment des translations, homothéties, projections, symétries, rotations et similitudes affines. L'application ψ, au cœur du Problème du sujet 2014, définie du plan euclidien vers lui-même, ne participe pas de cette famille. Elle est nommée *inversion dans un cercle*.

Inversion dans un cercle.

Soit r un nombre réel et A un point du plan euclidien $(\mathcal{P})$. Alors, une application f est définie du plan $(\mathcal{P})$ vers lui-même par

$$f(A) = A \qquad \text{et} \qquad f(M) = M'$$

pour tout point M distinct de A, où M' est le point de la demi-droite $[AM)$ vérifiant $AM \times AM' = r^2$. Cette application est appelée *inversion dans le cercle* de centre A et de rayon r.

Le plan euclidien étant rapporté à un repère orthonormé, pour tout point M distinct de A, nous avons $M' = f(M)$ si et seulement si

$$\overrightarrow{AM'} = \frac{r^2}{AM^2} \cdot \overrightarrow{AM}.$$

L'application ψ du Problème est donc une inversion du cercle de centre O et de rayon 2. Nous avons montré qu'elle est involutive et qu'un point M du plan est invariant par ψ si et seulement s'il appartient au cercle de centre O et de rayon 2. Au demeurant, il a été établi que l'image par ψ d'une droite (d), ne passant pas le point O, est contenue dans le cercle de diamètre $[OH']$, où H est le projeté orthogonal du point O sur la droite (d) et $H' = \psi(H)$. En réalité, $\psi(d)$ est le cercle de diamètre $[OH']$ (voir le schéma 7.2 ci-dessous).

Il en résulte que l'inversion f n'est pas une application affine. En effet, l'image d'une droite par une application affine est une droite ou un singleton constitué d'un point.

Comme chaque application affine est associée à une application linéaire, toute inversion dans un cercle correspond à une application vectorielle non linéaire. Dans le cas d'espèce, l'application vectorielle correspondante à l'inversion ψ, objet de la Partie B du Problème, est notée φ et définie par

$$\varphi(\vec{0}) = \vec{0} \qquad \text{et} \qquad \varphi(\vec{u}) = \frac{4}{\|\vec{u}\|^2}\vec{u} \qquad \text{si} \qquad \vec{u} \neq \vec{0}.$$

Ce Problème est donc une petite lucarne ouverte sur la théorie des inversions dans un cercle. Cette théorie est abordée notamment dans l'ouvrage [2] de la bibliographie.

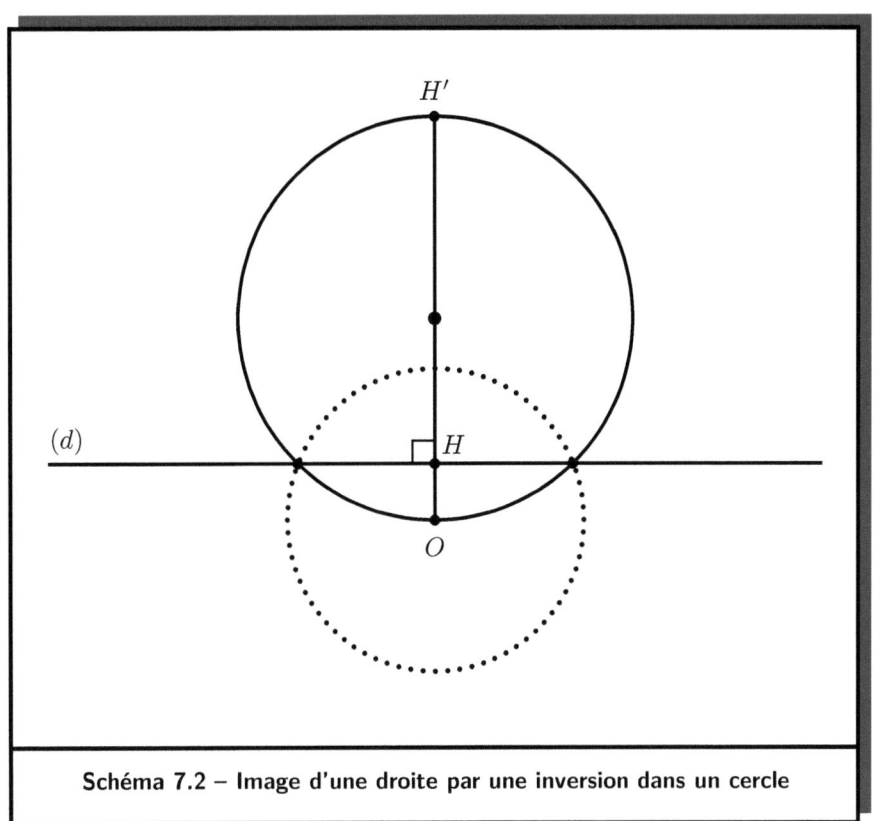

Schéma 7.2 – Image d'une droite par une inversion dans un cercle

Chapitre **8**

Session 2015

8.1. Sujet 2015

Ce sujet est formé de trois exercices et d'un problème. Le premier exercice comporte deux questions : l'une pour les candidats de la série E et l'autre pour ceux de la série C. Les deux autres exercices et le problème sont communs aux postulants des séries C et E.

Exercice 1 : Résolution d'un système d'équations non-linéaire.

Soit à résoudre le système

$$\begin{cases} x = \sqrt{2y + 3}, \\ y = \sqrt{2z + 3}, \\ z = \sqrt{2x + 3}, \end{cases} \quad (\mathbf{S})$$

où x, y et z sont des nombres réels.

1. **Première approche (E).**

   (a) Montrer que le triplet $(3, 3, 3)$ est une solution du système (**S**).

(b) Démontrer que, si le triplet (x, y, z) est une solution du système (**S**), alors on ne peut pas avoir $x < 3$.

(c) Montrer que, si le triplet (x, y, z) est une solution du système (**S**), alors on ne peut pas avoir $x > 3$.

(d) Déduire alors l'ensemble des solutions du système (**S**).

2. **Deuxième approche (C).**

(a) Montrer que, si le triplet (x, y, z) est une solution du système (**S**), alors x, y et z sont solutions de l'équation

$$t^8 - 12t^6 + 30t^4 + 36t^2 - 128t - 183 = 0.$$

(b) En déduire les valeurs rationnelles de x, y et z.

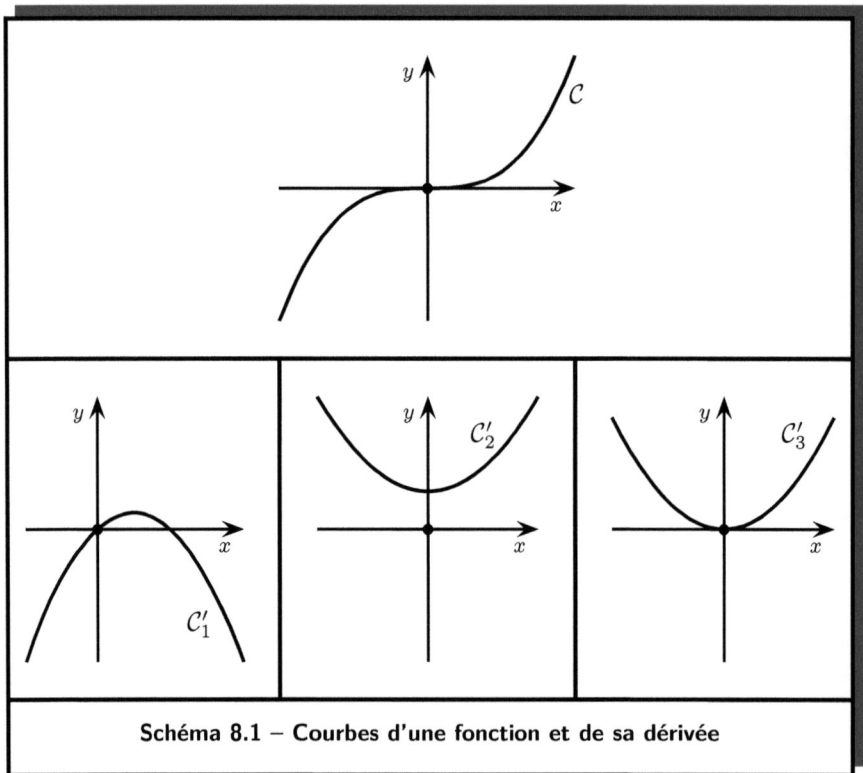

Schéma 8.1 – Courbes d'une fonction et de sa dérivée

Exercice 2 : Suites adjacentes – Dérivée d'une fonction.

(i) On dit que des suites $(u_n)_{n\in\mathbb{N}}$ et $(v_n)_{n\in\mathbb{N}}$ sont *adjacentes* lorsque l'une est croissante, l'autre décroissante, et $u_n - v_n$ tend vers 0 quand n tend vers $+\infty$.

(ii) Si $(u_n)_{n\in\mathbb{N}}$ et $(v_n)_{n\in\mathbb{N}}$ sont deux suites adjacentes telles que $(u_n)_{n\in\mathbb{N}}$ soit croissante et $(v_n)_{n\in\mathbb{N}}$ soit décroissante, alors $u_n \leqslant v_n$ pour tout $n \in \mathbb{N}$.

1. Compléter les phrases ci-après par le mot qui convient :
   (a) Toute suite croissante et majorée est _____.
   (b) Toute suite décroissante et _____ est convergente.
2. Indiquer si la proposition ci-après est vraie ou fausse et proposer une démonstration pour la réponse indiquée :
   « Deux suites adjacentes sont convergentes et elles ont la même limite ».
3. Dans le schéma 8.1 ci-dessus, laquelle des représentations $(\mathcal{C}'_1)$, $(\mathcal{C}'_2)$ et $(\mathcal{C}'_3)$ (deuxième ligne) est la courbe de la dérivée de la fonction représentée par $(\mathcal{C})$ (première ligne). Justifier votre réponse.

Exercice 3 : Endomorphismes du plan vectoriel et probabilités.

On désigne par $\mathscr{L}(\mathbb{R}^2)$ la famille des endomorphismes f_λ de $\mathbb{R}^2$ dont la matrice M_λ relativement à la base canonique $\left(\vec{i}, \vec{j}\right)$ de $\mathbb{R}^2$ est de la forme

$$\begin{pmatrix} -1+\lambda & 1+\lambda \\ \lambda(1-\lambda) & \lambda \end{pmatrix},$$

où λ est un réel.

1. À quelle condition sur le réel λ, l'endomorphisme f_λ est-il un automorphisme ?
2. Une boîte Ω contient cinq boules numérotées respectivement -2, -1, 0, 1 et 2, toutes indiscernables au toucher. On tire au hasard successivement et sans remise deux boules de Ω et on note (p, q) le couple de numéros obtenus. On désigne par X l'aléa numérique qui, à tout couple, associe la valeur :

- -2 si aucun des f_p et f_q n'est un automorphisme ;
- 1 si un seul parmi f_p et f_q est un automorphisme ;
- 3 si les deux f_p et f_q sont des automorphismes.

   (a) Déterminer la loi de probabilité de X.

   (b) Calculer l'espérance et l'écart-type de X.

3. Déterminer une équation cartésienne du noyau et de l'image f_{-2}.
4. Soit g l'application linéaire définie de $\mathbb{R}^2$ dans $\mathbb{R}^2$ par

$$g(x,y) = \frac{1}{2}\left(-x + 3y, \frac{1}{2}x + y\right).$$

L'application g appartient-elle à $\mathscr{L}(\mathbb{R}^2)$? Justifier votre réponse.

Problème : Racines cubiques d'un complexe – Aire d'une section.

Le problème comporte trois parties indépendantes **A**, **B** et **C**.

Partie A.

Le plan complexe est muni d'un repère orthonormé direct $(O, \vec{u}, \vec{v})$. On considère l'équation

$$z^3 + 64i = 0. \tag{E}$$

1. Déterminer une solution z_0 de (**E**) telle que $\overline{z_0} = -z_0$.
2. Déterminer les deux autres solutions z_1 et z_2 de (**E**), où z_1 a une partie réelle négative.
3. Les points A, B et C ont pour affixes respectives $-2\sqrt{3} - 2i$, $2\sqrt{3} - 2i$ et $4i$. Déterminer la nature du triangle ABC et montrer que les points A, B et C appartiennent à une conique dont on précisera la nature et les éléments caractéristiques.
4. Déterminer la nature et les éléments caractéristiques de la transformation f du plan qui, à $M(z)$ associe $M'(z')$ tel que $z' - 4i = re^{i\theta}(z - 4i)$, et qui transforme le point A en B, où r et θ sont des nombres réels.

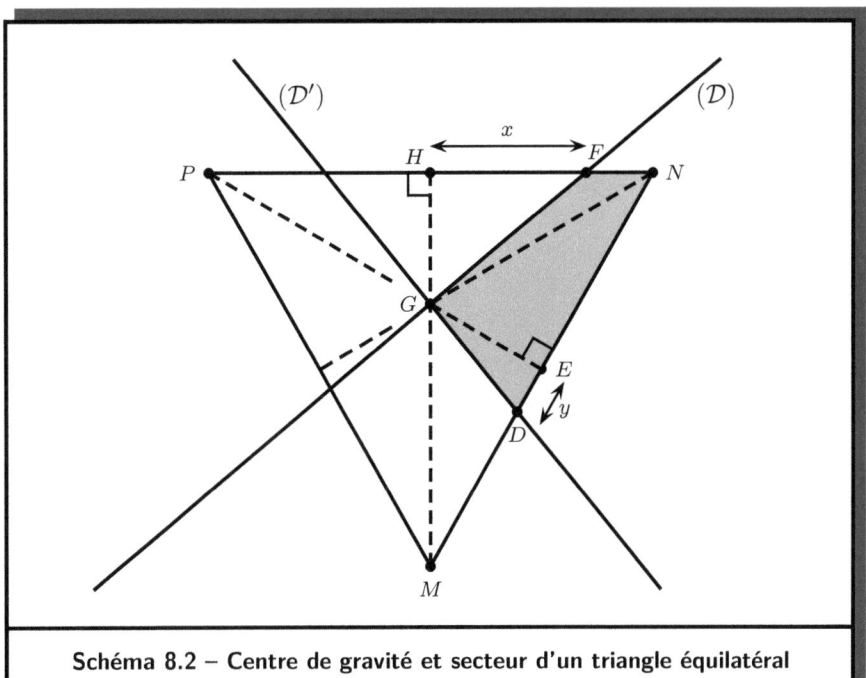

Schéma 8.2 – Centre de gravité et secteur d'un triangle équilatéral

Partie B.

Un triangle équilatéral MNP de côté 2 est divisé en quatre parties par deux droites perpendiculaires passant par son centre de gravité G (voir le schéma 8.2 ci-dessus). On se propose de déterminer la valeur maximale de l'aire $\mathfrak{A}$ de la partie grisée.

1. Démontrer que $\mathfrak{A} = \frac{\sqrt{3}}{3} - \frac{\sqrt{3}}{6}(x - y)$.
2. Prouver que $y = \frac{3x-1}{3(x+1)}$.
3. En déduire la valeur maximale de $\mathfrak{A}$.
4. L'espace est associé à un repère orthonormé direct $\left(O, \vec{i}, \vec{j}, \vec{k}\right)$. On considère les points

$$M(0,2,0), \quad N\left(\sqrt{3},1,0\right) \quad \text{et} \quad P\left(\frac{\sqrt{3}}{3}, 1, \frac{2\sqrt{6}}{3}\right).$$

Déterminer le système d'équations cartésiennes de la perpendiculaire au triangle MNP en son centre de gravité.

Partie C.

Soit f la fonction numérique d'une variable réelle x définie par

$$f(x) = e^{2e^x}.$$

On pose $g(x) = \ln f(x)$. Montrer que g est solution d'une équation différentielle du premier ordre à préciser.

8.2. Corrigé 2015

Solution de l'Exercice 1.

Soit à résoudre le système

$$\begin{cases} x = \sqrt{2y+3}, \\ y = \sqrt{2z+3}, \\ z = \sqrt{2x+3}, \end{cases} \quad (\mathbf{S})$$

où x, y et z sont des nombres réels.

1. **Première approche (E).**

   (a) À l'évidence, $\sqrt{2 \times 3 + 3} = \sqrt{6+3} = \sqrt{9} = 3$. Donc,

   $$\begin{cases} 3 = \sqrt{2 \times 3 + 3}, \\ 3 = \sqrt{2 \times 3 + 3}, \\ 3 = \sqrt{2 \times 3 + 3}. \end{cases}$$

   Ceci signifie que le triplet $(3,3,3)$ est une solution du système $(\mathbf{S})$.

   (b) Étant donné des réels x, y et z, soit le triplet (x, y, z) une solution du système $(\mathbf{S})$. Alors, les équations suivantes sont satisfaites :

   $$x = \sqrt{2y+3} \qquad (\mathbf{S_1})$$

   et

   $$y = \sqrt{2z+3}, \qquad (\mathbf{S_2})$$

puis
$$z = \sqrt{2x+3}. \tag{S_3}$$

Chacun des réels x, y et z est par conséquent strictement positif. Maintenant, nous supposons que $x < 3$. Alors,
$$x^2 < 3x = 2x + x < 2x + 3$$
et $x < \sqrt{2x+3}$. Selon l'égalité (S_3), il en découle que
$$x < z. \tag{$*$}$$
L'égalité (S_1) entraîne du reste $\sqrt{2y+3} < 3$, puis
$$2y + 3 < 9 \quad \text{et} \quad y < 3.$$
Par ailleurs, les inégalités $0 < x < 3$ induisent
$$3 < 2x + 3 < 9 \quad \text{et} \quad \sqrt{2x+3} < 3.$$
D'après (S_3), il en résulte que $z < 3$. En somme, l'inégalité $x < 3$ implique $y < 3$ et $z < 3$. Donc,
$$y^2 < 3y = 2y + y < 2y + 3$$
et
$$z^2 < 3z = 2z + z < 2z + 3.$$
De ce fait,
$$y = \sqrt{y^2} < \sqrt{2y+3} = x$$
et
$$z = \sqrt{z^2} < \sqrt{2z+3} = y,$$
compte tenu des égalités (S_1) et (S_2). Par conséquent, $y < x$ et $z < y$. Ainsi, $z < x$. Ceci contredit l'inégalité ($*$). La supposition $x < 3$ est donc fausse. De ce fait, si le triplet (x, y, z) est une solution de (S), alors $x \geqslant 3$.

(c) Pour des réels x, y et z, soit le triplet (x, y, z) une solution du système (S), alors les égalités (S_1), (S_2) et (S_3) sont valides. Les réels x, y et z sont de ce fait strictement positifs. Supposons à présent que $x > 3$. Alors,
$$0 < 2x + 3 < 2x + x = 3x < x^2,$$

puis $\sqrt{2x+3} < \sqrt{x^2} = x$. Eu égard à l'égalité ($S_3$), il en découle que

$$z < x. \qquad (**)$$

Au demeurant, l'égalité (S_1) induit $\sqrt{2y+3} > 3$, puis

$$2y + 3 > 9 \quad \text{et} \quad \sqrt{2x+3} > 3.$$

En vertu de l'égalité (S_3), il s'ensuit $z > 3$. Ainsi, les inégalités $y > 3$ et $z > 3$ sont des conséquences de $x > 3$. Elles livrent

$$0 < 2y + 3 < 2y + y = 3y < y^2$$

et

$$0 < 2z + 3 < 2z + z = 3z < z^2.$$

De ce fait, $\sqrt{2y+3} < \sqrt{z^2}$ et $\sqrt{2z+3} < \sqrt{z^2}$. D'où

$$x < y \quad \text{et} \quad y < z,$$

au compte des égalités (S_1) et (S_2). Par conséquent, $x < z$. Ceci dédit l'inégalité ($**$). La supposition $x > 3$ est donc fausse. Ainsi, si le triplet (x, y, z) est solution du système (S), alors $x \leqslant 3$.

(d) Étant donné des réels x, y et z, soit le triplet (x, y, z) une solution du système (S). Alors, $x \geqslant 3$ et $x \leqslant 3$, selon (b) et (c). D'où $x = 3$. En vertu des égalités (S_3) et (S_2), il en résulte que

$$z = \sqrt{2 \times 3 + 3} = 3 \quad \text{et} \quad y = \sqrt{2 \times 3 + 3} = 3.$$

Par conséquent, si un triplet (x, y, z) est une solution du système (S), alors $(x, y, z) = (3, 3, 3)$. Compte tenu du résultat de la question (a), il en résulte que le triplet $(3, 3, 3)$ est l'unique solution de (S).

2. Deuxième approche (C).

(a) Soient x, y et z des réels. Nous supposons que le triplet (x, y, z) est une solution du système (S). Alors, les égalités (S_1), (S_2) et (S_3) sont satisfaites. La première, (S_1), livre $x^2 = 2y + 3$, puis

$$4y^2 = (2y)^2 = (x^2 - 3)^2 = x^4 - 6x^2 + 9.$$

Par ailleurs, l'égalité (S_2) induit $y^2 = 2z + 3$, c'est-à-dire
$$4y^2 = 8z + 12.$$

Ceci entraîne
$$8z = 4y^2 - 12 = x^4 - 6x^2 + 9 - 12 = x^4 - 6x^2 - 3$$

et

$$64z^2 = (8z)^2 = \left[x^4 - 3(2x^2 + 1)\right]^2 = x^8 - 6x^4(2x^2 + 1) + 9(2x^2 + 1)^2$$
$$= x^8 - 12x^6 - 6x^4 + 9(4x^4 + 4x^2 + 1)$$
$$= x^8 - 12x^6 - 6x^4 + 36x^4 + 36x^2 + 9$$
$$= x^8 - 12x^6 + 30x^4 + 36x^2 + 9.$$

Au demeurant, l'égalité (S_3) implique
$$z^2 = 2x + 3 \qquad \text{et} \qquad 64z^2 = 128x + 192.$$

Par conséquent,
$$0 = x^8 - 12x^6 + 30x^4 + 36x^2 + 9 - 128x - 192$$
$$= x^8 - 12x^6 + 30x^4 + 36x^2 - 128x - 183.$$

Ainsi, si le triplet (x, y, z) est une solution du système (**S**), alors x est une solution de l'équation
$$t^8 - 12t^6 + 30t^4 + 36t^2 - 128t - 183 = 0. \qquad (\dagger)$$

Une démarche analogue permet de montrer que y et z sont également des solutions de cette équation ($\dagger$).

(b) Soit s un élément de l'ensemble E_r des solutions rationnelles de l'équation ($\dagger$). Alors, il existe un entier relatif p et un entier naturel non nul q, premiers entre eux, tels que $s = \frac{p}{q}$. À présent, posons
$$w = p^8 - 12p^6 q^2 + 30p^4 q^4 + 36p^2 q^6 - 128pq^7 - 183q^8.$$

Alors,
$$\begin{aligned}\frac{w}{q^8} &= \frac{p^8}{q^8} - 12\frac{p^6}{q^6} + 30\frac{p^4}{q^4} + 36\frac{p^2}{q^2} - 128\frac{p}{q} - 183 \\ &= \left(\frac{p}{q}\right)^8 - 12\left(\frac{p}{q}\right)^6 + 30\left(\frac{p}{q}\right)^4 + 36\left(\frac{p}{q}\right)^2 - 128\left(\frac{p}{q}\right) - 183 \\ &= s^8 - 12s^6 + 30s^4 + 36s^2 - 128s - 183 = 0,\end{aligned}$$

attendu que s est une solution de l'équation (†). Ainsi,
$$p^8 - 12p^6q^2 + 30p^4q^4 + 36p^2q^6 - 128pq^7 - 183q^8 = w = 0.$$
Par conséquent,
$$p\left(p^7 - 12p^5q^2 + 30p^3q^4 + 36pq^6 - 128q^7\right) = 183q^8$$
et
$$p^8 = q\left(12p^6q - 30p^4q^3 - 36p^2q^5 + 128pq^7 + 183q^7\right).$$
Il en résulte que p divise $183q^8$, et q divise p^8. Toutefois,
$$\mathbf{pgcd}(p, q^8) = \mathbf{pgcd}(q, p^8) = 1,$$
car les entiers p et q sont premiers entre eux. De ce fait, les relations de divisibilité $p|183q^8$ et $q|p^8$ entraînent respectivement $p|183$ et $q = 1$. D'où
$$p \in \{-183, -61, -3, -1, 1, 3, 61, 183\} \qquad \text{et} \qquad q = 1;$$
en effet, 3×61 est la décomposition de 183 en produit de facteurs premiers. L'ensemble E_r des solutions rationnelles de l'équation (†) est donc une partie de l'ensemble
$$\{-183, -61, -3, -1, 1, 3, 61, 183\}.$$
Dans ce dernier, seuls -1 et 3 sont effectivement des solutions de (†) ; une machine à calculer permet de s'en convaincre sans difficulté. Par conséquent,
$$E_r = \{-1, 3\}.$$
Nous soulignons ici que, par définition, si un triplet est une solution du système (**S**), alors chacun de ses termes est un nombre réel strictement positif. Il en découle que le triplet $(3, 3, 3)$ est l'unique solution de (**S**) ayant des composantes rationnelles.

Solution de l'Exercice 2.

(i) Des suites $(u_n)_{n\in\mathbb{N}}$ et $(v_n)_{n\in\mathbb{N}}$ sont dites *adjacentes* lorsque l'une est croissante, l'autre décroissante, et $u_n - v_n$ tend vers 0 quand n tend vers $+\infty$.

(ii) Si $(u_n)_{n\in\mathbb{N}}$ et $(v_n)_{n\in\mathbb{N}}$ sont des suites adjacentes telles que $(u_n)_{n\in\mathbb{N}}$ soit croissante et $(v_n)_{n\in\mathbb{N}}$ soit décroissante, alors $u_n \leqslant v_n$ pour tout $n \in \mathbb{N}$.

1.

(a) Toute suite croissante et majorée est **convergente**.

(b) Toute suite décroissante et **minorée** est convergente.

2.

Soient $u = (u_n)_{n\in\mathbb{N}}$ et $v = (v_n)_{n\in\mathbb{N}}$ des suites adjacentes. Supposons que u est croissante et v décroissante. Ce choix ne contrarie pas la généralité. Alors, $u_n \leqslant v_n$ pour tout $n \in \mathbb{N}$, selon la proposition (ii) ci-dessus. Par conséquent, $u_0 \leqslant u_n \leqslant v_n \leqslant v_0$ pour tout $n \in \mathbb{N}$, eu égard à la croissance de u d'une part, et la décroissance de v d'autre part. Ainsi, la suite u est croissante et majorée par v_0, tandis la suite v est décroissante et minorée par u_0. Chacune de ces deux suites est donc convergente. Posons

$$\ell_1 = \lim_{n\to+\infty} u_n \qquad \text{et} \qquad \ell_2 = \lim_{n\to+\infty} v_n.$$

Alors,
$$\lim_{n\to+\infty}(u_n - v_n) = \ell_1 - \ell_2.$$

Cependant, par définition des suites adjacentes, $u_n - v_n$ tend vers 0 quand n tend vers $+\infty$. De ce fait, $\ell_1 - \ell_2 = 0$, c'est-à-dire $\ell_1 = \ell_2$. Cette observation conclut la démonstration de la proposition suivante :

« *Deux suites adjacentes sont convergentes et elles ont la même limite.* »

3.

Selon le schéma 8.1 à la page 198, la fonction symbolisée ici par f, dont la courbe représentative est $(\mathcal{C})$, est strictement croissante. Du reste, la courbe

($\mathcal{C}$) passe par l'origine O du repère et admet une tangente horizontale en O. De ce fait, la dérivée f' de f est positive ou nulle sur $\mathbb{R}$, l'ensemble

$$\{x \in \mathbb{R} \mid f'(x) = 0\}$$

des racines de f' ne contient pas d'intervalle ouvert non-vide, et $f'(0) = 0$. Or, la courbe ($\mathcal{C}'_1$) représente une fonction strictement négative dans certains intervalles de $\mathbb{R}$. Cependant, le graphe ($\mathcal{C}'_2$) est celui d'une fonction strictement positive sur $\mathbb{R}$; tandis que, ($\mathcal{C}'_3$) est la représentation graphique d'une fonction strictement positive sur les intervalles $]-\infty, 0[$ et $]0, +\infty[$, mais nulle en 0. Par conséquent, ($\mathcal{C}'_3$) est la dérivée de la fonction représentée par ($\mathcal{C}$).

Solution de l'Exercice 3.

Soit $\mathscr{L}(\mathbb{R}^2)$ la famille des endomorphismes f_λ de $\mathbb{R}^2$ dont la matrice M_λ relativement à la base canonique $\left(\overrightarrow{i}, \overrightarrow{j}\right)$ de $\mathbb{R}^2$ est de la forme

$$\begin{pmatrix} -1+\lambda & 1+\lambda \\ \lambda(1-\lambda) & \lambda \end{pmatrix},$$

où λ est un réel.

1.

L'endomorphisme f_λ est un automorphisme, c'est-à-dire une bijection, si et et seulement si le déterminant de sa matrice M_λ est non nul. Or,

$$\begin{aligned} \det M_\lambda &= \begin{vmatrix} -1+\lambda & 1+\lambda \\ \lambda(1-\lambda) & \lambda \end{vmatrix} \\ &= (-1+\lambda)\lambda - \lambda(1-\lambda)(1+\lambda) \\ &= \lambda(\lambda-1) + \lambda(\lambda-1)(\lambda+1) \\ &= \lambda(\lambda-1)(1+\lambda+1) \\ &= \lambda(\lambda-1)(\lambda+2). \end{aligned}$$

Par conséquent, l'endomorphisme f_λ est un automorphisme si et seulement si $\lambda \in \mathbb{R}\backslash\{-2, 0, 1\}$.

2.

Une boîte Ω contient cinq boules numérotées respectivement $-2, -1, 0, 1$ et 2, toutes indiscernables au toucher. On tire successivement et sans remise deux boules de Ω et on note (p, q) le couple de numéros obtenus. On désigne par X l'aléa numérique qui, à tout couple, associe la valeur :

- -2 si aucun des f_p et f_q n'est un automorphisme ;
- 1 si un seul parmi f_p et f_q est un automorphisme ;
- 3 si les deux f_p et f_q sont des automorphismes.

(a) L'univers de l'expérience ainsi réalisée est donnée par

$$\mathfrak{U} = \left\{ (p, q) \in N^2 \mid p \neq q \right\},$$

où $N = \{-2, -1, 0, 1, 2\}$. Cet univers correspond à l'ensemble $\mathfrak{I}$ des applications injectives de $\{1, 2\}$ vers N. En effet, les applications

$$\varphi : \mathfrak{U} \to \mathfrak{I}, \quad (p, q) \mapsto f,$$

où $f(1) = p$ et $f(2) = q$, puis

$$\psi : \mathfrak{I} \to \mathfrak{U}, \quad f \mapsto \big(f(1), f(2)\big),$$

sont des bijections satisfaisant

$$\varphi \circ \psi = \mathrm{id}_{\mathfrak{I}} \quad \text{et} \quad \psi \circ \varphi = \mathrm{id}_{\mathfrak{U}}.$$

De ce fait,
$$\mathrm{card}\,(\mathfrak{U}) = \mathrm{card}\,(\mathfrak{I}) = A_5^2 = 5 \times 4 = 20.$$

Maintenant, notons qu'aucun des endomorphismes f_p et f_q n'est un automorphisme si et seulement si $(p, q) \in \{-2, 0, 1\}^2$ et $p \neq q$. Cet événement correspond donc à l'ensemble

$$\mathcal{A} = \left\{ (p, q) \in \{-2, 0, 1\}^2 \mid p \neq q \right\},$$

qui a le même cardinal que l'ensemble des applications injectives de $\{1, 2\}$ vers $\{-2, 0, 1\}$. Ainsi,

$$\mathrm{card}\,(\mathcal{A}) = A_3^2 = 3 \times 2 = 6.$$

Un seul des deux endomorphismes f_p et f_q est un automorphisme si et seulement si

$$(p,q) \in \{-1,2\} \times \{-2,0,1\} \quad \text{ou} \quad (p,q) \in \{-2,0,1\} \times \{-1,2\},$$

c'est-à-dire $(p,q) \in \mathcal{B}$, où

$$\mathcal{B} = \Big(\{-1,2\} \times \{-2,0,1\}\Big) \cup \Big(\{-2,0,1\} \times \{-1,2\}\Big).$$

Par ailleurs,
$$\text{card}(\mathcal{B}) = (2 \times 3) + (3 \times 2) = 6 + 6 = 12.$$

Les deux endomorphismes f_p et f_q sont des automorphismes si et seulement si $(p,q) \in \{-1,2\}^2$ et $p \neq q$. Cet événement correspond donc à l'ensemble

$$\mathcal{C} = \Big\{(p,q) \in \{-1,2\}^2 \mid p \neq q\Big\},$$

qui a le même nombre d'éléments que l'ensemble des bijections de $\{1,2\}$ vers $\{-1,2\}$. Par conséquent,
$$\text{card}(\mathcal{C}) = 2! = 2.$$

Ces observations conduisent à la loi de probabilité suivante :

$$\mathbb{P}(X = -2) = \mathbb{P}(\mathcal{A}) = \frac{\text{card}(\mathcal{A})}{\text{card}(\mathcal{U})} = \frac{6}{20} = \frac{3}{10}$$

et

$$\mathbb{P}(X = 1) = \mathbb{P}(\mathcal{B}) = \frac{\text{card}(\mathcal{B})}{\text{card}(\mathcal{U})} = \frac{12}{20} = \frac{3}{5},$$

puis

$$\mathbb{P}(X = 3) = \mathbb{P}(\mathcal{C}) = \frac{\text{card}(\mathcal{C})}{\text{card}(\mathcal{U})} = \frac{2}{20} = \frac{1}{10}.$$

(b) L'espérance mathématique de la variable aléatoire X est

$$\mathbb{E}(X) = -2 \times \mathbb{P}(X = -2) + 1 \times \mathbb{P}(X = 1) + 3 \times \mathbb{P}(X = 3)$$
$$= -\frac{6}{10} + \frac{6}{10} + \frac{3}{10} = \frac{3}{10}.$$

Sa variance vaut $\mathbb{V}(X) = \mathbb{E}(X^2) - \mathbb{E}(X)^2$. Au demeurant,
$$\mathbb{E}(X^2) = (-2)^2 \times \mathbb{P}(X = -2) + 1^2 \times \mathbb{P}(X = 1) + 3^2 \times \mathbb{P}(X = 3)$$
$$= \frac{12}{10} + \frac{6}{10} + \frac{9}{10} = \frac{27}{10}.$$

Par conséquent,
$$\mathbb{V}(X) = \frac{27}{10} - \left(\frac{3}{10}\right)^2 = \frac{270}{100} - \frac{9}{100} = \frac{261}{100} = \frac{3^2 \times 29}{10^2}.$$

L'écart-type de la variable aléatoire est donc
$$\sigma(X) = \sqrt{\mathbb{V}(X)} = \sqrt{\frac{3^2 \times 29}{10^2}} = \frac{3}{10}\sqrt{29}.$$

3.

À l'évidence, pour $\lambda = -2$, nous avons
$$-1 + \lambda = -3 \quad \text{et} \quad 1 + \lambda = -1,$$
puis $\lambda(1 - \lambda) = -6$. La matrice de l'endomorphisme f_{-2} est de ce fait
$$M_{-2} = \begin{pmatrix} -3 & -1 \\ -6 & -2 \end{pmatrix}.$$

Ainsi,
$$M_{-2}\begin{pmatrix} x \\ y \end{pmatrix} = \begin{pmatrix} -3 & -1 \\ -6 & -2 \end{pmatrix}\begin{pmatrix} x \\ y \end{pmatrix} = \begin{pmatrix} -3x - y \\ -6x - 2y \end{pmatrix} = \begin{pmatrix} -3x - y \\ 2(-3x - y) \end{pmatrix}$$

pour chaque vecteur $(x, y) \in \mathbb{R}^2$. L'expression analytique de f_{-2} est de ce fait donnée par
$$f_{-2}(x, y) = -\Big(3x + y, 2(3x + y)\Big).$$

Par conséquent, un vecteur $(x, y) \in \mathbb{R}^2$ appartient au noyau $\ker f_{-2}$ de f_{-2} si et seulement si $3x + y = 0$. En d'autres termes,
$$\ker f_{-2} = \Big\{(x, y) \in \mathbb{R}^2 \mid 3x + y = 0\Big\}.$$

En outre, un vecteur (x', y') appartient à l'image de f_{-2} si et seulement si un vecteur $(x, y) \in \mathbb{R}^2$ tel que

$$x' = -(3x + y) \quad \text{et} \quad y' = -2(3x + y).$$

Ceci induit $y' = 2x'$, c'est-à-dire $2x' - y' = 0$. Notons par ailleurs que, pour tout couple $(x', y') \in \mathbb{R}^2$ vérifiant $y' = 2x'$, nous avons

$$f_{-2}(0, -x') = -\Big(3 \times 0 + (-x'), 2\big(3 \times 0 + (-x')\big)\Big) = (x', 2x') = (x', y').$$

L'image de l'endomorphisme f_{-2} s'exprime donc de manière cartésienne par

$$\mathbf{Im} f_{-2} = \Big\{ (x, y) \in \mathbb{R}^2 \ \Big| \ 2x - y = 0 \Big\}.$$

4.

La matrice de l'application linéaire g, définie de $\mathbb{R}^2$ vers $\mathbb{R}^2$ par

$$g(x, y) = \frac{1}{2}\left(-x + 3y, \frac{1}{2}x + y\right),$$

est

$$\frac{1}{2}\begin{pmatrix} -1 & 3 \\ \frac{1}{2} & 1 \end{pmatrix} = \begin{pmatrix} -\frac{1}{2} & \frac{3}{2} \\ \frac{1}{4} & \frac{1}{2} \end{pmatrix}.$$

Cette matrice est égale à $M_{\frac{1}{2}}$, car l'égalité $\lambda = \frac{1}{2}$ entraîne

$$-1 + \lambda = -1 + \frac{1}{2} = -\frac{1}{2} \quad \text{et} \quad 1 + \lambda = 1 + \frac{1}{2} = \frac{3}{2},$$

puis

$$\lambda(1 - \lambda) = \frac{1}{2}\left(1 - \frac{1}{2}\right) = \frac{1}{2} \times \frac{1}{2} = \frac{1}{4}.$$

Par conséquent, $g = f_{\frac{1}{2}} \in \mathscr{L}(\mathbb{R}^2)$.

Solution du Problème.

Partie A.

Le plan complexe étant muni d'un repère orthonormé direct $(O, \vec{u}, \vec{v})$, soit l'équation
$$z^3 + 64i = 0. \tag{E}$$

1.

À l'évidence, $(4i)^3 = 4^3 i^3 = -64i$. Donc, $z_0 = 4i$ est une solution de l'équation (**E**). Du reste,
$$\overline{z_0} = \overline{4i} = -4i = -z_0.$$

2.

Puisque $z_0 = 4i$ est une racine du polynôme $z^3 + 64i$, il existe des nombres complexes a et b tels que
$$z^3 + 64i = (z - 4i)(z^2 + az + b).$$

Cependant,
$$(z - 4i)(z^2 + az + b) = z^3 + az^2 + bz - 4iz^2 - 4aiz - 4bi$$
$$= z^3 + (a - 4i)z^2 + (b - 4ai)z - 4ib.$$

Par conséquent,
$$a - 4i = 0, \qquad b - 4ai = 0 \qquad \text{et} \qquad -4bi = 64i.$$

D'où $a = 4i$ et $b = -16$. Ainsi,
$$z^3 + 64i = (z - 4i)(z^2 + 4iz - 16).$$

Les autres solutions de l'équation (**E**) sont de ce fait celle de
$$z^2 + 4iz - 16 = 0. \tag{E'}$$

Le discriminant réduit de cette dernière est
$$\Delta' = (2i)^2 - 1 \times (-16) = -4 + 16 = 12 = 2^2 \times 3 = \left(2\sqrt{3}\right)^2.$$

Les solutions de (**E**′) sont donc

$$z_1 = -2i - 2\sqrt{3} = -2\sqrt{3} - 2i \quad \text{et} \quad z_2 = -2i + 2\sqrt{3} = 2\sqrt{3} - 2i.$$

Tout compte fait, l'ensemble des solutions de (**E**′) est

$$S = \{z_0, z_1, z_2\},$$

où $z_0 = 4i$, puis $z_1 = -2\sqrt{3} - 2i$ et $z_2 = 2\sqrt{3} - 2i$.

3.

Soient A, B et C les points d'affixes respectives $-2\sqrt{3} - 2i$, $2\sqrt{3} - 2i$ et $4i$. Alors,

$$AB = \left|2\sqrt{3} - 2i - \left(-2\sqrt{3} - 2i\right)\right| = \left|2\sqrt{3} + 2\sqrt{3}\right| = 4\sqrt{3},$$

puis

$$AC = \left|4i - \left(-2\sqrt{3} - 2i\right)\right| = \left|2\sqrt{3} + 6i\right| = \sqrt{\left(2\sqrt{3}\right)^2 + 6^2} = 4\sqrt{3}$$

et

$$BC = \left|4i - \left(2\sqrt{3} - 2i\right)\right| = \left|-2\sqrt{3} + 6i\right| = \sqrt{\left(-2\sqrt{3}\right)^2 + 6^2} = 4\sqrt{3}.$$

Donc, $AB = AC = BC$. Ceci signifie que le triangle ABC est équilatéral (voir le schéma 8.3 à la page 216).

Attendu que les affixes des points A, B et C sont les solutions de l'équation $z^3 = -64i$, nous avons

$$OA = OB = OC = \sqrt[3]{|-64i|} = \sqrt[3]{64} = \sqrt[3]{4^3} = 4.$$

De ce fait, s'il existe une droite $(\mathcal{D})$ telle que

$$d(A,(\mathcal{D})) = d(B,(\mathcal{D})) = d(C,(\mathcal{D})),$$

alors les points A, B et C appartiennent à la conique de foyer O, de directrice $(\mathcal{D})$ et d'excentricité

$$e = \frac{OA}{d(A,(\mathcal{D}))} = \frac{4}{d(A,(\mathcal{D}))}.$$

Nous considérons notamment une droite $(\mathcal{D})$ d'équation $y = r$, où r est une constante réelle. Alors, $d(M,(\mathcal{D})) = |y - r|$ pour chaque point $M(x, y)$. En particulier,

$$d(A,(\mathcal{D})) = d(B,(\mathcal{D})) = |-2 - r| = |2 + r| \quad \text{et} \quad d(C,(\mathcal{D})) = |4 - r|.$$

Ainsi, $d(A,(\mathcal{D})) = d(B,(\mathcal{D})) = d(C,(\mathcal{D}))$ si et seulement si $|2 + r| = |4 - r|$, c'est-à-dire $(2 + r)^2 - (4 - r)^2 = 0$. Cependant,

$$(2 + r)^2 - (4 - r)^2 = (2 + r + 4 - r)(2 + r - 4 + r) = 12(r - 1).$$

La droite $(\mathcal{D})$ d'équation $y = r$ est donc à équidistance des points A, B et C si et seulement si $12(r - 1) = 0$, c'est-à-dire $r = 1$. Le cas échéant,

$$d(A, \mathcal{D}) = d(B, \mathcal{D}) = d(C, \mathcal{D}) = |4 - 1| = 3 \quad \text{et} \quad e = \frac{4}{3} > 1.$$

Par conséquent, les points A, B et C appartiennent à l'hyperbole d'excentricité $e = \frac{4}{3}$ et d'équation $x^2 + y^2 = \frac{16}{9}(y - 1)^2$, c'est-à-dire

$$-\frac{x^2}{a^2} + \frac{\left(y - \frac{16}{7}\right)^2}{b^2} = 1, \qquad (\diamond)$$

où $a = \frac{4\sqrt{7}}{7}$ et $b = \frac{12}{7}$, dans le repère orthonormé $(O, \vec{u}, \vec{v})$. Cette hyperbole a donc pour demi-distance focale

$$c = \sqrt{a^2 + b^2} = \sqrt{\frac{16^2}{7^2}} = \frac{16}{7}.$$

En outre, son centre est le point $O'\left(0, \frac{16}{7}\right)$; son axe focal, l'axe des ordonnées. Du reste, ses sommets sont les points $C(0, 4)$ et $S\left(0, \frac{4}{7}\right)$; ses foyers, les points $F\left(0, \frac{32}{7}\right)$ et $O(0, 0)$; ses directrices, les droites d'équations respectives $y = \frac{25}{7}$ et $y = 1$; ses asymptotes les droites d'équations respectives

$$3x\sqrt{7} - 7y + 16 = 0 \quad \text{ou} \quad -3x\sqrt{7} - 7y + 16 = 0.$$

L'équation $(\diamond)$ est par ailleurs équivalente à

$$7y = 16 - \sqrt{144 + 63x^2} \quad \text{ou} \quad 7y = 16 + \sqrt{144 + 63x^2}.$$

Ceci permet de représenter l'hyperbole (voir le schéma 8.3 à la page 216).

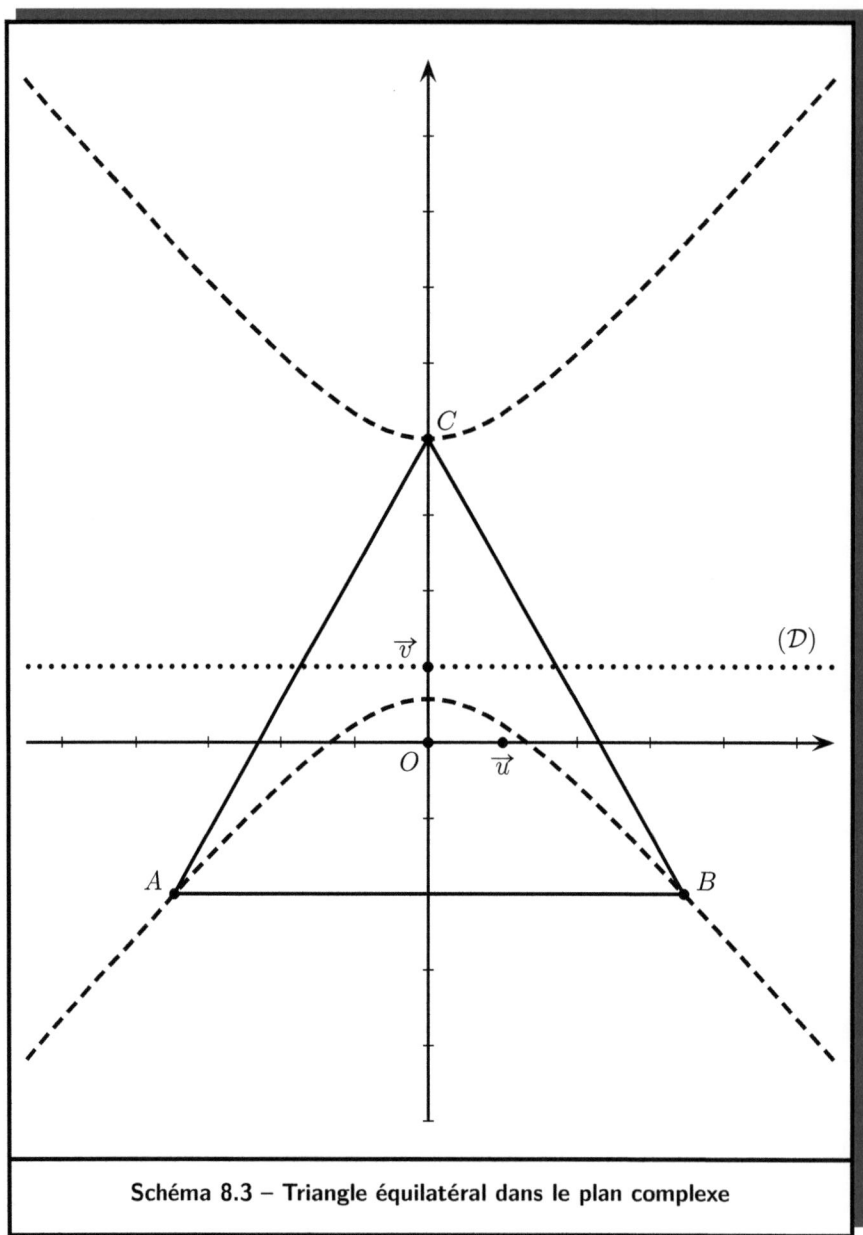

Schéma 8.3 – Triangle équilatéral dans le plan complexe

4.

Soit f la transformation du plan qui, à $M(z)$ associe $M'(z')$ tel que
$$z' - 4i = re^{i\theta}(z - 4i),$$
et qui transforme le point A en B, où r et θ sont des nombres réels. Alors, le point C est invariant par f. En effet, z_0 est l'affixe de C, et
$$re^{i\theta}(z_0 - 4i) = re^{i\theta}(4i - 4i) = 0 = z_0 - 4i.$$
Du reste, l'égalité $B = f(A)$ entraîne
$$z_2 - z_0 = re^{i\theta}(z_1 - z_0),$$
c'est-à-dire
$$\frac{z_2 - z_0}{z_1 - z_0} = re^{i\theta}.$$
Ainsi,
$$\left|\frac{z_2 - z_0}{z_1 - z_0}\right| = r \qquad \text{et} \qquad \arg\left(\frac{z_2 - z_0}{z_1 - z_0}\right) \equiv \theta \, [\operatorname{mod} 2\pi].$$
Cependant,
$$\left|\frac{z_2 - z_0}{z_1 - z_0}\right| = \frac{CB}{CA} = 1$$
et
$$\arg\left(\frac{z_2 - z_0}{z_1 - z_0}\right) \equiv \operatorname{Mes}\left(\overrightarrow{CA}, \overrightarrow{CB}\right) [\operatorname{mod} 2\pi] \equiv \frac{\pi}{3} \, [\operatorname{mod} 2\pi],$$
car le triangle ABC est équilatéral. De ce fait,
$$r = 1 \qquad \text{et} \qquad \theta \equiv \frac{\pi}{3} \, [\operatorname{mod} 2\pi].$$
La transformation f est par conséquent la rotation de centre C et d'angle $\frac{\pi}{3}$.

Partie B.

Un triangle équilatéral MNP de côté 2 est divisé en quatre parties par deux droites perpendiculaires passant par son centre de gravité G (voir le schéma 8.2 à la page 201). Il est question ici de déterminer la valeur maximale de l'aire $\mathfrak{A}$ de la partie en gris.

1.

Soient $\mathfrak{A}'$ et $\mathfrak{A}''$ les aires respectives des triangles FGN et GDN. Alors,
$$\mathfrak{A} = \mathfrak{A}' + \mathfrak{A}''.$$

Cependant, $\mathfrak{A}' = \mathfrak{B}' - \mathfrak{B}''$, où $\mathfrak{B}'$ et $\mathfrak{B}''$ désignent respectivement les aires des triangles HGN et HGF. Chacun de ces triangles est toutefois rectangle en H, car la droite (MH) est la médiatrice du segment $[NP]$. De ce fait,
$$\mathfrak{B}' = \frac{GH \times HN}{2} \quad \text{et} \quad \mathfrak{B}'' = \frac{GH \times HF}{2}.$$

Or, par définition, $HF = x$. De plus, $HN = \frac{NP}{2} = \frac{2}{2} = 1$, puisque H est le milieu du segment $[NP]$. Au demeurant, G est le centre de gravité du triangle MNP. Donc,
$$GH = \frac{1}{3}MH = \frac{1}{3}\sqrt{MN^2 - HN^2} = \frac{1}{3}\sqrt{2^2 - 1^1} = \frac{\sqrt{3}}{3}.$$

Par conséquent,
$$\mathfrak{B}' = \frac{1}{2} \times \frac{\sqrt{3}}{3} \times 1 = \frac{\sqrt{3}}{6} \quad \text{et} \quad \mathfrak{B}'' = \frac{1}{2} \times \frac{\sqrt{3}}{3} \times x = \frac{x\sqrt{3}}{6},$$
puis
$$\mathfrak{A}' = \mathfrak{B}' - \mathfrak{B}'' = \frac{\sqrt{3}}{6} - \frac{x\sqrt{3}}{6}.$$

Par ailleurs, le segment $[GE]$ est la hauteur du triangle GDN issue de son sommet G, car le segment $[PE]$, contenant le centre de gravité G, est la médiatrice du segment $[MN]$. De ce fait,
$$\mathfrak{A}'' = \frac{GE \times DN}{2}.$$

Au demeurant,
$$GE = \frac{1}{3}PE = \frac{1}{3}HM = \frac{\sqrt{3}}{3}.$$

Par ailleurs,
$$DN = \left\{ \begin{array}{l} DE + EN \quad \text{si} \quad D \in [EM] \\ -DE + EN \quad \text{si} \quad D \in [EN] \end{array} \right\} = y + EN = y + \frac{MN}{2},$$

car y est la coordonnée du point D sur la droite (MN) relativement au repère $\left(E, \overrightarrow{EM}\right)$. Ainsi, $DN = y + 1$. Par conséquent,

$$\mathfrak{A}'' = \frac{1}{2} \times \frac{\sqrt{3}}{3}(y+1) = \frac{\sqrt{3}}{6}(y+1) = \frac{y\sqrt{3}}{6} + \frac{\sqrt{3}}{6}.$$

Il en résulte que

$$\mathfrak{A} = \frac{\sqrt{3}}{6} - \frac{x\sqrt{3}}{6} + \frac{y\sqrt{3}}{6} + \frac{\sqrt{3}}{6} = \frac{2\sqrt{3}}{6} - \frac{\sqrt{3}}{6}(x-y).$$

Donc,

$$\mathfrak{A} = \frac{\sqrt{3}}{3} - \frac{\sqrt{3}}{6}(x-y).$$

2.

D'entrée de jeu, rappelons que le point E est le milieu du segment $[MN]$. Ceci entraîne

$$EM = EN = \frac{1}{2} \cdot MN = \frac{1}{2} \times 2 = 1.$$

Par ailleurs, la droite (PE) est la médiatrice du segment $[MN]$. D'où

$$4 = 2^2 = PM^2 = EM^2 + EP^2 = 1^2 + EP^2 = 1 + EP^2$$

et $EP = \sqrt{3}$. Il existe donc un point $J \in [EP]$ tel que $EJ = 1$. Par conséquent, le triplet $\left(E, \overrightarrow{EM}, \overrightarrow{EJ}\right)$ est un repère orthonormé du plan euclidien. Ce dernier étant rapporté à ce repère orthonormé, nous avons

$$N(-1, 0) \qquad \text{et} \qquad D(y, 0),$$

puis

$$P\left(0, \sqrt{3}\right) \qquad \text{et} \qquad G\left(0, \frac{\sqrt{3}}{3}\right),$$

car $EP = \sqrt{3}$ et $EG = \frac{1}{3} \cdot EP = \frac{\sqrt{3}}{3}$. De ce fait,

$$\overrightarrow{GD} = (y-0)\overrightarrow{EM} + \left(0 - \frac{\sqrt{3}}{3}\right)\overrightarrow{EJ} = y\overrightarrow{EM} - \frac{\sqrt{3}}{3}\overrightarrow{EJ}.$$

Du reste, le point H est le milieu du segment $[PN]$. Ainsi, $H\left(-\frac{1}{2}, \frac{\sqrt{3}}{2}\right)$ et

$$\overrightarrow{HN} = \left(-1 - \left(-\frac{1}{2}\right)\right)\overrightarrow{EM} + \left(0 - \frac{\sqrt{3}}{2}\right)\overrightarrow{EJ} = -\frac{1}{2}\overrightarrow{EM} - \frac{\sqrt{3}}{2}\overrightarrow{EJ}.$$

Cependant, par définition, $\overrightarrow{HF} = x\overrightarrow{HN}$ avec $x \in [0, 1]$ (voir le schéma 8.4 ci-dessous). Il en résulte que

$$\overrightarrow{GF} = \overrightarrow{GH} + \overrightarrow{HF}$$
$$= \left(-\frac{1}{2} - 0\right)\overrightarrow{EM} + \left(\frac{\sqrt{3}}{2} - \frac{\sqrt{3}}{3}\right)\overrightarrow{EJ} + \left(-\frac{1}{2}x\right)\overrightarrow{EM} + \left(-\frac{\sqrt{3}}{2}x\right)\overrightarrow{EJ}$$
$$= \left(-\frac{1}{2} - \frac{1}{2}x\right)\overrightarrow{EM} + \left(\frac{\sqrt{3}}{6} - \frac{\sqrt{3}}{2}x\right)\overrightarrow{EJ}$$
$$= -\frac{1}{2}(x+1)\overrightarrow{EM} - \frac{\sqrt{3}}{6}(3x-1)\overrightarrow{EJ}$$

et

$$\overrightarrow{GF} \cdot \overrightarrow{GD} = -\frac{1}{2}(x+1)y - \frac{\sqrt{3}}{6}(3x-1) \times -\frac{\sqrt{3}}{3}$$
$$= -\frac{1}{2}y(x+1) + \frac{1}{6}(3x-1)$$
$$= \frac{1}{6}\Big(-3y(x+1) + 3x - 1\Big).$$

Au demeurant, $\overrightarrow{GF}$ et $\overrightarrow{GD}$ sont des vecteurs directeurs respectifs des droites $(\mathcal{D})$ et $(\mathcal{D}')$. Ces dernières étant orthogonales en G, ceci induit

$$\overrightarrow{GF} \cdot \overrightarrow{GD} = 0.$$

Donc, $-3y(x+1) + 3x - 1 = 0$. Par conséquent,

$$3y(x+1) = 3x - 1$$

et

$$y = \frac{3x-1}{3(x+1)}.$$

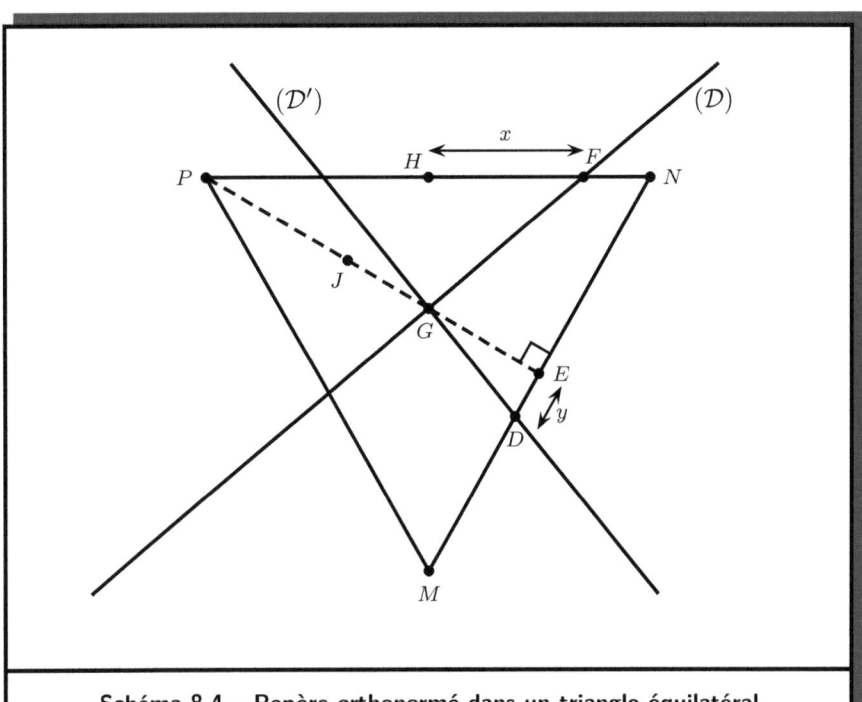

Schéma 8.4 – Repère orthonormé dans un triangle équilatéral

3.

À l'évidence, les deux questions précédentes livrent

$$\mathfrak{A} = \frac{\sqrt{3}}{3} - \frac{\sqrt{3}}{6}\left(x - \frac{3x-1}{3(x+1)}\right) = f(x),$$

où

$$f(x) = \frac{\sqrt{3}}{3} - \frac{\sqrt{3}}{6}\left(x - \frac{1}{3} \cdot \frac{3x-1}{x+1}\right).$$

De plus, pour chaque $x \in \mathbb{R}\setminus\{-1\}$, nous avons

$$f'(x) = -\frac{\sqrt{3}}{6}\left(1 - \frac{1}{3} \cdot \left(\frac{3x-1}{x+1}\right)\right)$$

$$= -\frac{\sqrt{3}}{6}\left(1 - \frac{1}{3} \cdot \frac{(3x-1)'(x+1) - (3x-1)(x+1)'}{(x+1)^2}\right)$$

8.2. Corrigé 2015

et
$$f'(x) = -\frac{\sqrt{3}}{6}\left(1 - \frac{1}{3} \cdot \frac{3(x+1) - (3x-1)}{(x+1)^2}\right) = -\frac{\sqrt{3}}{6}\left(1 - \frac{\frac{4}{3}}{(x+1)^2}\right)$$

$$= -\frac{\sqrt{3}}{6} \cdot \frac{(x+1)^2 - \left(\frac{2\sqrt{3}}{3}\right)^2}{(x+1)^2}$$

$$= -\frac{\sqrt{3}}{6(x+1)^2}\left(x + 1 + \frac{2\sqrt{3}}{3}\right)\left(x + 1 - \frac{2\sqrt{3}}{3}\right)$$

$$= -\frac{\sqrt{3}}{6(x+1)^2}\left(x + \frac{3+2\sqrt{3}}{3}\right)\left(x + \frac{3-2\sqrt{3}}{3}\right).$$

Par conséquent,
$$\begin{cases} f'(x) < 0 \text{ si } x \in \left]-\infty, -\frac{3+2\sqrt{3}}{3}\right[\cup \left]\frac{-3+2\sqrt{3}}{3}, +\infty\right[, \\ f'(x) = 0 \text{ si } x \in \left\{-\frac{3+2\sqrt{3}}{3}, \frac{-3+2\sqrt{3}}{3}\right\}, \\ f'(x) > 0 \text{ si } x \in \left]-\frac{3+2\sqrt{3}}{3}, \frac{-3+2\sqrt{3}}{3}\right[. \end{cases}$$

En particulier,
$$\begin{cases} f'(x) > 0 \text{ si } x \in \left[0, \frac{-3+2\sqrt{3}}{3}\right[, \\ f'(x) = 0 \text{ si } x = \frac{-3+2\sqrt{3}}{3}, \\ f'(x) < 0 \text{ si } x \in \left]\frac{-3+2\sqrt{3}}{3}, 1\right]. \end{cases}$$

Par ailleurs,
$$f(0) = \frac{\sqrt{3}}{3} - \frac{\sqrt{3}}{6}\left(0 - \frac{1}{3}\right) = \frac{6\sqrt{3}}{18} - \frac{\sqrt{3}}{18} = \frac{5\sqrt{3}}{18}$$

et
$$f(1) = \frac{\sqrt{3}}{3} - \frac{\sqrt{3}}{6}\left(1 - \frac{2}{6}\right) = \frac{6\sqrt{3}}{18} - \frac{2\sqrt{3}}{18} = \frac{4\sqrt{3}}{18},$$

puis

$$f\left(\frac{-3+2\sqrt{3}}{3}\right) = \frac{\sqrt{3}}{3} - \frac{\sqrt{3}}{6}\left(\frac{-3+2\sqrt{3}}{3} - \frac{1}{3} \cdot \frac{-3+2\sqrt{3}-1}{-1+\frac{2\sqrt{3}}{3}+1}\right)$$
$$= \frac{\sqrt{3}}{3} - \frac{\sqrt{3}}{6}\left(\frac{-3+2\sqrt{3}}{3} - \frac{-4+2\sqrt{3}}{2\sqrt{3}}\right)$$
$$= \frac{\sqrt{3}}{3} - \frac{\sqrt{3}}{6}\left(\frac{-3+2\sqrt{3}}{3} - \frac{2\sqrt{3}-3}{3}\right)$$
$$= \frac{\sqrt{3}}{3} - \frac{\sqrt{3}}{6} \cdot \frac{4\sqrt{3}-6}{3}$$
$$= \frac{\sqrt{3}}{3} - \frac{1}{6} \cdot \frac{12-6\sqrt{3}}{3}$$
$$= \frac{\sqrt{3}}{3} - \frac{2-\sqrt{3}}{3} = \frac{-2+2\sqrt{3}}{3}.$$

Le tableau de variation de f dans l'intervalle $[0,1]$ est donc le suivant.

x	0		$\frac{-3+2\sqrt{3}}{3}$		1
$f'(x)$		+	0	−	
$f(x)$	$\frac{5\sqrt{3}}{18}$	↗	$\frac{-2+2\sqrt{3}}{3}$	↘	$\frac{4\sqrt{3}}{18}$

La valeur maximale de l'aire $\mathfrak{A}$ est par conséquent

$$\frac{-2+2\sqrt{3}}{3};$$

elle est atteinte lorsque $x = \frac{-3+2\sqrt{3}}{3}$.

4.

L'espace étant associé à un repère orthonormé direct $\left(O, \vec{i}, \vec{j}, \vec{k}\right)$, soient les points

$$M(0,2,0), \qquad N\left(\sqrt{3},1,0\right) \qquad \text{et} \qquad P\left(\frac{\sqrt{3}}{3}, 1, \frac{2\sqrt{6}}{3}\right).$$

Alors,

$$\overrightarrow{MN} = \left(\sqrt{3}-0\right)\vec{i} + (1-2)\vec{j} + (0-0)\vec{k} = \sqrt{3}\,\vec{i} - \vec{j}$$

et

$$\overrightarrow{MP} = \left(\frac{\sqrt{3}}{3}-0\right)\vec{i} + (1-2)\vec{j} + \left(\frac{2\sqrt{6}}{3}-0\right)\vec{k} = \frac{\sqrt{3}}{3}\vec{i} - \vec{j} + \frac{2\sqrt{6}}{3}\vec{k}.$$

Un vecteur normal du plan (MNP) est donc

$$\overrightarrow{MN} \wedge \overrightarrow{MP} = \begin{vmatrix} -1 & -1 \\ 0 & \frac{2\sqrt{6}}{3} \end{vmatrix}\vec{i} + \begin{vmatrix} 0 & \frac{2\sqrt{6}}{3} \\ \sqrt{3} & \frac{\sqrt{3}}{3} \end{vmatrix}\vec{j} + \begin{vmatrix} \sqrt{3} & \frac{\sqrt{3}}{3} \\ -1 & -1 \end{vmatrix}\vec{k}$$

$$= -\frac{2\sqrt{6}}{3}\vec{i} - 2\sqrt{2}\,\vec{j} - \frac{2\sqrt{3}}{3}\vec{k} = -\frac{2\sqrt{6}}{3} \cdot \vec{n},$$

où

$$\vec{n} = \vec{i} + \sqrt{3}\,\vec{j} + \frac{\sqrt{2}}{2}\vec{k}.$$

Ainsi, un point $W(x,y,z)$ appartient à la droite (Δ), perpendiculaire au triangle MNP en son centre de gravité G, si et seulement s'il existe un réel λ vérifiant $\overrightarrow{GW} = \lambda \cdot \vec{n}$. Toutefois,

$$\overrightarrow{OG} = \frac{1}{3}\left(\overrightarrow{OM} + \overrightarrow{ON} + \overrightarrow{OP}\right)$$

$$= \frac{1}{3}\left(0 + \sqrt{3} + \frac{\sqrt{3}}{3}\right)\vec{i} + \frac{1}{3}(2+1+1)\vec{j} + \frac{1}{3}\left(0 + 0 + \frac{2\sqrt{6}}{3}\right)\vec{k}$$

$$= \frac{4\sqrt{3}}{9}\vec{i} + \frac{4}{3}\vec{j} + \frac{2\sqrt{6}}{9}\vec{k}$$

et
$$\overrightarrow{GW} = \left(x - \frac{4\sqrt{3}}{9}\right)\vec{i} + \left(y - \frac{4}{3}\right)\vec{j} + \left(z - \frac{2\sqrt{6}}{9}\right)\vec{k}.$$

De ce fait, $W(x, y, z) \in (\Delta)$ si et seulement si

$$\left(x - \frac{4\sqrt{3}}{9}\right)\vec{i} + \left(y - \frac{4}{3}\right)\vec{j} + \left(z - \frac{2\sqrt{6}}{9}\right)\vec{k} = \lambda\vec{i} + \lambda\sqrt{3}\vec{j} + \lambda\frac{\sqrt{2}}{2}\vec{k}.$$

Le système d'équations cartésiennes de la perpendiculaire au triangle MNP en son centre de gravité G est par conséquent donné par

$$\begin{cases} x - \frac{4\sqrt{3}}{9} = \lambda, \\ y - \frac{4}{3} = \lambda\sqrt{3}, \\ z - \frac{2\sqrt{6}}{9} = \lambda\frac{\sqrt{2}}{2}, \end{cases}$$

c'est-à-dire

$$\begin{cases} x = \lambda + \frac{4\sqrt{3}}{9}, \\ y = \lambda\sqrt{3} + \frac{4}{3}, \\ z = \lambda\frac{\sqrt{2}}{2} + \frac{2\sqrt{6}}{9}, \end{cases}$$

où λ est un nombre réel.

Partie C.

Soit f la fonction numérique d'une variable réelle x définie par

$$f(x) = e^{2e^x},$$

puis g la fonction donnée par $g(x) = \ln f(x)$. Alors,

$$g(x) = \ln\left(e^{2e^x}\right) = 2e^x$$

pour chaque réel x. Il en résulte que

$$g'(x) = (2e^x)' = 2(e^x)' = 2e^x = g(x).$$

La fonction g est donc une solution de l'équation différentielle du premier ordre

$$y' - y = 0.$$

8.3. Notes et commentaires sur le sujet 2015

Dans cette section, nous revenons sur la formulation de la Partie B du Problème. Elle invite entre autres à calculer l'aire d'une partie déterminée par un triangle équilatéral MNP et deux droites $(\mathcal{D})$ et $(\mathcal{D}')$ équivalentes en son centre de gravité G. Précisément, la droite $(\mathcal{D}')$ rencontrant le segment $[MN]$ au point E, sa perpendiculaire $(\mathcal{D})$ coupant $[NP]$ en D, il s'agit de déterminer l'aire du quadrilatère $FGDN$ en fonction des nombres x et y. Toutefois, x et y ne sont pas clairement définis. Le schéma 8.2 à la page 201, accompagnant l'énoncé du Problème, laisse penser que $x = HF$ et $y = ED$, où E et H désignent les milieux respectifs des segments $[MN]$ et $[NP]$. Tel n'est pas le cas. En effet, si $F \in [HN]$ et $x = HF$, alors $x \in [0,1]$. Ainsi,

$$y = \frac{3 \cdot \frac{1}{4} - 1}{3 \cdot \left(\frac{1}{4} + 1\right)} = \frac{-\frac{1}{4}}{\frac{15}{4}} = -\frac{1}{15} < 0$$

pour $x = \frac{1}{4}$, eu égard à l'égalité

$$y = \frac{3x-1}{3(x+1)},$$

que la deuxième question demande de démontrer.

Nonobstant cette imprécision et au regard du schéma 8.2, nous pouvons dire que le point F de rencontre de la droite $(\mathcal{D})$ et du segment $[NP]$ appartient à $[HN]$, car le contraire entraînerait $(\mathcal{D}') \cap [MN] = \emptyset$. Au demeurant, x est la distance entre les points H et F. Cependant, $D \in [ME]$ ou $D \in [EN]$, puis y est la mesure algébrique du point D sur la droite (MN) relativement au repère $\left(E, \overrightarrow{EM}\right)$. Ainsi,

$$y = \overline{ED} = \begin{cases} ED & \text{si } D \in [ME], \\ -ED & \text{si } D \in [EN]. \end{cases}$$

# Chapitre 9

Session 2016

9.1. Sujet 2016

Ce sujet est composé de deux exercices et d'un problème. Le premier exercice et le problème sont communs aux candidats des séries C et E. Le deuxième exercice comporte trois parties : la première est commune à tous les examinés, la deuxième est dédiée uniquement aux aspirants de la série C, tandis que la troisième s'adresse exclusivement aux postulants de la série E.

Exercice 1 : Tirage aléatoire de jetons et nombres complexes.

Une urne contient cinq jetons portant les réels $-\sqrt{2}$, -1, 0, 1 et $\sqrt{2}$. On tire successivement avec remise deux jetons de l'urne. On note x le numéro du premier jeton et y celui du deuxième jeton, puis on construit le nombre complexe $z = x + iy$.

1. Combien de nombres complexes peut-on ainsi construire ?
2. Quelle est la probabilité d'obtenir :
    (a) Un nombre complexe de module $\sqrt{2}$?

(b) Un nombre complexe dont un argument est $\frac{\pi}{2}$?

3. On effectue trois fois de suite le tirage successif et avec remise de deux jetons de l'urne; et on désigne par X la variable qui, à l'issue de ces trois tirages, associe le nombre de nombres complexes de module $\sqrt{2}$. Déterminer la loi de probabilité de X.

Exercice 2 : Surfaces dans l'espace – Volume d'un tétraèdre.

On considère dans un repère orthonormé direct $\left(O, \vec{i}, \vec{j}, \vec{k}\right)$ de l'espace, les surfaces $(\mathcal{S})$ et $(\mathcal{S}')$ d'équations respectives $z = (x-y)^2$ et $z = xy$. On prendra 1 cm comme unité.

I.

1. Déterminer le vecteur $\vec{i} \wedge \vec{j} \wedge \left(2\vec{k}\right)$.

2. On note $(\mathcal{I}_2)$ l'intersection de $(\mathcal{S}')$ avec le plan $(\mathcal{P}_1)$ d'équation $z = 0$. Déterminer la nature et les éléments caractéristiques de $(\mathcal{I}_2)$.

3. On désigne par $(\mathcal{I}_3)$ l'intersection de $(\mathcal{S})$ et de la surface $(\mathcal{S}'')$ d'équation $z = -2xy + 4 + 2y^2$. Déterminer la nature et les éléments caractéristiques du projeté orthogonal de $(\mathcal{I}_3)$ sur le plan $\left(O, \vec{i}, \vec{j}\right)$.

II (C).

On note $(\mathcal{I}_4)$ l'intersection de $(\mathcal{S})$ et $(\mathcal{S}')$. Dans cette partie, on veut démontrer que le seul point appartenant à $(\mathcal{I}_4)$ dont les coordonnées sont des entiers naturels est le point $O(0,0,0)$. On suppose qu'il existe un point M appartenant à $(\mathcal{I}_4)$ et dont les coordonnées x, y et z sont des entiers naturels.

1. Montrer que, si $x = 0$, alors le point M est l'origine O.

2. On suppose désormais que l'entier x n'est pas nul.

   (a) Montrer que les entiers x et y vérifient $x^2 - 3xy + y^2 = 0$. En déduire qu'il existe alors des entiers naturels x' et y' premiers entre eux tels que
   $$(x')^2 - 3x'y' + (y')^2 = 0.$$

   (b) Montrer que x' divise $(y')^2$, puis x' divise y'.

   (c) Établir que $x = 0$ et conclure.

III (E).

Soit $ABCO$ un tétraèdre régulier d'arête égale à 2. L'arête $[OB]$ est portée par l'axe des ordonnées. Soit C un point du plan $\left(O, \vec{i}, \vec{j}\right)$ d'abscisse égale à $\sqrt{3}$.

1.(a) Faire un schéma.

(b) Montrer que les coordonnées de points A, B et C dans le repère $\left(O, \vec{i}, \vec{j}, \vec{k}\right)$ sont respectivement

$$\left(\frac{\sqrt{3}}{3}, 1, \frac{2\sqrt{6}}{3}\right), \quad (0, 2, 0) \quad \text{et} \quad \left(\sqrt{3}, 1, 0\right).$$

2. En déduire le volume du tétraèdre $ABCO$.

Problème : Isométries laissant invariante une partie du plan.

Le plan est muni d'un repère orthonormé $\left(O, \vec{i}, \vec{j}\right)$. On considère l'ensemble $(\mathcal{E})$ des points $M(x, y)$ tels que

$$\sqrt{|x|} + \sqrt{|y|} = 1.$$

On va déterminer les isométries du plan qui laissent $(\mathcal{E})$ globalement invariant.

Partie A.

Soit la fonction numérique d'une variable réelle définie par

$$f(x) = \left(1 - \sqrt{|x|}\right)^2$$

pour tout $x \in [-1, 1]$. On note $(\mathcal{C})$ sa courbe représentative dans le repère $\left(O, \vec{i}, \vec{j}\right)$. On prendra 3 cm comme unité sur les axes.

1.(a) Déterminer la parité de f.

(b) Quelle conséquence géométrique peut-on en déduire ?

2. Soit g la restriction de f à l'intervalle $[0,1]$ et t la fonction définie sur $[0,1]$ par $t(x) = g(x^2)$.
   (a) Vérifier que $g(x) = (1 - \sqrt{x})^2$ pour tout $x \in [0,1]$.
   (b) Étudier la dérivabilité de g à droite en 0. Que peut-on en conclure pour la courbe $(\mathcal{C})$ de f ?
   (c) Montrer que
   $$g'(x) = \frac{-1 + \sqrt{x}}{\sqrt{x}}$$
   pour tout $x \in\,]0,1]$.
   (d) Dresser le tableau de variation de g.
   (e) Montrer que t est solution de l'équation différentielle $y'' - 2 = 0$ sur l'intervalle $[0,1]$.
3. (a) Représenter soigneusement dans le repère $\left(O, \vec{i}, \vec{j}\right)$ la courbe $(\mathcal{C})$ de la fonction f.
   (b) Déterminer l'aire du domaine limité par l'axe des abscisses et la courbe $(\mathcal{C})$ de f.
4. Soit h la fonction définie sur $[-1,1]$ par $f(x) = -h(x)$. Déduire de $(\mathcal{C})$ la courbe $(\mathcal{C}')$ de h dans le même repère $\left(O, \vec{i}, \vec{j}\right)$.
5. On considère la suite $(u_n)_{n\in\mathbb{N}}$ définie par $u_0 = \frac{1}{2}$ et $u_{n+1} = f(u_n)$ pour chaque $n \in \mathbb{N}$.
   (a) Vérifier que la suite $(u_n)_{n\in\mathbb{N}}$ est bien définie.
   (b) Montrer que $(u_n)_{n\in\mathbb{N}}$ n'est ni croissante, ni décroissante.

Partie B.

On note $(\mathfrak{I})$ l'ensemble de isométries du plan qui laissent $(\mathcal{E})$ globalement invariant.
1. Montrer que $-1 \leqslant x \leqslant 1$ pour tout point $M(x,y)$ appartenant à $(\mathcal{E})$.
2. Prouver que $(\mathcal{E})$ est la réunion de courbes $(\mathcal{C})$ et $(\mathcal{C}')$.
3. Dans le repère $\left(O, \vec{i}, \vec{j}\right)$, soient les points $I(1,0)$, $J(0,1)$, $K(-1,0)$ et $L(0,-1)$.

(a) Déterminer l'ensemble des couples (A, B) de points de $(\mathcal{E})$ tel que $d(A, B) = 2$.

(b) Soit $\mathcal{S}$ une isométrie du plan laissant $(\mathcal{E})$ globalement invariant. Montrer que $\mathcal{S}(O) = O$.

(c) En déduire toutes les natures possibles de l'isométrie $\mathcal{S}$.

4. Soit r un déplacement laissant invariant $(\mathcal{E})$.

(a) Vérifier que r est, soit une rotation de centre O et d'angle non nul, soit l'application identique du plan.

(b) En déduire par leurs éléments caractéristiques tous les déplacements qui laissent $(\mathcal{E})$ globalement invariant.

5. Soit $\mathcal{S}_{(\Delta)}$ une réflexion du plan d'axe (Δ) laissant $(\mathcal{E})$ globalement invariant.

(a) Vérifier que $O \in (\Delta)$.

(b) En déduire par leurs éléments caractéristiques toutes les réflexions qui laissent $(\mathcal{E})$ globalement invariant.

6. Écrire alors en extension l'ensemble $(\mathfrak{I})$.

9.2. Corrigé 2016

Solution de l'Exercice 1.

Une urne contient cinq jetons portant les réels $-\sqrt{2}$, -1, 0, 1 et $\sqrt{2}$. On tire successivement avec remise deux jetons de l'urne. On note x le numéro du premier jeton et y celui du deuxième jeton, puis on construit le nombre complexe $z = x + iy$.

1.

Soit Ω l'univers des possibles de cette expérience, puis l'ensemble

$$E = \left\{-\sqrt{2}, -1, 0, 1, \sqrt{2}\right\}.$$

Alors, Ω a le même cardinal que l'ensemble $E^{\{1,2\}}$ des applications de $\{1, 2\}$ de E. En effet, les applications

$$\varphi : \Omega \to E^{\{1,2\}}, \quad x + iy \mapsto f,$$

où $f(1) = x$ et $f(2) = y$, puis
$$\psi : E^{\{1,2\}} \to \Omega, \quad f \mapsto f(1) + if(2),$$
satisfont les égalités $\varphi \circ \psi = \mathrm{id}_{E^{\{1,2\}}}$ et $\psi \circ \varphi = \mathrm{id}_\Omega$, et sont de ce fait des bijections. Par conséquent,
$$\mathrm{card}\,(\Omega) = \mathrm{card}\left(E^{\{1,2\}}\right) = \mathrm{card}\,(E)^{\mathrm{card}\,(\{1,2\})} = 5^2 = 25.$$

En d'autres termes, il est possible par cette expérience de construire 25 nombres complexes.

2.

(a) Soit A l'ensemble des nombres complexes de Ω ayant $\sqrt{2}$ pour module. Il s'agit ici de déterminer la probabilité de A. À cet effet, notons que
$$A = \left\{ x + iy \in \Omega \mid x^2 + y^2 = 2 \right\}.$$

Maintenant, soit $z = x + iy \in \Omega$. Alors, les réels x^2 et y^2 appartiennent à l'ensemble $\{0, 1, 2\}$, car x et y sont des éléments de $\left\{-\sqrt{2}, -1, 0, 1, \sqrt{2}\right\}$. Ainsi, $x^2 + y^2 = 2$ si et seulement si l'une des trois conditions suivantes est valide :

(i) $x^2 = 0$ et $y^2 = 2$;
(ii) $x^2 = 1$ et $y^2 = 1$;
(iii) $x^2 = 2$ et $y^2 = 0$.

De ce fait,
$$A = A_1 \cup A_2 \cup A_3,$$
où
$$A_1 = \left\{ x + iy \in \Omega \mid x^2 = 0 \wedge y_2 = 2 \right\} = \left\{-i\sqrt{2}, i\sqrt{2}\right\}$$
et
$$A_2 = \left\{ x + iy \in \Omega \mid x^2 = 1 \wedge y_2 = 1 \right\} = \left\{-1 - i, -1 + i, 1 - i, 1 + i\right\},$$
puis
$$A_3 = \left\{ x + iy \in \Omega \mid x^2 = 2 \wedge y_2 = 0 \right\} = \left\{-\sqrt{2}, \sqrt{2}\right\}.$$

Par conséquent,
$$\operatorname{card}(A) = \operatorname{card}(A_1) + \operatorname{card}(A_2) + \operatorname{card}(A_3) = 2 + 4 + 2 = 8.$$

Ceci entraîne
$$\mathbb{P}(A) = \frac{\operatorname{card}(A)}{\operatorname{card}(\Omega)} = \frac{8}{25}.$$

(b) Soit B l'ensemble des nombres complexes de Ω ayant $\frac{\pi}{2}$ pour argument. Pour déterminer la probabilité de B, il sied de remarquer qu'un nombre complexe a $\frac{\pi}{2}$ pour argument si et seulement si sa partie réelle est nulle et sa partie imaginaire positive. Ainsi,
$$B = \left\{ x + iy \in \Omega \mid x = 0 \land y > 0 \right\} = \left\{ i, i\sqrt{2} \right\}.$$

Par conséquent,
$$\mathbb{P}(B) = \frac{\operatorname{card}(B)}{\operatorname{card}(\Omega)} = \frac{2}{25}.$$

3.

On effectue trois fois de suite le tirage successif et avec remise de deux jetons de l'urne et on désigne par X la variable qui, à l'issue des trois tirages, associe le nombre de nombres complexes de module $\sqrt{2}$. Alors, la variable aléatoire suit la loi binomiale de paramètres
$$n = 3 \quad \text{et} \quad p = \mathbb{P}(A) = \frac{8}{25}.$$

Il en découle que
$$\mathbb{P}(X = k) = C_3^k p^k (1-p)^{3-k}$$

pour chaque $k \in \{0, 1, 2, 3\}$. Précisément,
$$\mathbb{P}(X = 0) = C_3^0 p^0 (1-p)^3 = \left(\frac{17}{25}\right)^3 = \frac{4913}{15625},$$

$$\mathbb{P}(X = 1) = C_3^1 p^1 (1-p)^2 = 3 \cdot \left(\frac{8}{25}\right)^1 \cdot \left(\frac{17}{25}\right)^2 = \frac{6936}{15625},$$

$$\mathbb{P}(X = 2) = C_3^2 p^1 (1-p)^1 = 3 \cdot \left(\frac{8}{25}\right)^2 \cdot \left(\frac{17}{25}\right)^1 = \frac{3264}{15625},$$

$$\mathbb{P}(X = 3) = C_3^3 p^3 (1-p)^0 = \left(\frac{8}{25}\right)^3 = \frac{512}{15625}.$$

Solution de l'Exercice 2.

Dans un repère orthonormé direct $\left(O, \vec{i}, \vec{j}, \vec{k}\right)$ de l'espace, soient les surfaces $(\mathcal{S})$ et $(\mathcal{S}')$ d'équations respectives $z = (x-y)^2$ et $z = xy$. On prend 1 cm comme unité.

I.

1.

Nous avons $\vec{k} = \vec{i} \wedge \vec{j}$, car $\left(O, \vec{i}, \vec{j}, \vec{k}\right)$ est un repère orthonormé direct. De ce fait,

$$\left(\vec{i} \wedge \vec{j}\right) \wedge \left(2\vec{k}\right) = \vec{k} \wedge \left(2\vec{k}\right) = 2 \cdot \left(\vec{k} \wedge \vec{k}\right) = 2 \cdot \vec{0} = \vec{0}.$$

2.

Soit $(\mathcal{I}_2)$ l'intersection de $(\mathcal{S}')$ avec le plan $(\mathcal{P}_1)$ d'équation $z = 0$. Alors, un point $M(x, y)$ appartient à $(\mathcal{I}_2)$ si et seulement si $z = xy$ et $z = 0$, c'est-à-dire $xy = 0$ et $z = 0$. Ceci équivaut à $x = 0$ et $z = 0$ d'une part, ou $y = 0$ et $z = 0$ d'autre part. Or, $x = 0$ et $y = 0$, puis $z = 0$ sont les équations respectives des plans $\left(O, \vec{j}, \vec{k}\right)$ et $\left(O, \vec{i}, \vec{k}\right)$, puis $\left(O, \vec{i}, \vec{j}\right)$. De ce fait, l'ensemble des points $M(x, y, z)$ satisfaisant $x = 0$ et $z = 0$ est la droite $\left(O, \vec{j}\right)$. Par ailleurs, les points $M(x, y, z)$, vérifiant $y = 0$ et $z = 0$, constituent la droite $\left(O, \vec{i}\right)$. Par conséquent,

$$(\mathcal{I}_2) = \left(O, \vec{i}\right) \cup \left(O, \vec{j}\right).$$

3.

Soit $(\mathcal{I}_3)$ l'intersection de la surface $(\mathcal{S}'')$ d'équation $z = -2xy + 4 + 2y^2$ et de $(\mathcal{S})$. Alors, un point $M(x, y, z)$ appartient à $(\mathcal{I}_3)$ si et seulement si

$$z = (x-y)^2 \quad \text{et} \quad z = -2xy + 4 + 2y^2.$$

Toutefois, $-2xy = (x-y)^2 - x^2 - y^2$. Donc,

$$-2xy + 4 + 2y^2 = (x-y)^2 - x^2 - y^2 + 4 + 2y^2 = (x-y)^2 - (x^2 - y^2 - 4).$$

Par conséquent, l'appartenance d'un point $M(x, y, z)$ à $(\mathcal{I}_3)$ équivaut à
$$z = (x-y)^2 \quad \text{et} \quad z = (x-y)^2 - (x^2 - y^2 - 4),$$
c'est-à-dire $z = (x-y)^2$ et $x^2 - y^2 - 4 = 0$. Cependant,
$$x^2 - y^2 - 4 = 4\left(\frac{x^2}{2^2} - \frac{y^2}{2^2} - 1\right).$$

De ce fait,
$$(\mathcal{I}_3) = \left\{ M(x, y, z) \;\middle|\; z = (x-y)^2 \wedge \frac{x^2}{2^2} - \frac{y^2}{2^2} = 1 \right\}.$$

Soit ϱ la projection orthogonale sur le plan $\left(O, \vec{i}, \vec{j}\right)$ et $(\mathcal{I}_3')$ l'image de $(\mathcal{I}_3)$ par ϱ. Alors, un point $M'(x', y', z')$ est l'image de $M(x, y, z)$ par ϱ si et seulement s'il existe un réel λ tel que $\overrightarrow{MM'} = \lambda \cdot \vec{k}$ et $M' \in \left(O, \vec{i}, \vec{j}\right)$. Par conséquent, $(x' - x, y' - y, z' - z) = \lambda(0, 0, 1)$ et $z' = 0$. La projection orthogonale ϱ est donc donnée par

$$\varrho : M(x, y, z) \mapsto M'(x', y', z') \quad \text{avec} \quad \begin{cases} x' = x, \\ y' = y, \\ z' = 0. \end{cases}$$

Ainsi, si $M(x, y, z) \in (\mathcal{I}_3)$ et si $M'(x', y', z')$ est l'image de M de ϱ, alors $x' = x$, puis $y' = y$ et $z' = 0$. D'où
$$\frac{(x')^2}{2^2} - \frac{(y')^2}{2^2} = \frac{x^2}{2^2} - \frac{y^2}{2^2} = 1.$$

Ceci induit
$$(\mathcal{I}_3') = \varrho(\mathcal{I}_3) \subseteq \left\{ M'(x', y', z') \;\middle|\; \frac{(x')^2}{2^2} - \frac{(y')^2}{2^2} = 1 \wedge z' = 0 \right\}.$$

Pour établir l'inclusion réciproque, considérons un point $M'(x', y', z')$ vérifiant
$$\frac{(x')^2}{2^2} - \frac{(y')^2}{2^2} = 1 \quad \text{et} \quad z' = 0,$$

ainsi que le point $M(x, y, z)$ satisfaisant

$$x = x', \qquad y = y' \qquad \text{et} \qquad z = (x-y)^2 = (x'-y')^2.$$

Alors,

$$M' = \varrho(M) \qquad \text{et} \qquad \frac{x^2}{2^2} - \frac{y^2}{2^2} = \frac{(x')^2}{2^2} - \frac{(y')^2}{2^2} = 1$$

Donc, $M \in (\mathcal{I}_3)$ et $M' \in \varrho(\mathcal{I}_3) = (\mathcal{I}'_3)$. Il en résulte que

$$\left\{ M'(x', y', z') \;\middle|\; \frac{(x')^2}{2^2} - \frac{(y')^2}{2^2} = 1 \wedge z' = 0 \right\} \subseteq (\mathcal{I}'_3).$$

Tout compte fait,

$$(\mathcal{I}'_3) = \left\{ M(x, y, z) \;\middle|\; \frac{x^2}{a^2} - \frac{y^2}{b^2} = 1 \wedge z = 0 \right\} \subseteq \left(O, \vec{i}, \vec{j}\right),$$

où $a = b = 2$. L'ensemble $(\mathcal{I}'_3)$, projeté orthogonal de $(\mathcal{I}_3)$ sur le plan $\left(O, \vec{i}, \vec{j}\right)$, est par conséquent une hyperbole de centre O et de distance demi-focale

$$c = \sqrt{a^2 + b^2} = \sqrt{2^2 + 2^2} = \sqrt{2 \times 2^2} = 2\sqrt{2},$$

et d'excentricité $e = \frac{c}{a} = \sqrt{2}$. L'hyperbole $(\mathcal{I}'_3)$ a donc pour sommets les points $S(2, 0, 0)$ et $S'(-2, 0, 0)$, puis pour foyers les points $F(2\sqrt{2}, 0, 0)$ et $F'(-2\sqrt{2}, 0, 0)$. Par ailleurs, son axe focal est l'axe des abscisses $\left(O, \vec{i}\right)$, tandis que ses directrices sont les droites définies par $x = \sqrt{2}$ et $z = 0$ d'une part, puis $x = -\sqrt{2}$ et $z = 0$ d'autre part. En outre, les asymptotes de l'hyperbole $(\mathcal{I}'_3)$ sont les droites données respectivement par

$$\begin{cases} y = x, \\ z = 0, \end{cases} \qquad \text{et} \qquad \begin{cases} y = -x, \\ z = 0. \end{cases}$$

II (C).

Soit $(\mathcal{I}_4)$ l'intersection de $(\mathcal{S})$ et $(\mathcal{S}')$. Dans cette partie, l'objectif est de démontrer que le seul point appartenant à $(\mathcal{I}_4)$, dont les coordonnées sont des entiers naturels, est le point $O(0,0,0)$. Supposons qu'il existe un point M appartenant à $(\mathcal{I}_4)$ et dont les coordonnées x, y et z sont des entiers naturels.

1.

Soit $x = 0$. Les égalités $z = (x-y)^2$ et $z = xy$, équations respectives des surfaces $(\mathcal{S})$ et $(\mathcal{S}')$, étant valides, nous avons alors $z = 0$ et $z = y^2$. De ce fait, l'égalité $x = 0$ entraîne $y = z = 0$, et donc $M = O$.

2.

Désormais, nous supposons que l'entier x n'est pas nul.

(a) La validité des équations des surfaces $(\mathcal{S})$ et $(\mathcal{S}')$ induit alors
$$(x-y)^2 = xy.$$
Cependant, $(x-y)^2 = x^2 - 2xy + y^2$. Il s'ensuit que $x^2 - 2xy + y^2 = xy$, c'est-à-dire
$$x^2 - 3xy + y^2 = 0.$$
Soit d le plus grand diviseur commun de x et y. Alors, il existe des entiers naturels x' et y' tels que $x = dx'$ et $y = dy'$. Alors, x' et y' sont premiers entre eux, puis
$$\begin{aligned}d^2\big[(x')^2 - 3x'y' + (y')^2\big] &= (dx')^2 - 3(dx')(dy') + (dy')^2\\ &= x^2 - 3xy + y^2 = 0.\end{aligned}$$
Par conséquent,
$$(x')^2 - 3x'y' + (y')^2 = 0.$$

(b) L'égalité précédente entraîne
$$x'(x' - 3y') = -(y')^2.$$
Ceci signifie que x' divise $(y')^2$. Eu égard au théorème de Gauss, il en résulte que x' divise y', car x' et y' sont premiers entre eux.

(c) Dans la mesure où x' est un diviseur de y', il existe un entier k tel que $y' = kx'$. Ainsi,
$$(x')^2(1 - 3k + k^2) = (x')^2 - 3x'(kx') + (kx')^2 = (x')^2 - 3x'y' + (y')^2 = 0.$$

Cependant, les nombres irrationnels $\frac{3-\sqrt{5}}{2}$ et $\frac{3+\sqrt{5}}{2}$ sont les uniques solutions de l'équation
$$t^2 - 3t + 1 = 0.$$

Il en résulte que $1 - 3k + k^2 \neq 0$ pour chaque entier k. Eu égard à l'égalité $(x')^2(1 - 3k + k^2) = 0$, il s'ensuit que $(x')^2 = 0$, puis $x' = 0$ et $x = dx' = 0$. Ceci contredit l'hypothèse $x \neq 0$. Ainsi, étant donné des entiers naturels x, y et z, si le point $M(x, y, z)$ appartient à $(\mathcal{I}_4)$, intersection des surfaces $(\mathcal{S})$ et $(\mathcal{S}')$, alors $x = 0$. En vertu de la question **(1)**, ceci livre $M = O$. Autrement dit, l'origine O du repère considéré ici est l'unique point de $(\mathcal{I}_4)$ dont les coordonnées sont des nombres entiers naturels.

III (E).

Soit $ABCO$ un tétraèdre régulier d'arête égale à 2. L'arête $[OB]$ est portée par l'axe des ordonnées. Soit C un point du plan $\left(O, \vec{i}, \vec{j}\right)$ d'abscisse égale à $\sqrt{3}$.

1.

(a) Ces éléments sont représentés sur le schéma 9.1 ci-dessous.

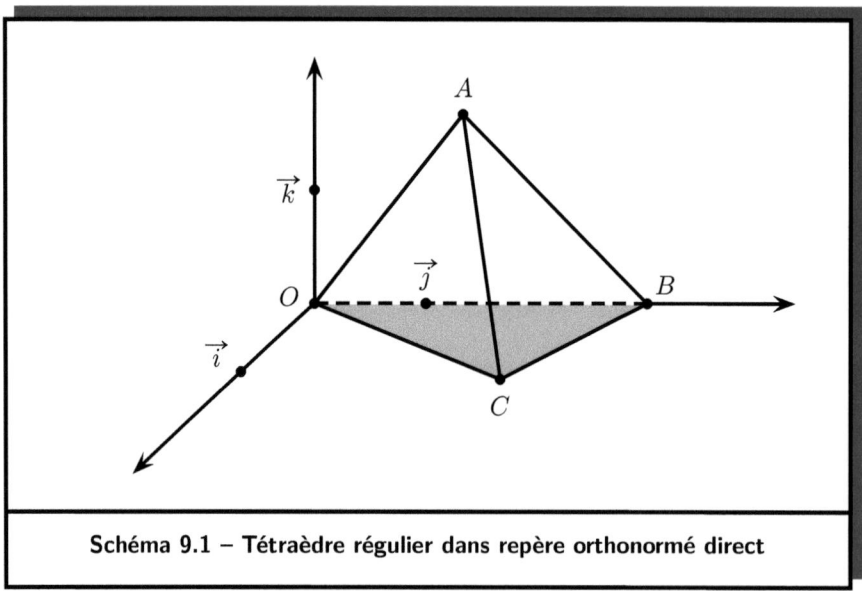

Schéma 9.1 – Tétraèdre régulier dans repère orthonormé direct

(b) D'entrée de jeu, rappelons que, dans le repère $\left(O, \vec{i}, \vec{j}, \vec{k}\right)$, les coordonnées d'un point M de l'espace sont désignées par x_M, y_M et z_M. Alors, $x_B = z_B = 0$, car B appartient à l'axe $\left(O, \vec{j}\right)$. Donc,

$$OB^2 = x_B^2 + y_B^2 + z_B^2 = y_B^2.$$

L'arête du tétraèdre $ABCO$ étant égale à 2, il en résulte que

$$y_B^2 = 4 \quad \text{et} \quad y_B \in \{-2, 2\}.$$

Par ailleurs, $x_C = \sqrt{3}$ et $z_C = 0$, puis

$$OC^2 = x_C^2 + y_C^2 + z_C^2 = \left(\sqrt{3}\right)^2 + y_C^2 = 3 + y_C^2$$

et

$$BC^2 = (x_C - x_B)^2 + (y_C - y_B)^2 + (z_C - z_B)^2$$
$$= \left(\sqrt{3}\right)^2 + y_B^2 + y_C^2 - 2y_B y_C$$
$$= 3 + y_B^2 + y_C^2 - 2y_B y_C$$
$$= 3 + 4 + y_C^2 - 2y_B y_C.$$

Puisque $OC = BC = 2$, ceci induit

$$y_C^2 = 1 \quad \text{et} \quad y_C \in \{-1, 1\},$$

puis

$$y_B y_C = 2.$$

Par conséquent,

$$(y_B, y_C) = (2, 1) \quad \text{ou} \quad (y_B, y_C) = (-2, -1). \qquad (*)$$

Maintenant, soit G le centre de gravité du triangle OBC. Alors,

$$\overrightarrow{OG} + \overrightarrow{BG} + \overrightarrow{CG} = \vec{0},$$

c'est-à-dire $3\overrightarrow{OG} + \overrightarrow{BO} + \overrightarrow{CO} = \vec{0}$. D'où

$$\overrightarrow{OG} = \frac{1}{3}\left(\overrightarrow{OB} + \overrightarrow{OC}\right) = \frac{1}{3}\left(y_B \vec{j} + \sqrt{3}\vec{i} + y_C \vec{j}\right) = \frac{\sqrt{3}}{3}\vec{i} + \frac{y_B + y_C}{3}\vec{j}.$$

Ainsi, $G\left(\frac{\sqrt{3}}{3}, \frac{y_B+y_C}{3}, 0\right)$. Cependant, ce point G est le projeté orthogonal du point A sur le plan (OBC), égal à $\left(O, \vec{i}, \vec{j}\right)$. Donc,

$$A\left(\frac{\sqrt{3}}{3}, \frac{y_B+y_C}{3}, z_A\right).$$

Ceci implique

$$OA^2 = \left(\frac{\sqrt{3}}{3}\right)^2 + \left(\frac{y_B+y_C}{3}\right)^2 + z_A^2 = \frac{1}{3} + \left(\frac{y_B+y_C}{3}\right)^2 + z_A^2$$

et

$$z_A^2 = OA^2 - \frac{1}{3} - \left(\frac{y_B+y_C}{3}\right)^2.$$

En outre, $OA^2 = 4$. De plus, $y_B + y_C = \pm 3$, selon la proposition $(*)$ ci-dessus. De ce fait,

$$z_A^2 = 4 - \frac{1}{3} - 1 = \frac{8}{3} = \frac{2^3 \times 3}{3^2} = \frac{2^2 \times 6}{3^2}$$

et

$$z_A \in \left\{-\frac{2\sqrt{6}}{3}, \frac{2\sqrt{6}}{3}\right\}.$$

En vertu de $(*)$, il en résulte que

$$A\left(\frac{\sqrt{3}}{3}, 1, \frac{2\sqrt{6}}{3}\right), \qquad B(0, 2, 0) \qquad \text{et} \qquad C\left(\sqrt{3}, 1, 0\right);$$

ou

$$A\left(\frac{\sqrt{3}}{3}, 1, -\frac{2\sqrt{6}}{3}\right), \qquad B(0, 2, 0) \qquad \text{et} \qquad C\left(\sqrt{3}, 1, 0\right);$$

ou encore

$$A\left(\frac{\sqrt{3}}{3}, -1, \frac{2\sqrt{6}}{3}\right), \qquad B(0, -2, 0) \qquad \text{et} \qquad C\left(\sqrt{3}, -1, 0\right);$$

ou alors

$$A\left(\frac{\sqrt{3}}{3}, -1, -\frac{2\sqrt{6}}{3}\right), \qquad B(0, -2, 0) \qquad \text{et} \qquad C\left(\sqrt{3}, -1, 0\right).$$

2.

Soit V le volume du tétraèdre régulier $ABCO$. Nous considérons par ailleurs l'aire $\mathcal{S}$ du triangle équilatéral OBC, ainsi que la distance h du point A au plan (OBC). Alors,
$$V = \frac{1}{3}\mathcal{S}h.$$

Cependant,
$$\mathcal{S} = OB^2 \times \frac{\sqrt{3}}{4} = 4 \times \frac{\sqrt{3}}{4} = \sqrt{3}.$$

Du reste, $h = AG$ et $\overrightarrow{AG} = z_A \overrightarrow{k}$. Il en découle que
$$h = |z_A| = \frac{2\sqrt{6}}{3} = \frac{2\sqrt{2}}{\sqrt{3}}.$$

Par conséquent,
$$V = \frac{2\sqrt{2}}{3}.$$

Solution du Problème.

Le plan étant muni d'un repère orthonormé $\left(O, \overrightarrow{i}, \overrightarrow{j}\right)$, soit l'ensemble $(\mathcal{E})$ des points $M(x,y)$ tels que
$$\sqrt{|x|} + \sqrt{|y|} = 1.$$

Nous aspirons à déterminer les isométries du plan qui laissent $(\mathcal{E})$ globalement invariant.

Partie A.

Soit la fonction numérique d'une variable réelle définie par
$$f(x) = \left(1 - \sqrt{|x|}\right)^2$$

pour tout $x \in [-1, 1]$, puis $(\mathcal{C})$ sa courbe représentative dans le repère orthonormé $\left(O, \overrightarrow{i}, \overrightarrow{j}\right)$. On prendra $3\,\text{cm}$ comme unité sur les axes.

1.
   (a) Pour chaque réel $x \in [-1, 1]$, nous avons $-x \in [-1, 1]$ et
   $$f(-x) = \left(1 - \sqrt{|-x|}\right)^2 = \left(1 - \sqrt{|x|}\right)^2 = f(x).$$
   La fonction f est donc paire.

   (b) La parité de la fonction f signifie que la courbe de sa restriction sur l'intervalle $[-1, 0]$ est l'image de la courbe de sa restriction sur $[0, 1]$ par la symétrie orthogonale d'axe $\left(O, \vec{j}\right)$, l'axe des ordonnées.

2.
   Soit g la restriction de f à l'intervalle $[0, 1]$ et t la fonction définie sur $[0, 1]$ par $t(x) = g(x^2)$.

   (a) Par définition de la valeur absolue, $|x| = x$ pour chaque $x \in [0, 1]$. Il en résulte que
   $$g(x) = \left(1 - \sqrt{x}\right)^2$$
   pour chaque $x \in [0, 1]$.

   (b) À l'évidence, $g(0) = 1$ et
   $$g(x) - (0) = \left(1 - \sqrt{x}\right)^2 - 1 = 1 - 2\sqrt{x} + \left(\sqrt{x}\right)^2 - 1 = x\left(-\frac{2}{\sqrt{x}} + 1\right)$$
   pour tout $x \in]0, 1]$. De ce fait,
   $$\lim_{x \to 0^+} \frac{g(x) - g(0)}{x - 0} = \lim_{x \to 0^+} \left(-\frac{2}{\sqrt{x}} + 1\right) = -\infty.$$
   La fonction g n'est donc pas dérivable en 0 à droite. La courbe $(\mathcal{C})$ de f, contenant celle de g, admet toutefois une demi-tangente verticale à droite du point d'abscisse 0 et d'ordonnée $g(0) = 1$.

   (c) Pour chaque $x \in]0, 1]$, nous avons
   $$g'(x) = 2 \cdot \left(1 - \sqrt{x}\right)' \cdot \left(1 - \sqrt{x}\right) = -2 \cdot \left(\sqrt{x}\right)' \cdot \left(1 - \sqrt{x}\right)$$
   $$= -2 \cdot \frac{1}{2\sqrt{x}} \left(1 - \sqrt{x}\right)$$
   $$= \frac{-1 + \sqrt{x}}{\sqrt{x}}.$$

(d) La racine carrée est une fonction strictement croissante sur son ensemble de définition $[0, +\infty[$. Ainsi, $0 < \sqrt{x} < \sqrt{1} = 1$ pour tout $x \in]0, 1]$. De ce fait,
$$g'(x) = \frac{-1 + \sqrt{x}}{\sqrt{x}} < 0$$
pour tout $x \in]0, 1]$. Au demeurant, la fonction g est continue sur l'intervalle $[0, 1]$. Par conséquent,
$$\lim_{x \to 0^+} g(x) = g(0) = 1 \quad \text{et} \quad \lim_{x \to 1^-} g(x) = g(1) = 0.$$

Toutes ces faits permettent de construire le tableau de variation suivant.

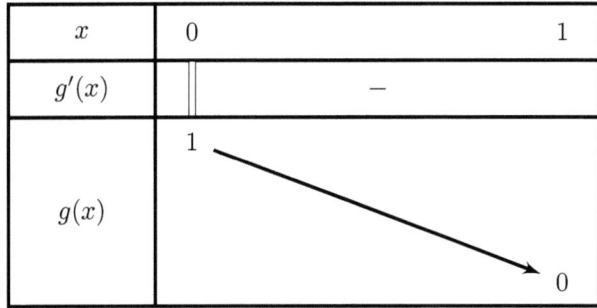

(e) Soit $x \in [0, 1]$. Alors,
$$t(x) = g(x^2) = \left(1 - \sqrt{x^2}\right)^2 = (1 - |x|)^2 = (1 - x)^2 = 1 - 2x + x^2.$$
De ce fait,
$$t'(x) = -2 + 2x \quad \text{et} \quad t''(x) = 2.$$
La fonction t est donc une solution de l'équation différentielle $y'' - 2 = 0$ sur l'intervalle $[0, 1]$.

3.

(a) Soit $(\mathcal{C}_1)$ la courbe représentative de g, puis $(\mathcal{C}_2)$ son image par la symétrie orthogonale d'axe $\left(O, \vec{j}\right)$. Alors, la courbe représentative $(\mathcal{C})$ de f est la réunion de $(\mathcal{C}_1)$ et $(\mathcal{C}_2)$. Notons par ailleurs que $g'(1) = 0$ et $g(1) = 0$. La courbe $(\mathcal{C}_1)$, comme $(\mathcal{C})$, admet donc une tangente horizontale au point

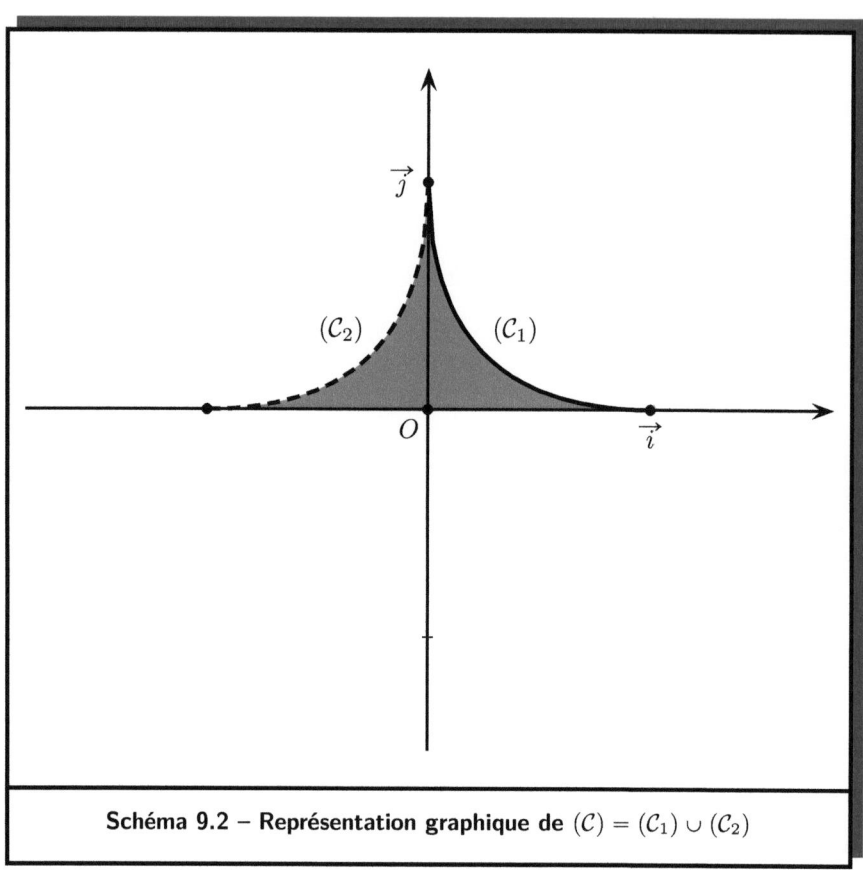

Schéma 9.2 – Représentation graphique de $(\mathcal{C}) = (\mathcal{C}_1) \cup (\mathcal{C}_2)$

d'abscisse 1 et d'ordonnée 0. Ces courbes sont marquées sur le schéma 9.2 ci-dessus, avec 3 cm pour échelle sur les axes. Précisément, $(\mathcal{C}_1)$ est dessinée d'un trait continu, tandis que $(\mathcal{C}_2)$ est représentée d'un trait interrompu.

(b) Soit $\mathfrak{A}$ l'aire du domaine limité par l'axe des abscisses et la courbe $(\mathcal{C})$ de f (voir la partie grisée du schéma 9.2 ci-dessus). Alors,

$$\mathfrak{A} = \left\|\vec{i}\right\| \cdot \left\|\vec{j}\right\| \cdot \int_{-1}^{1} f(x)dx,$$

où $\left\|\vec{i}\right\| = \left\|\vec{j}\right\| = 3\,\text{cm}$. D'où $\left\|\vec{i}\right\| \cdot \left\|\vec{j}\right\| = 9\,\text{cm}$. Du reste, la fonction est paire. De ce fait,

$$\int_{-1}^{1} f(x)dx = 2\int_{0}^{1} f(x)dx = \int_{0}^{1} g(x)dx.$$

Cependant,

$$\int_{0}^{1} g(x)dx = \int_{0}^{1} \left(1 - \sqrt{x}\right)^2 dx = \int_{0}^{1} \left(1 - 2\sqrt{x} + x\right) dx$$

$$= \int_{0}^{1} \left(1 - 2x^{\frac{1}{2}} + x\right) dx$$

$$= \left[x - \frac{4}{3}x^{\frac{3}{2}} + \frac{1}{2}x^2\right]_{0}^{1}$$

$$= \left[x - \frac{4}{3}\sqrt{x^3} + \frac{1}{2}x^2\right]_{0}^{1}$$

$$= 1 - \frac{4}{3} + \frac{1}{2} = -\frac{1}{3} + \frac{1}{2} = \frac{1}{6}.$$

Par conséquent,

$$\mathfrak{A} = 9 \times 2 \times \frac{1}{6}\,\text{cm}^2 = 3\,\text{cm}^2.$$

4.

Soit h la fonction définie sur $[-1, 1]$ par $f(x) = -h(x)$. Alors, la courbe $(\mathcal{C}')$ de h est l'image de $(\mathcal{C})$, le graphe de f, par la symétrie orthogonale d'axe $\left(O, \vec{i}\right)$. Elle est représentée sur le schéma 9.3 ci-dessous d'un trait interrompu, tandis que la courbe $(\mathcal{C})$ de f est tracée d'un trait continu.

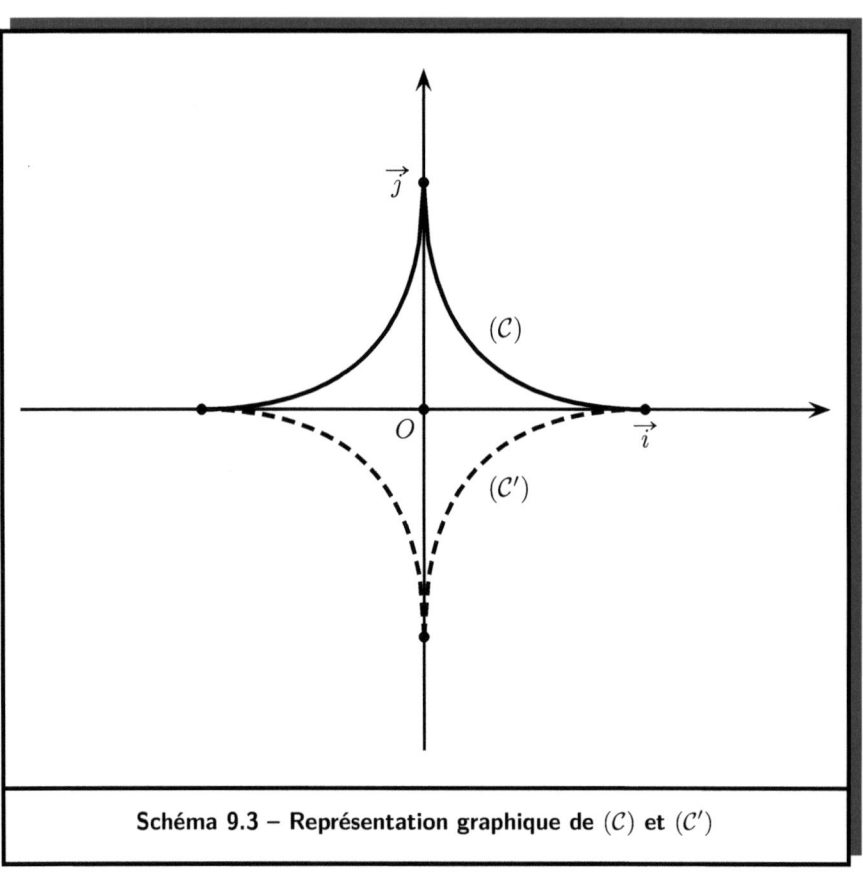

Schéma 9.3 – Représentation graphique de $(\mathcal{C})$ et $(\mathcal{C}')$

5.

Soit $(u_n)_{n\in\mathbb{N}}$ la suite définie par $u_0 = \frac{1}{2}$ et $u_{n+1} = f(u_n)$ pour chaque $n \in \mathbb{N}$.

(a) La fonction f est définie sur $[-1, 1]$ et toutes ses images sont contenues dans l'intervalle $[0, 1]$. Puisque $u_0 = \frac{1}{2} \in [0, 1]$, le terme $u_1 = f(u_0)$ est bien défini et appartient à l'intervalle $[0, 1]$. Maintenant, si $u_n \in [0, 1]$ pour un entier naturel n quelconque, alors le terme $u_{n+1} = f(u_n)$ est également bien défini et contenu dans l'intervalle $[0, 1]$. Par conséquent, la suite $(u_n)_{n\in\mathbb{N}}$ est bien définie et ses valeurs sont des éléments de l'intervalle $[0, 1]$.

(b) Nous avons de toute évidence

$$u_1 = f(u_0) = \left(1 - \sqrt{\frac{1}{2}}\right)^2 = \left(1 - \frac{1}{\sqrt{2}}\right)^2 < \frac{1}{2} = u_0$$

et

$$u_2 = f(u_1) = \left(1 - \sqrt{\left(1 - \frac{1}{\sqrt{2}}\right)^2}\right)^2 = \left(1 - 1 + \frac{1}{\sqrt{2}}\right)^2 = \frac{1}{2} = u_0,$$

puis

$$u_3 = f(u_2) = f(u_0) = u_1.$$

De ce fait, $u_0 > u_1 < u_2 > u_3$. Par conséquent, la suite $(u_n)_{n\in\mathbb{N}}$ n'est ni croissante, ni décroissante.

Partie B.

Soit $(\mathcal{I})$ l'ensemble de isométries du plan qui laissent $(\mathcal{E})$ globalement invariant.

1.

Soit $M(x, y)$ un point appartenant à $(\mathcal{E})$. Alors,

$$\sqrt{|x|} + \sqrt{|y|} = 1.$$

Ceci implique $\sqrt{|x|} \leqslant 1$, puis $|x| \leqslant 1$, c'est-à-dire $-1 \leqslant x \leqslant 1$. Ainsi, $M(x, y) \in (\mathcal{E})$ entraîne $-1 \leqslant x \leqslant 1$.

2.

Par définition, un point $M(x, y)$ appartient à l'ensemble $(\mathcal{E})$ si et seulement si $\sqrt{|x|} + \sqrt{|y|} = 1$. Ceci équivaut à

$$\sqrt{|y|} = 1 - \sqrt{|x|},$$

c'est-à-dire $|y| = \left(1 - \sqrt{|x|}\right)^2$. Cette égalité est équivalente à

$$y = \left(1 - \sqrt{|x|}\right)^2 \quad \text{et} \quad y = -\left(1 - \sqrt{|x|}\right)^2,$$

c'est-à-dire $y = f(x)$ ou $y = h(x)$. Donc, un point M appartient à $(\mathcal{E})$ si et seulement s'il appartient à $(\mathcal{C})$ ou à $(\mathcal{C}')$. Ceci signifie que

$$(\mathcal{E}) = (\mathcal{C}) \cup (\mathcal{C}').$$

3.

Dans le repère $\left(O, \vec{\imath}, \vec{\jmath}\right)$, soient les points $I(1, 0)$, $J(0, 1)$, $K(-1, 0)$ et $L(0, -1)$.

(a) Soit $\mathcal{G}$ l'ensemble constitué des couples (A, B) de points de $(\mathcal{E})$ tels que $d(A, B) = AB = 2$. Avant de déterminer $\mathcal{G}$, rappelons qu'un point $M(x, y)$ appartient à $(\mathcal{E})$ si et seulement si $\sqrt{|x|} + \sqrt{|y|} = 1$, c'est-à-dire

$$|x| + |y| + 2\sqrt{|x|}\sqrt{|y|} = \left(\sqrt{|x|} + \sqrt{|y|}\right)^2 = 1$$

ou encore

$$|x| + |y| = 1 - 2\sqrt{|x|}\sqrt{|y|}.$$

Par ailleurs,

$$OM = \sqrt{x^2 + y^2} \leqslant \sqrt{x^2} + \sqrt{y^2} = |x| + |y|. \qquad (**)$$

Soit maintenant (A, B) un couple quelconque de points de $(\mathcal{E})$. Alors, l'inégalité du triangle livre $AB \leqslant OA + OB$, puis

$$AB \leqslant |x_A| + |y_A| + |x_B| + |y_B| = 2 - 2\left(\sqrt{|x_A y_A|} + \sqrt{|x_B y_B|}\right).$$

De ce fait, si $x_A y_A \neq 0$ ou $x_B y_B \neq 0$, alors

$$-2\left(\sqrt{|x_A y_A|} + \sqrt{|x_B y_B|}\right) < 0 \quad \text{et} \quad AB < 2.$$

Ainsi, si le couple (A, B) appartient à $\mathcal{G}$, alors $x_A y_A = 0$ et $x_B y_B = 0$. Toutefois, l'égalité $x_A = 0$ entraîne $y_A = \pm 1$, puis $y_A = 0$ induit $x_A = \pm 1$. De manière analogue, $x_B = 0$ implique $y_B = \pm 1$, tandis que $y_B = 0$ livre $x_B = \pm 1$. Ceci montre que, si $(A, B) \in \mathcal{G}$, alors

$$(A, B) \in \{I, J, K, L\} \times \{I, J, K, L\}.$$

Cependant,

$$II = 0, \quad IJ = IL = \sqrt{2} \quad \text{et} \quad IK = 2,$$

puis

$$JJ = 0, \quad JI = JK = \sqrt{2} \quad \text{et} \quad JL = 2,$$

tandis que

$$KK = 0, \quad KJ = KL = \sqrt{2} \quad \text{et} \quad KI = 2,$$

sinon

$$LL = 0, \quad LI = LK = \sqrt{2} \quad \text{et} \quad LJ = 2.$$

Il en découle que

$$\mathcal{G} = \Big\{(I, K), (J, L), (K, I), (L, J)\Big\}.$$

(b) Soit $\mathcal{S}$ une isométrie du plan laissant $(\mathcal{E})$ globalement invariant. Pour établir que $\mathcal{S}(O) = O$, il convient de noter que le point O est le milieu de chaque segment $[AB]$ pour chaque couple $(A, B) \in \mathcal{G}$. En particulier, O est le milieu du segment $[IK]$. Donc, $OI + OK = IK$. D'où

$$\mathcal{S}(O)\mathcal{S}(I) + \mathcal{S}(O)\mathcal{S}(K) = \mathcal{S}(I)\mathcal{S}(K),$$

car $\mathcal{S}$ conserve les distances. De ce fait, le point $\mathcal{S}(O)$ est le milieu du segment $[\mathcal{S}(I)\mathcal{S}(K)]$. Cependant,

$$\mathcal{S}(I)\mathcal{S}(K) = IK = 2.$$

Donc, $\bigl(\mathcal{S}(I),\mathcal{S}(K)\bigr) \in \mathcal{G}$ et O est le milieu du segment $[\mathcal{S}(I)\mathcal{S}(K)]$. Par conséquent, $\mathcal{S}(O) = O$.

(c) L'isométrie $\mathcal{S}$ admettant au moins un point invariant, elle est soit une rotation, soit une symétrie orthogonale axiale. Notons au passage que l'application identique du plan est une rotation d'angle 0, tandis qu'une symétrie centrale est une rotation d'angle π.

4.

Soit r un déplacement laissant invariant $(\mathcal{E})$.

(a) Un déplacement du plan est soit l'application identique, soit une translation de vecteur non nul ou une rotation d'angle non nul. Or, selon la question **(3.b)**, tout déplacement laissant invariant $(\mathcal{E})$ possède au moins un point invariant, notamment O. Au demeurant, une translation de vecteur non nul n'a aucun point invariant. De ce fait, r est soit l'application identique du plan, soit une rotation de centre O et d'angle non nul.

(b) Soit r une rotation de centre O et d'angle non nul θ, puis $(\mathcal{E}')$ l'image de $(\mathcal{E})$ par r. Alors, la rotation r est déterminée de manière analytique par

$$r : M(x,y) \mapsto M'(x'.y') \quad \text{avec} \quad \begin{cases} x' = x\cos\theta - y\sin\theta, \\ y' = x\sin\theta + y\cos\theta. \end{cases}$$

Sa réciproque, la rotation de centre O et d'angle $-\theta$, est donnée par

$$r^{-1} : M(x,y) \mapsto M'(x'.y') \quad \text{avec} \quad \begin{cases} x' = x\cos\theta + y\sin\theta, \\ y' = -x\sin\theta + y\cos\theta. \end{cases}$$

À présent, soit $M(x,y)$ un point de $(\mathcal{E})$, et $M'(x',y')$ son image par r. Alors,

$$x = x'\cos\theta + y'\sin\theta \quad \text{et} \quad y = -x'\sin\theta + y'\cos\theta,$$

puis

$$\sqrt{|x'\cos\theta + y'\sin\theta|} + \sqrt{|-x'\sin\theta + y'\cos\theta|} = 1.$$

Du reste, si cette dernière égalité est satisfaite par un point $M'(x',y')$ du plan, alors le point $M(x,y)$, où

$$x = x'\cos\theta + y'\sin\theta \quad \text{et} \quad y = -x'\sin\theta + y'\cos\theta,$$

est l'antécédent de M' par r. De plus, $\sqrt{|x|} + \sqrt{|y|} = 1$, à l'évidence. Ceci signifie que $M \in (\mathcal{E})$. Tout compte fait, l'image de $(\mathcal{E})$ par r est

$$(\mathcal{E}') = \left\{ M(x,y) \mid \sqrt{|x\cos\theta + y\sin\theta|} + \sqrt{|-x\sin\theta + y\cos\theta|} = 1 \right\}. \quad (\dagger)$$

Ceci dit, rappelons que $OM \leqslant 1 - 2\sqrt{|xy|}$ pour tout point $M(x,y)$ de $(\mathcal{E})$ (voir $(**)$ à la page 248). Ainsi, si un point $M(x,y)$ appartient simultanément à $(\mathcal{E})$ et au cercle (Γ) de centre O et de rayon 1, alors $xy = 0$. Par conséquent,

$$(\mathcal{E}) \cap (\Gamma) = \{I, J, K, L\}$$

(voir le schéma 9.4 à la page 253).

Maintenant, nous supposons que le repère $\left(O, \vec{i}, \vec{j}\right)$ est direct ; ce choix ne contrarie pas la généralité. Nous considérons par ailleurs une rotation r, de centre O et d'angle non nul θ, laissant $(\mathcal{E})$ globalement invariant. Alors, $r(I) \neq I$ et $r(I) \in (\mathcal{E}) \cap (\Gamma)$. D'où $r(I) \in \{J, K, L\}$.

Premier cas : Soit $r(I) = J$. Alors,

$$\theta \equiv \text{Mes}\left(\widehat{\overrightarrow{OI}, \overrightarrow{OJ}}\right) [\text{mod } 2\pi] \equiv \frac{\pi}{2} [\text{mod } 2\pi].$$

Deuxième cas : Soit $r(I) = K$. Alors,

$$\theta \equiv \text{Mes}\left(\widehat{\overrightarrow{OI}, \overrightarrow{OK}}\right) [\text{mod } 2\pi] \equiv \pi [\text{mod } 2\pi].$$

Troisième cas : Soit $r(I) = L$. Alors,

$$\theta \equiv \text{Mes}\left(\widehat{\overrightarrow{OI}, \overrightarrow{OL}}\right) [\text{mod } 2\pi] \equiv -\frac{\pi}{2} [\text{mod } 2\pi].$$

En tout état de cause, si une rotation r, de centre O et d'angle non nul, laisse $(\mathcal{E})$ globalement invariant, alors

$$r \in \left\{ \mathcal{R}_{\frac{\pi}{2}}, \mathcal{R}_{\pi}, \mathcal{R}_{-\frac{\pi}{2}} \right\},$$

où $\mathcal{R}_\theta$ désigne la rotation de centre O et d'angle θ. Cependant,

$$\cos\frac{\pi}{2} = 0 \quad \text{et} \quad \sin\frac{\pi}{2} = 1.$$

Eu égard à l'égalité (†) ci-dessus, il en résulte que l'image $(\mathcal{E})$ par $\mathcal{R}_{\frac{\pi}{2}}$ est

$$\mathcal{R}_{\frac{\pi}{2}}(\mathcal{E}) = \left\{ M(x,y) \ \Big| \ \sqrt{|y|} + \sqrt{|-x|} = 1 \right\}$$
$$= \left\{ M(x,y) \ \Big| \ \sqrt{|x|} + \sqrt{|y|} = 1 \right\} = (\mathcal{E}).$$

De manière analogue, les égalités $\cos \pi = -1$ et $\sin \pi = 0$ livrent

$$\mathcal{R}_{\pi}(\mathcal{E}) = \left\{ M(x,y) \ \Big| \ \sqrt{|-x|} + \sqrt{|-y|} = 1 \right\}$$
$$= \left\{ M(x,y) \ \Big| \ \sqrt{|x|} + \sqrt{|y|} = 1 \right\} = (\mathcal{E}).$$

Dans le même esprit, nous avons $\cos\left(-\frac{\pi}{2}\right) = 0$ et $\sin\left(-\frac{\pi}{2}\right) = -1$, puis

$$\mathcal{R}_{-\frac{\pi}{2}}(\mathcal{E}) = \left\{ M(x,y) \ \Big| \ \sqrt{|-y|} + \sqrt{|x|} = 1 \right\}$$
$$= \left\{ M(x,y) \ \Big| \ \sqrt{|x|} + \sqrt{|y|} = 1 \right\} = (\mathcal{E}).$$

Ainsi, une rotation r, de centre O et d'angle non nul, laisse $(\mathcal{E})$ globalement invariant si et seulement si

$$r \in \left\{ \mathcal{R}_{\frac{\pi}{2}}, \mathcal{R}_{\pi}, \mathcal{R}_{-\frac{\pi}{2}} \right\}.$$

Par conséquent, l'ensemble des déplacements laissant $(\mathcal{E})$ globalement invariant est

$$\left\{ \mathrm{id}_{\mathcal{P}}, \mathcal{R}_{\frac{\pi}{2}}, \mathcal{R}_{\pi}, \mathcal{R}_{-\frac{\pi}{2}} \right\},$$

où $\mathrm{id}_{\mathcal{P}}$ est l'application identique du plan. Il s'agit en d'autres termes de l'ensemble des rotations de centre O et d'angle 0, $\frac{\pi}{2}$, π ou $-\frac{\pi}{2}$, puisque $\mathrm{id}_{\mathcal{P}}$ est égal à toute rotation d'angle nul.

5.

Soit $\mathcal{S}_{(\Delta)}$ une réflexion du plan d'axe (Δ) laissant $(\mathcal{E})$ globalement invariant.

(a) Alors, la droite (Δ) est l'ensemble des points invariants par $\mathcal{S}_{(\Delta)}$. En outre, $\mathcal{S}_{(\Delta)}(O) = O$, d'après la question **(3.b)**. De ce fait, $O \in (\Delta)$.

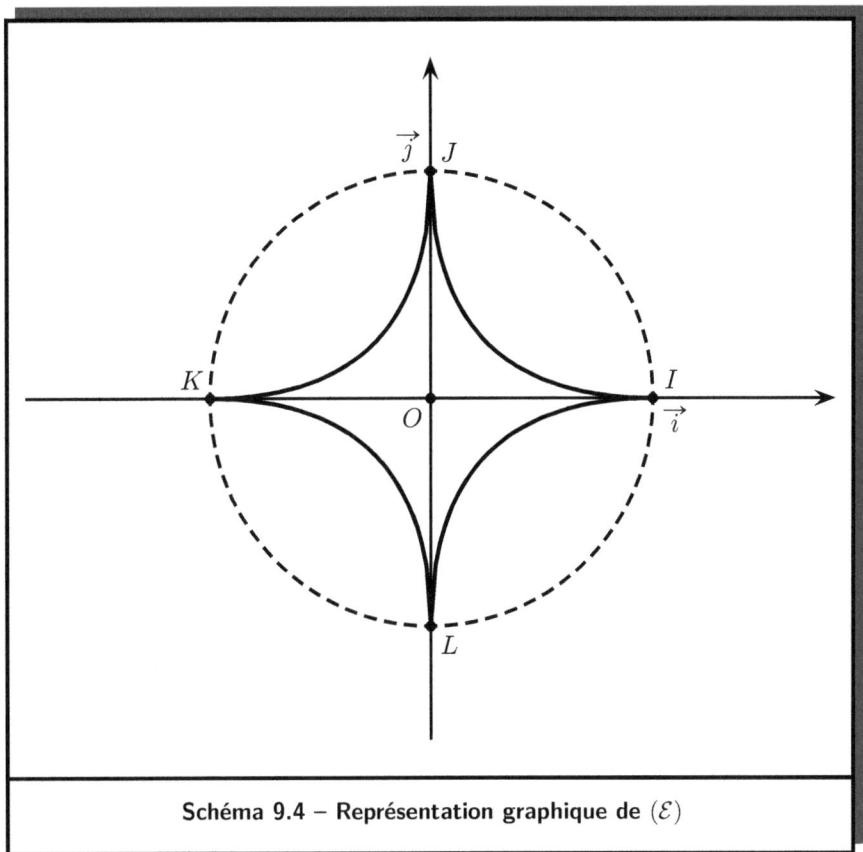

Schéma 9.4 – Représentation graphique de $(\mathcal{E})$

(b) Soit (Δ) une droite passant par O. Alors, il existe un couple de réels $(a,b) \neq (0,0)$ avec $b \geqslant 0$ tel que $ax - by = 0$ soit une équation de (Δ). Ainsi,
$$a^2 + b^2 > 0,$$
puis
$$\left(\frac{a}{\sqrt{a^2+b^2}}\right)^2 + \left(\frac{b}{\sqrt{a^2+b^2}}\right)^2 = \frac{a^2}{a^2+b^2} + \frac{b^2}{a^2+b^2} = 1$$
et
$$\sqrt{a^2+b^2}\left(\frac{a}{\sqrt{a^2+b^2}}x - \frac{b}{\sqrt{a^2+b^2}}y\right) = ax - by.$$
Du reste, il existe un réel $\alpha \in \left]-\frac{\pi}{2}, \frac{\pi}{2}\right]$ tel que
$$\cos\alpha = \frac{b}{\sqrt{a^2+b^2}} \quad \text{et} \quad \sin\alpha = \frac{a}{\sqrt{a^2+b^2}}.$$
De ce fait, la droite (Δ) a pour équation $x\sin\alpha - y\cos\alpha = 0$. Donc,
$$\vec{u} = \vec{i}\cos\alpha + \vec{j}\sin\alpha$$
est un vecteur directeur de (Δ). Par conséquent, un point $M'(x', y')$ est l'image $M(x, y)$ par $\mathcal{S}_{(\Delta)}$ si et seulement si $\overrightarrow{MM'} \cdot \vec{u} = 0$ et le milieu du segment $[MM']$ appartient à la droite (Δ). Ceci équivaut à
$$(x' - x)\cos\alpha + (y' - y)\sin\alpha = 0$$
et
$$\frac{x + x'}{2}\sin\alpha - \frac{y + y'}{2}\cos\alpha = 0,$$
puis
$$\begin{cases} x'\cos\alpha + y'\sin\alpha = x\cos\alpha + y\sin\alpha, \\ -x'\sin\alpha + y'\cos\alpha = x\sin\alpha - y\cos\alpha. \end{cases}$$
Il en résulte que
$$x' = \frac{\begin{vmatrix} x\cos\alpha + y\sin\alpha & \sin\alpha \\ x\sin\alpha - y\cos\alpha & \cos\alpha \end{vmatrix}}{\begin{vmatrix} \cos\alpha & \sin\alpha \\ -\sin\alpha & \cos\alpha \end{vmatrix}} \quad \text{et} \quad y' = \frac{\begin{vmatrix} \cos\alpha & x\cos\alpha + y\sin\alpha \\ -\sin\alpha & x\sin\alpha - y\cos\alpha \end{vmatrix}}{\begin{vmatrix} \cos\alpha & \sin\alpha \\ -\sin\alpha & \cos\alpha \end{vmatrix}},$$

puis
$$x' = \frac{x\cos^2\alpha + y\sin\alpha\cos\alpha - x\sin^2\alpha + y\sin\alpha\cos\alpha}{\cos^2\alpha + \sin^2\alpha}$$
$$= x(\cos^2\alpha - \sin^2\alpha) + y(2\sin\alpha\cos\alpha)$$
$$= x\cos(2\alpha) + y\sin(2\alpha)$$

et
$$y' = \frac{x\sin\alpha\cos\alpha - y\cos^2\alpha + x\sin\alpha\cos\alpha + y\sin^2\alpha}{\cos^2\alpha + \sin^2\alpha}$$
$$= x(2\sin\alpha\cos\alpha) - y(\cos^2\alpha - \sin^2\alpha)$$
$$= x\sin(2\alpha) - y\cos(2\alpha).$$

La réflexion d'axe (Δ) est donc déterminée de manière analytique par
$$\mathcal{S}_{(\Delta)} : M(x,y) \mapsto M'(x',y')$$
avec
$$\begin{cases} x' = x\cos(2\alpha) + y\sin(2\alpha), \\ y' = x\sin(2\alpha) - y\cos(2\alpha). \end{cases}$$

Par conséquent, l'image $\mathcal{S}_{(\Delta)}(\mathcal{E})$ de $(\mathcal{E})$ par $\mathcal{S}_{(\Delta)}$ est
$$\mathcal{S}_{(\Delta)}(\mathcal{E}) = \left\{ M(x,y) \;\middle|\; \sqrt{|x\cos\beta + y\sin\beta|} + \sqrt{|x\sin\beta - y\cos\beta|} = 1 \right\}, \quad (\dagger\dagger)$$

où $\beta = 2\alpha$. En particulier, si $I' = \mathcal{S}_{(\Delta)}(I)$, alors $I'(\cos(2\alpha), \sin(2\alpha))$ appartient au cercle (Γ) de centre O et de rayon 1. Ainsi, si la réflexion $\mathcal{S}_{(\Delta)}$ laisse $(\mathcal{E})$ globalement invariant, alors
$$I' \in (\mathcal{E}) \cap (\Gamma) = \{I, J, K, L\}.$$

Premier cas : Soit $I' = I$. Alors, $\cos(2\alpha) = 1$ et $\sin(2\alpha) = 0$. Puisque $2\alpha \in]-\pi, \pi]$, il en résulte que $2\alpha = 0$, c'est-à-dire $\alpha = 0$. L'égalité $I' = I$ entraîne donc que (Δ) a pour équation $y = 0$. Autrement dit, (Δ) est l'axe des abscisses $\left(O, \vec{i}\right) = (OI)$.

Deuxième cas : Soit $I' = J$. Alors, $\cos(2\alpha) = 0$ et $\sin(2\alpha) = 1$. Ceci induit $2\alpha = \frac{\pi}{2}$ ou $\alpha = \frac{\pi}{4}$. De ce fait, si $I' = J$, alors

$$(\Delta) : x\frac{\sqrt{2}}{2} - y\frac{\sqrt{2}}{2} = 0 \quad \text{ou} \quad (\Delta) : y = x.$$

Troisième cas : Soit $I' = K$. Alors, $\cos(2\alpha) = -1$ et $\sin(2\alpha) = 0$. Donc, $2\alpha = \pi$ ou $\alpha = \frac{\pi}{2}$, car $2\alpha \in \,]-\pi, \pi]$. Ainsi, si $I' = K$, alors (Δ) a pour équation $x = 0$. En d'autres termes, (Δ) est l'axe des ordonnées $\left(O, \vec{j}\right) = (OJ)$.

Quatrième cas : Soit $I' = L$. Alors, $\cos(2\alpha) = 0$ et $\sin(2\alpha) = -1$. D'où $2\alpha = -\frac{\pi}{2}$ ou $\alpha = -\frac{\pi}{4}$. Par conséquent, si $I' = L$, alors

$$(\Delta) : -x\frac{\sqrt{2}}{2} - y\frac{\sqrt{2}}{2} = 0 \quad \text{ou} \quad (\Delta) : y = -x.$$

Tout compte fait, si la réflexion $\mathcal{S}_{(\Delta)}$ laisse $(\mathcal{E})$ globalement invariant, alors

$$(\Delta) \in \left\{(OI), (OJ), (\mathcal{D}_1), (\mathcal{D}_2)\right\},$$

où $(\mathcal{D}_1)$ et $(\mathcal{D}_2)$ désignent respectivement la première et la deuxième bissectrice, c'est-à-dire les droites d'équations respectives $y = x$ et $y = -x$. Au demeurant, l'égalité (††) permet d'établir que $\mathcal{S}_{(\Delta)}(\mathcal{E}) = (\mathcal{E})$ pour chacune de ces quatre droites. À cet effet, il suffit de noter que chacune des droites (OI), (OJ), $(\mathcal{D}_1)$ et $(\mathcal{D}_2)$ a pour équation

$$x \sin \alpha - y \cos \alpha = 0$$

avec $\alpha \in \left\{0, \frac{\pi}{2}, \frac{\pi}{4}, -\frac{\pi}{4}\right\}$. Ainsi,

$$\mathcal{S}_{(\Delta)}(\mathcal{E}) = \left\{M(x,y) \,\bigg|\, \sqrt{|x\cos\beta + y\sin\beta|} + \sqrt{|x\sin\beta - y\cos\beta|} = 1\right\}$$
$$= \left\{M(x,y) \,\bigg|\, \sqrt{|x|} + \sqrt{|y|} = 1\right\}$$
$$= (\mathcal{E})$$

avec $\alpha \in \left\{0, \pi, \frac{\pi}{2}, -\frac{\pi}{2}\right\}$.

En conclusion, les réflexions qui laissent $(\mathcal{E})$ globalement invariant sont exactement celles d'axes (OI), (OJ), $(\mathcal{D}_1) : y = x$ et $(\mathcal{D}_2) : y = -x$.

6.

L'ensemble des isométries affines du plan qui laissent $(\mathcal{E})$ globalement invariant est par conséquent

$$(\mathfrak{I}) = \left\{ \mathrm{id}_\mathcal{P}, \mathcal{R}_{\frac{\pi}{2}}, \mathcal{R}_\pi, \mathcal{R}_{-\frac{\pi}{2}}, \mathcal{S}_{(OI)}, \mathcal{S}_{(OJ)}, \mathcal{S}_{(\mathcal{D}_1)}, \mathcal{S}_{(\mathcal{D}_2)} \right\},$$

où $\mathrm{id}_\mathcal{P}$ est l'application identique du plan, $\mathcal{R}_\theta$ est la rotation de centre O et d'angle θ, puis $\mathcal{S}_{(\Delta)}$ la réflexion d'axe (Δ).

9.3. Notes et commentaires sur le sujet 2016

En conclusion de ce chapitre, nous examinons la question **(1.b)** de la Section C de l'Exercice 2. Nous allons par ailleurs dire un mot sur l'invariance dans le plan, notion centrale dans la Partie B du Problème.

Sur la formulation de la Section III de l'Exercice 2.

À notre sens, dans la Section C de l'Exercice 2, la formulation de la question **(1.b)** est incomplète ou erronée. En effet, nous avons montré que, dans l'espace muni d'un repère orthonormé $\left(O, \vec{i}, \vec{j}, \vec{k}\right)$, il existe exactement quatre triplets (A, B, C) satisfaisant les trois hypothèses suivantes :

(1) $ABCO$ est un tétraèdre régulier d'arête égale à 2.

(2) L'arête $[OB]$ est portée par l'axe des ordonnées.

(3) C est un point du plan $\left(O, \vec{i}, \vec{j}\right)$ d'abscisse égale à $\sqrt{3}$.

Pour obtenir l'unique triplet (A, B, C) de l'énoncé original, donné par

$$A\left(\frac{\sqrt{3}}{3}, 1, \frac{2\sqrt{6}}{3}\right), \qquad B(0, 2, 0) \qquad \text{et} \qquad C\left(\sqrt{3}, 1, 0\right),$$

il aurait fallu préciser en sus de ces hypothèses, d'une manière ou d'une autre, que $y_B > 0$ et que $z_A > 0$.

Invariance locale et invariance globale.

Soit f une application du plan euclidien vers lui-même. Notoirement, un point M de ce plan est dit *invariant* par f si $f(M) = M$.

Pour les parties non vides du plan, il existe deux types d'invariance : locale et globale.

Une partie non vide $\mathcal{E}$ du plan euclidien est dite *globalement invariante* par f si $f(\mathcal{E}) = \mathcal{E}$. Elle est dite *localement invariante* par f lorsque $M = f(M)$ pour chaque $M \in \mathcal{E}$; le cas échéant, $f(\mathcal{E}) \subseteq \mathcal{E}$.

L'invariance locale peut entraîner la globale. Mais, l'inverse n'est pas vrai. L'invariance locale est donc plus contraignante que l'invariance globale. Cette dernière est au cœur de la Partie B du Problème.

Par exemple, chaque point d'une droite $(\mathcal{D})$ est invariant par la symétrie s d'axe $(\mathcal{D})$. La droite $(\mathcal{D})$ est donc localement invariante par s. Par conséquent, $s(\mathcal{D}) \subseteq (\mathcal{D})$. Puisque toute symétrie est involutive, c'est-à-dire $s \circ s = \text{id}$, il en résulte que $(\mathcal{D}) \subseteq s(\mathcal{D})$, puis $s(\mathcal{D}) = (\mathcal{D})$. Ceci signifie que la droite $(\mathcal{D})$ est également globalement invariante par s.

Le plan euclidien étant muni d'un repère cartésien, soit t la translation de vecteur non nul $\vec{u}$. Alors, toute droite (Δ) de vecteur directeur $\vec{u}$ est globalement invariante par t, mais pas localement invariante.

Chapitre 10

Session 2017

10.1. Sujet 2017

Le sujet comporte trois exercices et un problème, tous obligatoires pour les séries C et E.

Exercice 1 : Arithmétique – Tirage aléatoire de boules numérotées.

1. (a) Vérifier que le couple $(5, -7)$ est une solution de l'équation
$$13x + 7y = 16. \qquad (\mathbf{E})$$

   (b) Déterminer les couples de nombres entiers relatifs (x, y) vérifiant l'équation $(\mathbf{E})$.

2. (a) Démontrer que $4^{2n} \equiv 1 \,[\mathrm{mod}\, 5]$ pour tout $n \in \mathbb{N}$.

   (b) Déterminer le reste de la division euclidienne de 2014^{2015} par 5.

3. Soit p un entier naturel supérieur à 1. Une urne contient $2p$ boules numérotées de 1 à $2p$, toutes indiscernables au toucher. Un joueur tire successivement, sans remise, deux boules de cette urne.

(a) Quel est le nombre de résultats possibles ?

Le joueur gagne 800 F CFA si les boules tirées portent des numéros pairs. Il gagne 400 F CFA si les boules tirées sont de parités différentes. Mais, il perd 800 F CFA si les boules tirées portent des numéros impairs. On désigne par X le gain algébrique du joueur à l'issue de chaque épreuve.

(b) Déterminer la loi de probabilité de X en fonction de p.

(c) Calculer l'espérance mathématique de X en fonction de p.

(d) Calculer p pour que l'espérance du gain du joueur soit 240 F CFA.

Exercice 2 : Endomorphisme de l'espace vectoriel.

Soit E un espace vectoriel sur $\mathbb{R}$ dont une base est $\mathcal{B} = \left(\vec{i}, \vec{j}, \vec{k}\right)$, puis f l'endomorphisme de E qui, à tout vecteur $\vec{u} = x\vec{i} + y\vec{j} + z\vec{k}$, associe le vecteur

$$f(\vec{u}) = (-x - y + 2z)\vec{i} + (2x - y + z)\vec{j} + (x - 2y + 3z)\vec{k}.$$

1. Déterminer la matrice de f dans la base $\mathcal{B}$.
2. (a) Déterminer le noyau $\ker f$ de f (on en donnera une base).
   (b) En déduire la dimension de $\mathrm{Im} f$, image de f.
   (c) L'endomorphisme f est-il une bijection ? Justifier votre réponse.
3. On considère les vecteurs

$$\vec{e_1} = 2\vec{j} - \vec{k},$$

puis

$$\vec{e_2} = 3\vec{i} + \vec{j} + \vec{k} \quad \text{et} \quad \vec{e_3} = \vec{i} - \vec{k}.$$

(a) Démontrer que la famille $\mathcal{B}' = (\vec{e_1}, \vec{e_2}, \vec{e_3})$ est une base de l'espace vectoriel E.

(b) Déterminer la matrice de f dans la base $\mathcal{B}'$.

Exercice 3 : Isométries affines et lieux géométriques du plan.

Soit $ABCD$ un carré de sens direct et de centre I.

I.

Soit r la rotation de centre A et d'angle $\frac{\pi}{2}$, puis t la translation de vecteur $\overrightarrow{AC}$ et $\mathcal{S}$ la symétrie centrale de centre C, c'est-à-dire $r = \mathcal{R}\left(A, \frac{\pi}{2}\right)$, puis $t = \mathcal{T}_{\overrightarrow{AC}}$ et $\mathcal{S} = \mathcal{S}_C$.

1. (a) Déterminer la droite (Δ) telle que $r = \mathcal{S}_{(\Delta)} \circ \mathcal{S}_{(AD)}$.

   (b) Donner la nature et les éléments caractéristiques de $t \circ r$.

2. (a) Déterminer $(\mathcal{S} \circ t \circ r)(A)$ et $(\mathcal{S} \circ t \circ r)(D)$.

   (b) Donner la nature et les éléments caractéristiques de $\mathcal{S} \circ t \circ r$.

II.

Soit M un point de la droite (DC), puis N le point d'intersection de la droite (BC) avec la perpendiculaire à la droite (AM) passant par A, et J le milieu du segment $[MN]$, ainsi que r' la rotation de centre A telle que $B = r'(D)$, et $\mathcal{S}'$ la similitude directe de centre A telle que $I = \mathcal{S}'(D)$.

1. Montrer que $N = r'(M)$. En déduire la nature du triangle AMN.

2. (a) Déterminer l'image de C par $\mathcal{S}'$.

   (b) Démontrer que $J = \mathcal{S}'(M)$.

   (c) Déduire le lieu géométrique des points J lorsque M décrit la droite (DC).

3. (a) Donner la nature de l'ensemble $(\mathfrak{T})$ des points M du plan tels que
$$d(M, C) = \frac{1}{\sqrt{2}} \cdot d\big(M, (BD)\big).$$

   (b) Déterminer la nature, l'excentricité, une directrice et un foyer de l'image $(\mathfrak{T}')$ de $(\mathfrak{T})$ par $\mathcal{S}'$.

Problème : Géométrie de l'espace – Étude de fonctions.

Partie A.

Soient $A(1, 6, 4)$, $B(2, 5, 3)$, $C(3, 1, 1)$ et $D(8, 1, 7)$ des points de l'espace $(\mathcal{E})$ muni d'un repère orthonormé direct $(O, \overrightarrow{u}, \overrightarrow{v}, \overrightarrow{w})$. Soit $\overrightarrow{N} = \overrightarrow{AB} \wedge \overrightarrow{AC}$.

1. (a) Déterminer les coordonnés de $\vec{N}$. En déduire que les points A, B et C ne sont pas alignés.

   (b) Déterminer l'aire du triangle ABC.

2. Soit (Δ) la droite passant par le point D et de vecteur directeur $\vec{u}(2, -1, 3)$.

   (a) Démontrer que la droite (Δ) est orthogonale au plan (ABC).

   (b) En déduire une équation cartésienne du plan (ABC).

   (c) Déterminer une représentation paramétrique de la droite (Δ).

   (d) Déterminer les coordonnées du point K, intersection de la droite (Δ) et du plan (ABC).

3. Soit H le projeté orthogonal de D sur le plan (ABC).

   (a) Soit $\overrightarrow{DH} = \alpha \cdot \vec{N}$. Calculer α.

   (b) En déduire la distance DH et le volume du tétraèdre $ABCD$.

4. Soit $(\mathcal{P}_1)$ le plan d'équation $x + y + z - 6 = 0$ et $(\mathcal{P}_2)$ le plan d'équation $x + 4y - 7 = 0$.

   (a) Démontrer que les plans $(\mathcal{P}_1)$ et $(\mathcal{P}_2)$ son sécants.

   (b) Vérifier que la droite (d), intersection des plans $(\mathcal{P}_1)$ et $(\mathcal{P}_2)$, a pour représentation paramétrique
   $$\begin{cases} x = -4t - 1, \\ y = t + 2, \\ z = 3t + 5, \end{cases}$$
   avec $t \in \mathbb{R}$.

   (c) La droite (d) et le plan (ABC) sont-ils sécants ou parallèles ?

5. Démontrer que l'ensemble $(\mathcal{S})$ d'équation
$$x^2 - 2x + y^2 - 4y + z^2 - 4 = 0$$
est une sphère de $(\mathcal{E})$ dont on précisera les éléments caractéristiques.

Partie B.

Soit $(\mathcal{P})$ le plan de l'espace $(\mathcal{E})$ d'équation $z = 0$, rapporté au repère $(O, \vec{u}, \vec{v})$. Soit par ailleurs f la fonction numérique de la variable réelle x définie sur l'intervalle $]0, +\infty[$ par

$$f(x) = 2\ln x - \frac{3}{x} + 3,$$

puis $(\mathcal{C}_f)$ la courbe représentative de f dans le repère $(O, \vec{u}, \vec{v})$.

1. (a) Déterminer les limites de f aux bornes de son ensemble de définition.

   (b) Étudier les variations de f et en déduire son signe.

   (c) Tracer la courbe $(\mathcal{C}_f)$ de f dans le repère orthonormé $(O, \vec{u}, \vec{v})$ du plan.

2. Soit la suite $(u_n)_{n \in \mathbb{N}}$ définie par $u_0 = 2$ et $u_{n+1} = f(u_n)$ pour chaque $n \in \mathbb{N}$.

   (a) Calculer u_1, u_2 et u_3 (on donnera l'arrondi d'ordre 2).

   (b) Démontrer que la suite $(u_n)_{n \in \mathbb{N}}$ est strictement croissante.

   (c) Prouver que $2 \leqslant u_n \leqslant 6{,}5$ pour tout entier naturel n.

   (d) En déduire que la suite $(u_n)_{n \in \mathbb{N}}$ est convergente.

3. Soient les équations différentielles

$$y'' + y' = 0 \qquad \textbf{(D)}$$

   et

$$y'' + y' = \frac{(2x-3)(x+1)}{x^3}. \qquad \textbf{(D')}$$

   (a) Montrer que f est une solution sur $]0, +\infty[$ de $(\textbf{D'})$.

   (b) Résoudre $(\textbf{D})$ sur l'intervalle $]0, +\infty[$.

   (c) Montrer qu'une fonction g est solution de $(\textbf{D'})$ si et seulement si $g - f$ est solution de $(\textbf{D})$.

   (d) Résoudre alors $(\textbf{D'})$ sur $]0, +\infty[$.

10.2. Corrigé 2017

Solution de l'Exercice 1.

1.

(a) À l'évidence, $13 \times 5 + 7 \times (-7) = 65 - 49 = 16$. Le couple $(5, -7)$ est donc une solution dans $\mathbb{Z}^2$ de l'équation

$$13x + 7y = 16. \qquad (\mathbf{E})$$

(b) Les nombres 13 et 7 sont premiers. Ils sont donc a fortiori premiers entre eux. L'ensemble des solutions dans $\mathbb{Z}^2$ de l'équation $(\mathbf{E})$ est de ce fait

$$S = \left\{(7k + 5, -13k - 7) \mid k \in \mathbb{Z}\right\}.$$

2.

(a) Soit n un nombre entier naturel. Alors, $4^{2n} = (4^2)^n = 16^n$. Or,

$$16 = 3 \times 5 + 1.$$

Donc, $16 \equiv 1 \,[\mathrm{mod}\, 5]$. Par conséquent, $16^n \equiv 1 \,[\mathrm{mod}\, 5]$, c'est-à-dire

$$4^{2n} \equiv 1 \,[\mathrm{mod}\, 5]$$

pour tout $n \in \mathbb{N}$.

(b) D'entrée de jeu, notons que

$$2014 = 2010 + 4 = 402 \times 5 + 4.$$

Alors, $2014 \equiv 4 \,[\mathrm{mod}\, 5]$. Par conséquent,

$$2014^{2015} \equiv 4^{2015} \,[\mathrm{mod}\, 5] \equiv 4^{2n+1} \,[\mathrm{mod}\, 5] \equiv 4 \cdot 4^{2n} \,[\mathrm{mod}\, 5],$$

où $n = 1007$. En outre, selon la question précédente, $4^{2n} \equiv 1 \,[\mathrm{mod}\, 5]$. D'où

$$2014^{2015} \equiv 4 \,[\mathrm{mod}\, 5].$$

Ceci signifie que 4 est le reste de la division euclidienne de 2014^{2015} par 5.

3.

Soit p un entier naturel supérieur à 1. Une urne contient $2p$ boules numérotées de 1 à $2p$, toutes indiscernables au toucher. Un joueur tire successivement, sans remise, deux boules de cette urne.

(a) Soit $B = \{n \in \mathbb{N} \mid 1 \leqslant n \leqslant 2p\}$. Alors, l'univers de cette expérience est
$$\Omega = \Big\{(i,j) \in B^2 \mid i \neq j\Big\}.$$
Il a le même cardinal que l'ensemble des applications injectives de $\{1,2\}$ vers B. De ce fait,
$$\mathrm{card}\,(\Omega) = A^2_{\mathrm{card}\,(B)} = A^2_{2p} = 2p(2p-1).$$
Autrement dit, pour cette expérience, il y a $2p(2p-1)$ résultats possibles.

Le joueur gagne 800 F CFA si les boules tirées portent des numéros pairs. Il gagne 400 F CFA si les boules tirées sont de parités différentes. Mais, il perd 800 F CFA si les boules tirées portent des numéros impairs. On désigne par X le gain algébrique du joueur à l'issue de chaque épreuve.

(b) Pour déterminer la loi de probabilité de la variable aléatoire X, considérons la partie B_1 de B constitué exclusivement des numéros pairs, ainsi que le sous-ensemble B_2 de B des numéros impairs. Alors, le cardinal de l'ensemble
$$E_1 = \Big\{(i,j) \in B_1^2 \mid i \neq j\Big\}$$
correspond au nombre de résultats, où les numéros des deux boules tirées sont pairs. En l'espèce,
$$\mathrm{card}\,(E_1) = A^2_{\mathrm{card}\,(B_1)} = A^2_p = p(p-1).$$
Au demeurant, le nombre de tirages ayant des numéros de parités distinctes est égal au cardinal de l'ensemble
$$E_2 = (B_1 \times B_2) \cup (B_2 \times B_1),$$
c'est-à-dire
$$\mathrm{card}\,(E_2) = \mathrm{card}\,(B_1 \times B_2) + \mathrm{card}\,(B_2 \times B_1) = p^2 + p^2 = 2p^2.$$

En outre, le cardinal de l'ensemble

$$E_3 = \left\{ (i,j) \in B_2^2 \mid i \neq j \right\}$$

se confond au nombre de tirages avec des boules de numéros impairs. Précisément,

$$\text{card}(E_3) = A_{\text{card}(B_2)}^2 = A_p^2 = p(p-1).$$

Ces résultats entraînent

$$\mathbb{P}(X = 800) = \mathbb{P}(E_1) = \frac{\text{card}(E_1)}{\text{card}(\Omega)} = \frac{p(p-1)}{2p(2p-1)} = \frac{p-1}{2(2p-1)},$$

puis

$$\mathbb{P}(X = 400) = \mathbb{P}(E_2) = \frac{\text{card}(E_2)}{\text{card}(\Omega)} = \frac{2p^2}{2p(2p-1)} = \frac{p}{2p-1}$$

et

$$\mathbb{P}(X = -800) = \mathbb{P}(E_3) = \frac{\text{card}(E_3)}{\text{card}(\Omega)} = \frac{p(p-1)}{2p(2p-1)} = \frac{p-1}{2(2p-1)}.$$

(c) L'espérance mathématique de la variable aléatoire X est

$$\mathbb{E}(X) = 800 \cdot \mathbb{P}(X = 800) + 400 \cdot \mathbb{P}(X = 400) - 800 \cdot \mathbb{P}(X = -800)$$
$$= 400 \cdot \mathbb{P}(X = 400),$$

car $\mathbb{P}(X = 800) = \mathbb{P}(X = -800)$. Donc,

$$\mathbb{E}(X) = \frac{400p}{2p-1}.$$

(d) Par conséquent, l'espérance du gain du joueur vaut 240 F CFA si et seulement si

$$\frac{400p}{2p-1} = 240,$$

c'est-à-dire $400p = 480p - 240$ ou $80p = 240$. De ce fait, l'espérance du gain du joueur vaut 240 lorsque $p = 3$.

Solution de l'Exercice 2.

Soit E un espace vectoriel sur $\mathbb{R}$ dont une base est $\mathcal{B} = \left(\vec{i}, \vec{j}, \vec{k}\right)$, puis f l'endomorphisme de E qui, à tout vecteur $\vec{u} = x\vec{i} + y\vec{j} + z\vec{k}$, associe le vecteur
$$f(\vec{u}) = (-x - y + 2z)\vec{i} + (2x - y + z)\vec{j} + (x - 2y + 3z)\vec{k}.$$

1.

Soit M la matrice de f dans la base $\mathcal{B}$. Pour déterminer M, il convient de remarquer que
$$f\left(\vec{i}\right) = -\vec{i} + 2\vec{j} + \vec{k} \quad \text{et} \quad f\left(\vec{j}\right) = -\vec{i} - \vec{j} - 2\vec{k},$$
puis
$$f\left(\vec{k}\right) = 2\vec{i} + \vec{j} + 3\vec{k}.$$

De ce fait,
$$M = \begin{pmatrix} -1 & -1 & 2 \\ 2 & -1 & 1 \\ 1 & -2 & 3 \end{pmatrix}.$$

2.

(a) Un vecteur $\vec{u} = x\vec{i} + y\vec{j} + z\vec{k}$ appartient au noyau $\ker f$ de f si et seulement si
$$\begin{cases} -x - y + 2z = 0, \\ 2x - y + z = 0, \\ x - 2y + 3z = 0. \end{cases}$$

Ceci entraîne
$$\begin{cases} -x - y + 2z = 0, \\ -3y + 5z = 0, \\ -3y + 5z = 0. \end{cases}$$

D'où
$$\begin{cases} 3y - 5z = 0, \\ -3x - 3y + 6z = 0. \end{cases}$$

Par conséquent,
$$z = 3x \quad \text{et} \quad y = \frac{5z}{3} = \frac{5 \times 3x}{3} = 5x,$$
puis
$$\vec{u} = x\vec{i} + 5x\vec{j} + 3x\vec{k} = x \cdot \left(\vec{i} + 5\vec{j} + 3\vec{k}\right).$$
Il en résulte que $\ker f \subseteq \left\langle \vec{i} + 5\vec{j} + 3\vec{k} \right\rangle$. Du reste,
$$f\left(\vec{i} + 5\vec{j} + 3\vec{k}\right) = (-1 - 5 + 6)\vec{i} + (2 - 5 + 3)\vec{j} + (1 - 10 + 9)\vec{k} = \vec{0}.$$
Donc, $\vec{i} + 5\vec{j} + 3\vec{k} \in \ker f$ et
$$\ker f = \left\langle \vec{i} + 5\vec{j} + 3\vec{k} \right\rangle = \mathbb{R} \cdot \left(\vec{i} + 5\vec{j} + 3\vec{k}\right).$$

(b) De ce qui précède, $\dim(\ker f) = 1$. Au demeurant,
$$3 = \dim(E) = \dim(\ker f) + \dim(\mathbf{Im} f) = 1 + \dim(\mathbf{Im} f).$$
De ce fait, $\dim(\mathbf{Im} f) = 2$.

(c) Un endomorphisme d'un espace vectoriel de dimension fini est une bijection si et seulement si son noyau se réduit au vecteur nul. Ce n'est pas le cas de $\ker f$, noyau de f, qui est un sous espace vectoriel de E de dimension 1. Par conséquent, l'endomorphisme de f n'est pas une bijection.

3.

Soient les vecteurs
$$\vec{e_1} = 2\vec{j} - \vec{k},$$
puis
$$\vec{e_2} = 3\vec{i} + \vec{j} + \vec{k} \quad \text{et} \quad \vec{e_3} = \vec{i} - \vec{k}.$$

(a) Soient par ailleurs des réels x, y et z tels que $x\vec{e_1} + y\vec{e_2} + z\vec{e_3} = \vec{0}$. Alors,
$$\vec{0} = x\left(2\vec{j} - \vec{k}\right) + y\left(3\vec{i} + \vec{j} + \vec{k}\right) + z\left(\vec{i} - \vec{k}\right)$$
$$= 2x\vec{j} - x\vec{k} + 3y\vec{i} + y\vec{j} + y\vec{k} + z\vec{i} - z\vec{k}$$
$$= (3y + z)\vec{i} + (2x + y)\vec{j} + (-x + y - z)\vec{k}.$$

Il en découle que
$$3y + z = 0, \qquad 2x + y = 0 \qquad \text{et} \qquad -x + y - z = 0,$$

c'est-à-dire
$$y = -2x, \qquad z = -3y = -3 \cdot (-2x) = 6x \qquad \text{et} \qquad -x - 2x - 6x = 0.$$

Ceci entraîne $-9x = 0$ et $x = 0$, puis $y = 0$ et $z = 0$. Ainsi, l'égalité $x\vec{e_1} + y\vec{e_2} + z\vec{e_3} = \vec{0}$ induit $x = y = z = 0$. Par conséquent, $\mathcal{B}' = (\vec{e_1}, \vec{e_2}, \vec{e_3})$ est une famille libre, constituée de trois vecteurs. Puisque $\dim(E) = 3$, il en résulte que $\mathcal{B}'$ est une base de E.

(b) Pour déterminer la matrice de f dans la base $\mathcal{B}'$, nous exprimons tout d'abord les images de $\vec{i}$, $\vec{j}$ et $\vec{k}$ dans cette base $\mathcal{B}'$. À cet effet, notons que
$$\vec{k} = -\vec{e_3} + \vec{i}, \qquad 2\vec{j} = \vec{e_1} + \vec{k} \qquad \text{et} \qquad 3\vec{i} + \vec{j} + \vec{k} = \vec{e_2}.$$

Alors,
$$\vec{k} = -\vec{e_3} + \vec{i} \qquad \text{et} \qquad 2\vec{j} = \vec{e_1} - \vec{e_3} + \vec{i},$$

puis
$$3\vec{i} + \frac{1}{2}\vec{e_1} - \frac{1}{2}\vec{e_3} + \frac{1}{2}\vec{i} - \vec{e_3} + \vec{i} = \vec{e_2},$$

c'est-à-dire
$$\frac{9}{2}\vec{i} = \frac{1}{2}\left(-\vec{e_1} + 2\vec{e_2} + 3\vec{e_3}\right).$$

Donc,
$$\vec{i} = -\frac{1}{9}\vec{e_1} + \frac{2}{9}\vec{e_2} + \frac{1}{3}\vec{e_3}. \qquad (\star)$$

Par ailleurs,
$$\vec{j} = \frac{1}{2}\left(\vec{e_1} - \frac{1}{9}\vec{e_1} + \frac{2}{9}\vec{e_2} + \frac{1}{3}\vec{e_3} - \vec{e_3}\right) = \frac{1}{2}\left(\frac{8}{9}\vec{e_1} + \frac{2}{9}\vec{e_2} - \frac{2}{3}\vec{e_3}\right)$$

et
$$\vec{j} = \frac{4}{9}\vec{e_1} + \frac{1}{9}\vec{e_2} - \frac{1}{3}\vec{e_3}. \qquad (\dagger)$$

Au demeurant,
$$\vec{k} = -\frac{1}{9}\vec{e_1} + \frac{2}{9}\vec{e_2} + \frac{1}{3}\vec{e_3} - \vec{e_3} = -\frac{1}{9}\vec{e_1} + \frac{2}{9}\vec{e_2} - \frac{2}{3}\vec{e_3}. \qquad (\ddagger)$$

Les égalités $(\star)$, $(\dagger)$ et $(\ddagger)$ ci-dessus permettent d'exprimer $f(\vec{e_1})$, $f(\vec{e_2})$ et $f(\vec{e_3})$ dans la base $\mathcal{B}'$. Précisément,

$$\begin{aligned}f(\vec{e_1}) &= f\left(2\vec{j} - \vec{k}\right) = 2f\left(\vec{j}\right) - f\left(\vec{k}\right) \\ &= 2\left(-\vec{i} - \vec{j} - 2\vec{k}\right) - \left(2\vec{i} + \vec{j} + 3\vec{k}\right) \\ &= -4\vec{i} - 3\vec{j} - 7\vec{k} \\ &= \left(\frac{4}{9} - \frac{12}{9} + \frac{7}{9}\right)\vec{e_1} + \left(-\frac{8}{9} - \frac{3}{9} - \frac{14}{9}\right)\vec{e_2} + \left(-\frac{4}{3} + \frac{3}{3} + \frac{14}{3}\right)\vec{e_3} \\ &= -\frac{1}{9}\vec{e_1} - \frac{25}{9}\vec{e_2} + \frac{13}{3}\vec{e_3}\end{aligned}$$

et

$$\begin{aligned}f(\vec{e_2}) &= f\left(3\vec{i} + \vec{j} + \vec{k}\right) = 3f\left(\vec{i}\right) + f\left(\vec{j}\right) + f\left(\vec{k}\right) \\ &= 3\left(-\vec{i} + 2\vec{j} + \vec{k}\right) + \left(-\vec{i} - \vec{j} - 2\vec{k}\right) + \left(2\vec{i} + \vec{j} + 3\vec{k}\right) \\ &= -2\vec{i} + 6\vec{j} + 4\vec{k} \\ &= \left(\frac{2}{9} + \frac{24}{9} - \frac{4}{9}\right)\vec{e_1} + \left(-\frac{4}{9} + \frac{6}{9} + \frac{8}{9}\right)\vec{e_2} + \left(-\frac{2}{3} - \frac{6}{3} - \frac{8}{3}\right)\vec{e_3} \\ &= \frac{22}{9}\vec{e_1} + \frac{10}{9}\vec{e_2} - \frac{16}{3}\vec{e_3},\end{aligned}$$

puis

$$\begin{aligned}f(\vec{e_3}) &= f\left(\vec{i} - \vec{k}\right) = f\left(\vec{i}\right) - f\left(\vec{k}\right) \\ &= \left(-\vec{i} + 2\vec{j} + \vec{k}\right) - \left(2\vec{i} + \vec{j} + 3\vec{k}\right) \\ &= -3\vec{i} + \vec{j} - 2\vec{k} \\ &= \left(\frac{3}{9} + \frac{4}{9} + \frac{2}{9}\right)\vec{e_1} + \left(-\frac{6}{9} + \frac{1}{9} - \frac{4}{9}\right)\vec{e_2} + \left(-\frac{3}{3} - \frac{1}{3} + \frac{4}{3}\right)\vec{e_3} \\ &= \vec{e_1} - \vec{e_2}.\end{aligned}$$

La matrice de f dans la base $\mathcal{B}'$ est donc

$$M' = \begin{pmatrix} -\frac{1}{9} & \frac{22}{9} & 1 \\ -\frac{25}{9} & \frac{10}{9} & -1 \\ \frac{13}{3} & -\frac{16}{3} & 0 \end{pmatrix}.$$

Solution de l'Exercice 3.

Soit $ABCD$ un carré de sens direct et de centre I.

I.

Soit r la rotation de centre A et d'angle $\frac{\pi}{2}$, puis t la translation de vecteur $\overrightarrow{AC}$ et $\mathcal{S}$ la symétrie centrale de centre C, c'est-à-dire $r = \mathcal{R}\left(A, \frac{\pi}{2}\right)$, puis $t = \mathcal{T}_{\overrightarrow{AC}}$ et $\mathcal{S} = \mathcal{S}_C$.

1.

(a) Soit (Δ) la droite telle que $r = \mathcal{S}_{(\Delta)} \circ \mathcal{S}_{(AD)}$. Alors,

$$r \circ \mathcal{S}_{(AD)} = \left(\mathcal{S}_{(\Delta)} \circ \mathcal{S}_{(AD)}\right) \circ \mathcal{S}_{(AD)} = \mathcal{S}_{(\Delta)} \circ \left(\mathcal{S}_{(AD)} \circ \mathcal{S}_{(AD)}\right).$$

Toutefois, la composée $\mathcal{S}_{(AD)} \circ \mathcal{S}_{(AD)}$ est égale à l'application identique du plan, car chaque symétrie, centrale ou axiale, est une involution. De ce fait, $\mathcal{S}_{(\Delta)} = r \circ \mathcal{S}_{(AD)}$. Ceci induit

$$\mathcal{S}_{(\Delta)}(A) = (r \circ \mathcal{S}_{(AD)})(A) = r\left(\mathcal{S}_{(AD)}(A)\right) = r(A) = A.$$

Donc, $A \in (\Delta)$. Maintenant, soit E l'image de C par $\mathcal{S}_{(AD)}$. Alors, D est milieu du segment $[CE]$, puis

$$\text{Mes}\left(\widehat{\overrightarrow{AC}, \overrightarrow{AE}}\right) \equiv \frac{\pi}{2} \,[\text{mod}\, 2\pi] \quad \text{et} \quad AC = AE$$

(voir le schéma 10.1 à la page 272). Par conséquent,

$$\mathcal{S}_{(\Delta)}(E) = r \circ \mathcal{S}_{(AD)}(E) = r\left(\mathcal{S}_{(AD)}(E)\right) = r(C) = E.$$

D'où $E \in (\Delta)$. De ce fait, $(\Delta) = (AE)$ et $r = \mathcal{S}_{(AE)} \circ \mathcal{S}_{(AD)}$.

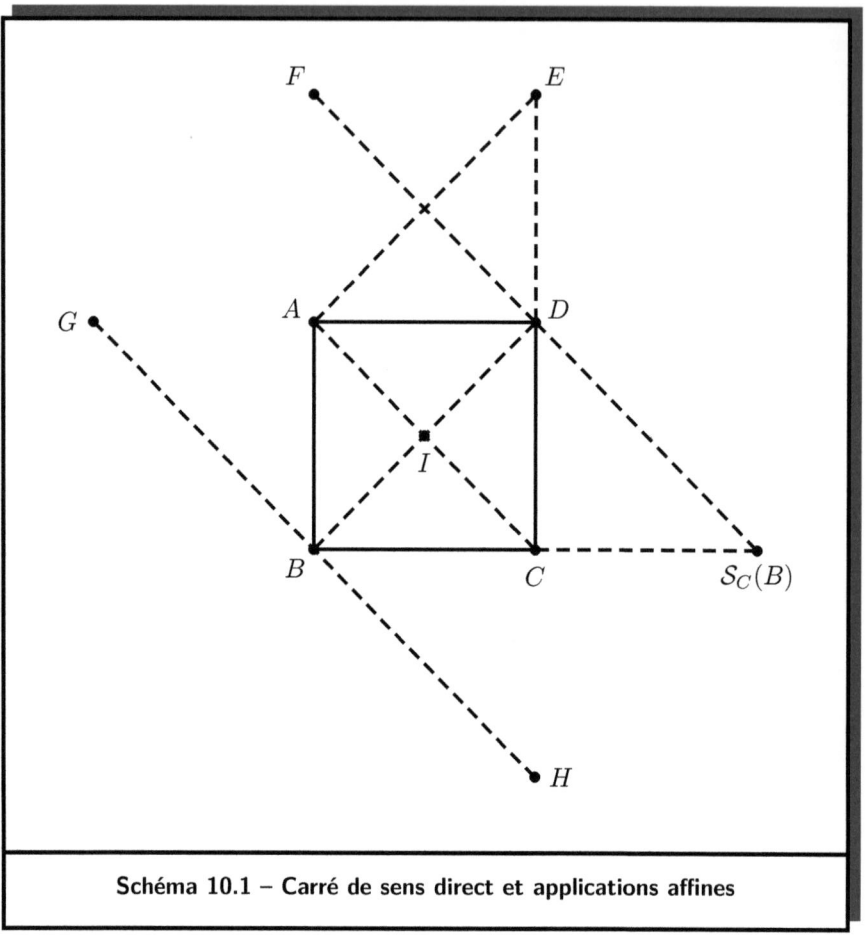

Schéma 10.1 – Carré de sens direct et applications affines

(b) La translation t et la rotation r ont pour applications linéaires associées respectives l'identité vectorielle et la rotation vectorielle d'angle $\frac{\pi}{2}$. De ce fait, la composée $t \circ r$ est associée à la rotation vectorielle d'angle $\frac{\pi}{2}$. Par conséquent, $t \circ r$ est une rotation affine d'angle $\frac{\pi}{2}$. Pour déterminer son centre, soit la droite (Δ') telle que $t = \mathcal{S}_{(\Delta')} \circ \mathcal{S}_{(AE)}$. Alors, $\mathcal{S}_{(\Delta')} = t \circ \mathcal{S}_{(AE)}$. À présent, soit $F = \mathcal{S}_{(AD)}(B)$ et $G = \mathcal{S}_{(AB)}(D)$. Alors,

$$\mathcal{S}_{(AE)}(B) = G \quad \text{et} \quad \mathcal{S}_{(AE)}(D) = F,$$

puis
$$\overrightarrow{GB} = \overrightarrow{FD} = \overrightarrow{AC}.$$

Ceci entraîne $t(G) = B$ et $t(F) = D$, puis

$$\mathcal{S}_{(\Delta')}(B) = \left(t \circ \mathcal{S}_{(AE)}\right)(B) = t(G) = B$$

et

$$\mathcal{S}_{(\Delta')}(D) = \left(t \circ \mathcal{S}_{(AE)}\right)(F) = t(F) = D.$$

Il en découle que $(\Delta') = (BD)$ et $t = \mathcal{S}_{(BD)} \circ \mathcal{S}_{(AE)}$. D'où

$$\begin{aligned} t \circ r &= \left(\mathcal{S}_{(BD)} \circ \mathcal{S}_{(AE)}\right) \circ \left(\mathcal{S}_{(AE)} \circ \mathcal{S}_{(AD)}\right) \\ &= \mathcal{S}_{(BD)} \circ \left(\mathcal{S}_{(AE)} \circ \mathcal{S}_{(AE)}\right) \circ \mathcal{S}_{(AD)} \\ &= \mathcal{S}_{(BD)} \circ \mathcal{S}_{(AD)}, \end{aligned}$$

car $\mathcal{S}_{(AE)} \circ \mathcal{S}_{(AE)}$ est l'application identique du plan. Donc,

$$(t \circ r)(D) = \left(\mathcal{S}_{(BD)} \circ \mathcal{S}_{(AD)}\right)(D) = \mathcal{S}_{(BD)}(D) = D.$$

Par conséquent, $t \circ r$ est la rotation de centre D et d'angle $\frac{\pi}{2}$.

2.

(a) De ce qui précède, nous avons $\mathcal{S} \circ t \circ r = \mathcal{S}_C \circ \mathcal{R}\left(D, \frac{\pi}{2}\right)$. De ce fait,

$$(\mathcal{S} \circ t \circ r)(A) = \left(\mathcal{S}_C \circ \mathcal{R}\left(D, \frac{\pi}{2}\right)\right)(A) = \mathcal{S}_C(C) = C$$

et

$$(\mathcal{S} \circ t \circ r)(D) = \left(\mathcal{S}_C \circ \mathcal{R}\left(D, \frac{\pi}{2}\right)\right)(D) = \mathcal{S}_C(D) = H,$$

où C est le milieu du segment $[DH]$ (voir le schéma 10.1 ci-dessus).

(b) Pour déterminer la nature et les éléments caractéristiques de $\mathcal{S} \circ t \circ r$, il convient d'observer que $\mathcal{S}$ est la rotation de centre C et d'angle π. Alors,

$$\mathcal{S} \circ t \circ r = \mathcal{R}(C, \pi) \circ \mathcal{R}\left(D, \frac{\pi}{2}\right).$$

De ce fait, $\mathcal{S} \circ t \circ r$ est une rotation d'angle

$$\pi + \frac{\pi}{2} = \frac{2\pi}{3} \equiv -\frac{\pi}{2} \,[\text{mod } 2\pi].$$

Cependant, $\mathcal{R}\left(D, \frac{\pi}{2}\right)(B) = \mathcal{S}_C(B)$ (voir le schéma 10.1 à la page 272). Ceci entraîne

$$(\mathcal{S} \circ t \circ r)(B) = \left(\mathcal{S}_C \circ \mathcal{R}\left(D, \frac{\pi}{2}\right)\right)(B) = \mathcal{S}_C(\mathcal{S}_C(B)) = B.$$

Par conséquent, $\mathcal{S} \circ t \circ r$ est la rotation de centre B et d'angle $-\frac{\pi}{2}$.

II.

Soit M un point de la droite (DC), puis N le point d'intersection de la droite (BC) avec la perpendiculaire à la droite (AM) passant par A, et J le milieu du segment $[MN]$, ainsi que r' la rotation de centre A telle que $B = r'(D)$, et $\mathcal{S}'$ la similitude directe de centre A telle que $I = \mathcal{S}'(D)$.

1.

La carré $ABCD$ étant de sens direct, nous avons

$$\operatorname{Mes}\left(\widehat{\overrightarrow{AD}, \overrightarrow{AB}}\right) \equiv -\frac{\pi}{2} \,[\operatorname{mod} 2\pi].$$

Donc, r' est la rotation de centre A et d'angle $-\frac{\pi}{2}$. Pour établir $N = r'(M)$, il suffit de ce fait de montrer que

$$AM = AN \quad \text{et} \quad \operatorname{Mes}\left(\widehat{\overrightarrow{AM}, \overrightarrow{AN}}\right) \equiv -\frac{\pi}{2} \,[\operatorname{mod} 2\pi].$$

Par ailleurs, le point M appartient à la demi-droite $[DC)$ ou pas.

Premier cas : Soit $M \in [DC)$. Alors, $N \in (BC)\setminus[BC]$ ou $B \in [CN]$, car le contraire induirait $N \in [BC]$ et $\operatorname{Mes}\widehat{MAN} < \frac{\pi}{2}$. Ainsi, les angles orientés $\left(\widehat{\overrightarrow{AD}, \overrightarrow{AB}}\right)$ et $\left(\widehat{\overrightarrow{AM}, \overrightarrow{AN}}\right)$ sont de même sens (voir le schéma 10.2 ci-dessous). D'où

$$\operatorname{Mes}\left(\widehat{\overrightarrow{AM}, \overrightarrow{AN}}\right) \equiv -\frac{\pi}{2} \,[\operatorname{mod} 2\pi],$$

puisque les droites (AM) et (AN) sont perpendiculaires en A. Au demeurant,

$$\frac{\pi}{2} = \operatorname{Mes}\widehat{DAB} = \operatorname{Mes}\widehat{DAM} + \operatorname{Mes}\widehat{MAB}$$

et

$$\frac{\pi}{2} = \operatorname{Mes}\widehat{MAN} = \operatorname{Mes}\widehat{MAB} + \operatorname{Mes}\widehat{BAN}.$$

Ceci livre
$$\operatorname{Mes}\widehat{DAM} = \frac{\pi}{2} - \operatorname{Mes}\widehat{MAB}$$

et
$$\operatorname{Mes}\widehat{BAN} = \frac{\pi}{2} - \operatorname{Mes}\widehat{MAB}.$$

D'où $\operatorname{Mes}\widehat{DAM} = \operatorname{Mes}\widehat{BAN}$. Les triangles ADM et ABN, rectangles respectivement en D et B, sont donc congruents. Par conséquent, $AM = AN$.

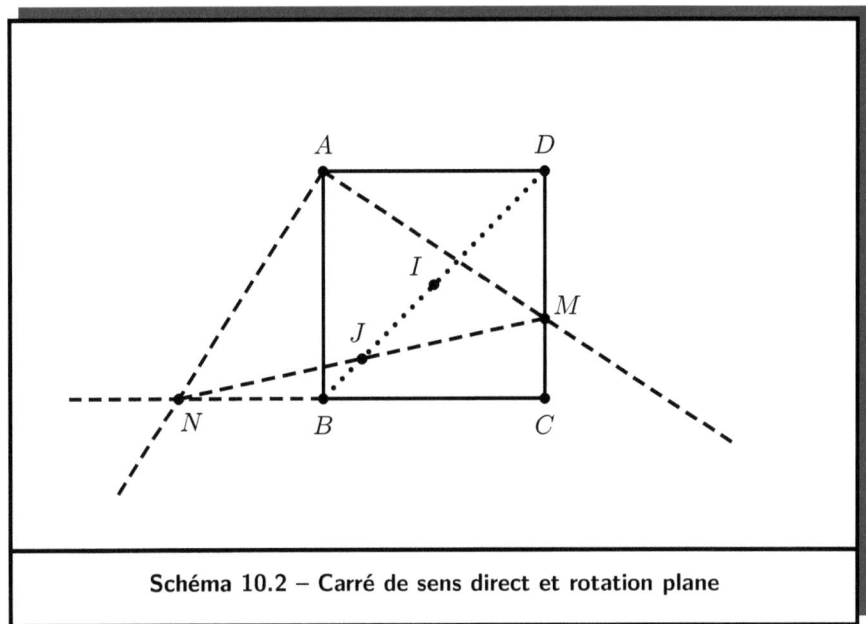

Schéma 10.2 – Carré de sens direct et rotation plane

Deuxième cas : Soit $M \in (CD)\setminus[DC)$. Alors, $N \in [BC)$. Par conséquent, les angles orientés $\left(\overrightarrow{AD}, \overrightarrow{AB}\right)$ et $\left(\overrightarrow{AM}, \overrightarrow{AN}\right)$ sont de même sens (voir le schéma 10.3 ci-dessous). Ainsi,

$$\operatorname{Mes}\left(\widehat{\overrightarrow{AM}, \overrightarrow{AN}}\right) \equiv -\frac{\pi}{2} \,[\operatorname{mod} 2\pi].$$

Du reste,
$$\frac{\pi}{2} = \operatorname{Mes}\widehat{MAN} = \operatorname{Mes}\widehat{MAD} + \operatorname{Mes}\widehat{DAN}$$

et
$$\frac{\pi}{2} = \text{Mes } \widehat{DAB} = \text{Mes } \widehat{DAN} + \text{Mes } \widehat{NAB}.$$

Il en résulte que
$$\text{Mes } \widehat{MAD} = \frac{\pi}{2} - \text{Mes } \widehat{DAN}$$

et
$$\text{Mes } \widehat{NAB} = \frac{\pi}{2} - \text{Mes } \widehat{DAN},$$

puis Mes $\widehat{MAD}$ = Mes $\widehat{NAB}$. Les triangles ADM et ABN étant rectangles respectivement en D et B, avec $AD = AB$, ils sont donc congruents. D'où $AM = AN$.

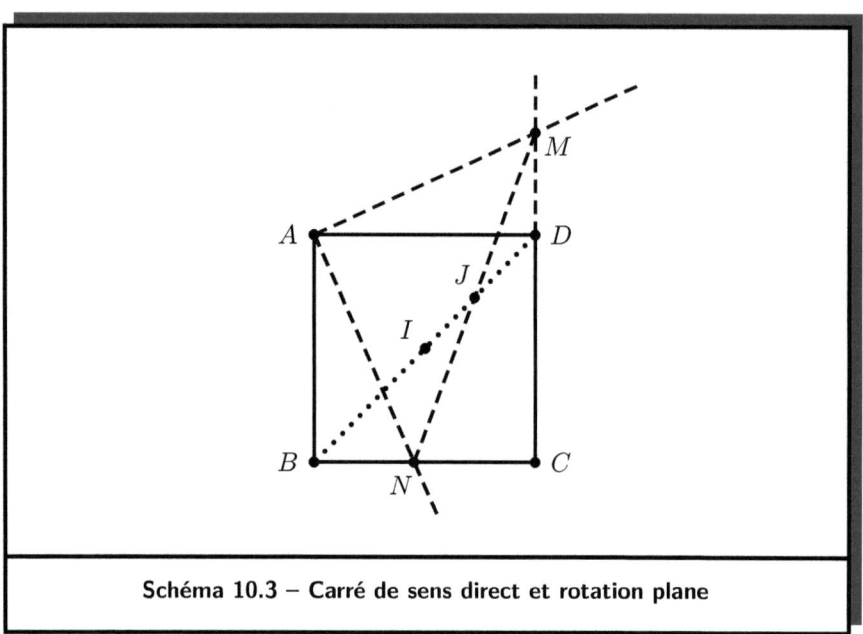

Schéma 10.3 – Carré de sens direct et rotation plane

En tout état de cause,
$$AM = AN \quad \text{et} \quad \text{Mes}\left(\widehat{\overrightarrow{AM}, \overrightarrow{AN}}\right) \equiv -\frac{\pi}{2} \, [\text{mod } 2\pi].$$

Ceci signifie que $N = r'(M)$. Par conséquent, le triangle AMN est rectangle et isocèle en A.

2.

(a) Par définition, le rapport de la similitude de $\mathcal{S}'$ est

$$k = \frac{\mathcal{S}'(A)\mathcal{S}'(D)}{AD} = \frac{AI}{AD}.$$

Or, $AI = \frac{1}{2}AC$ et $AC^2 = AD^2 + DC^2 = 2AD^2$. Donc,

$$AC = AD \cdot \sqrt{2} \qquad \text{et} \qquad AI = AD \cdot \frac{\sqrt{2}}{2}.$$

D'où $k = \frac{\sqrt{2}}{2}$. Par ailleurs,

$$\text{Mes}\left(\widehat{\overrightarrow{AD}, \overrightarrow{AI}}\right) \equiv -\frac{\pi}{4} \,[\text{mod}\, 2\pi],$$

car la droite (AI) est la bissectrice de l'angle $\widehat{DAB}$. De ce fait, $\mathcal{S}'$ est similitude de rapport $\frac{\sqrt{2}}{2}$, de centre A et d'angle $-\frac{\pi}{4}$. L'homothétie de centre A et de rapport $\frac{\sqrt{2}}{2}$ étant désignée par $\mathcal{H}\left(A, \frac{\sqrt{2}}{2}\right)$, nous avons donc

$$\mathcal{S}' = \mathcal{H}\left(A, \frac{\sqrt{2}}{2}\right) \circ \mathcal{R}\left(A, -\frac{\pi}{4}\right).$$

Nous considérons maintenant le point C' appartenant à la demi-droite $[AB)$ tel que $AC' = AC$. Alors, $C' = \mathcal{R}\left(A, -\frac{\pi}{4}\right)(C)$. Ainsi, $\mathcal{S}' = \mathcal{R}\left(A, -\frac{\pi}{4}\right)(C')$. Au demeurant,

$$AC' = AC = AD \cdot \sqrt{2} = AB \cdot \sqrt{2}.$$

Ceci entraîne

$$AB = AC' \cdot \frac{1}{\sqrt{2}} = AC' \cdot \frac{\sqrt{2}}{2} \qquad \text{et} \qquad \overrightarrow{AB} = \frac{\sqrt{2}}{2} \cdot \overrightarrow{AC'}.$$

D'où $\mathcal{H}\left(A, \frac{\sqrt{2}}{2}\right)(C') = B$. Par conséquent, $\mathcal{S}'(C) = B$.

(b) Rappelons que le triangle AMN est rectangle et isocèle en A et que J est le milieu du segment $[MN]$. Puisque

$$\text{Mes}\left(\widehat{\overrightarrow{AM}, \overrightarrow{AN}}\right) \equiv -\frac{\pi}{2} \,[\text{mod}\, 2\pi],$$

il en résulte que
$$\text{Mes}\left(\widehat{\overrightarrow{AM}, \overrightarrow{AJ}}\right) \equiv -\frac{\pi}{4} \,[\text{mod}\, 2\pi].$$

Ainsi, $\mathcal{R}\left(A, -\frac{\pi}{4}\right)(M) = M'$, où $M' \in [AJ)$ et $AM' = AM$. Du reste,
$$2AJ = MN = AM\sqrt{2}.$$

D'où
$$\overrightarrow{AJ} = \frac{\sqrt{2}}{2} \cdot \overrightarrow{AM'} \quad \text{et} \quad \mathcal{H}\left(A, \frac{\sqrt{2}}{2}\right)(M') = J.$$

Par conséquent,
$$\mathcal{H}\left(A, \frac{\sqrt{2}}{2}\right) \circ \mathcal{R}\left(A, -\frac{\pi}{4}\right)(M) = \mathcal{H}\left(A, \frac{\sqrt{2}}{2}\right)(M') = J.$$

Autrement dit, $\mathcal{S}'(M) = J$.

(c) Le lieu géométrique des points J, lorsque M décrit la droite (DC), est donc l'image de (DC) par la similitude directe $\mathcal{S}'$. Cette dernière est cependant une application affine du plan vérifiant $\mathcal{S}'(D) = I$ et $\mathcal{S}'(C) = B$. Donc, $\mathcal{S}'((DC)) = (IB) = (DB)$. Ainsi, le lieu géométrique recherché est la droite (DB).

3.

(a) Soit $(\mathfrak{T})$ l'ensemble des points M du plan tels que
$$d(M, C) = \frac{1}{\sqrt{2}} \cdot d\bigl(M, (BD)\bigr).$$

Alors, $(\mathfrak{T})$ est l'ellipse de foyer C, de directrice (BD) et d'excentricité $\frac{1}{\sqrt{2}}$.

(b) Soit $(\mathfrak{T}')$ l'image de $(\mathfrak{T})$ par $\mathcal{S}'$. Alors, pour chaque $M' \in (\mathfrak{T}')$, il existe un point $M \in (\mathfrak{T})$ tel que $M' = \mathcal{S}'(M)$. Ceci entraîne

$$d(M', B) = d\bigl(\mathcal{S}'(M), \mathcal{S}'(C)\bigr) = \frac{\sqrt{2}}{2} \cdot d(M, C) = \frac{\sqrt{2}}{2} \cdot \frac{1}{\sqrt{2}} \cdot d\bigl(M, (BD)\bigr)$$
$$= \frac{1}{2} d\bigl(M, (BD)\bigr).$$

De plus,

$$d\bigl(M', \mathcal{S}'((BD))\bigr) = d\bigl(\mathcal{S}'(M), \mathcal{S}'((BD))\bigr) = \frac{\sqrt{2}}{2} \cdot d(M, (BD))$$
$$= \frac{1}{\sqrt{2}} \cdot d(M, (BD)).$$

De ce fait,

$$d(M, (BD)) = \sqrt{2} \cdot d\bigl(M', \mathcal{S}'((BD))\bigr)$$

et

$$d(M', B) = \frac{1}{\sqrt{2}} \cdot d\bigl(M, \mathcal{S}'((BD))\bigr).$$

Ainsi, $(\mathfrak{T}')$ est contenu dans l'ellipse de foyer B, de directrice $\mathcal{S}'((BD))$ et d'excentricité $\frac{1}{\sqrt{2}}$. Soit M' un point de cette ellipse. Alors,

$$d(M', B) = \frac{1}{\sqrt{2}} \cdot d\bigl(M', \mathcal{S}'((BD))\bigr).$$

Par ailleurs, $B = \mathcal{S}'(C)$ et il existe un point M tel que $M' = \mathcal{S}'(M)$. Ceci livre

$$\frac{1}{\sqrt{2}} \cdot d(M, C) = d\bigl(\mathcal{S}'(M), \mathcal{S}'(C)\bigr) = d(M', B) = \frac{1}{\sqrt{2}} \cdot d\bigl(M', \mathcal{S}'((BD))\bigr)$$
$$= \frac{1}{\sqrt{2}} \cdot d\bigl(\mathcal{S}'(M), \mathcal{S}'((BD))\bigr)$$
$$= \frac{1}{\sqrt{2}} \cdot \frac{1}{\sqrt{2}} \cdot d(M, (BD)),$$

puis

$$d(M, C) = \frac{1}{\sqrt{2}} \cdot d(M, (BD)).$$

D'où $M \in (\mathcal{T})$ et $M' \in \mathcal{S}'(\mathcal{T})$. Par conséquent, $(\mathfrak{T}')$ est l'ellipse de foyer B, de directrice $\mathcal{S}'((BD))$ et d'excentricité $\frac{1}{\sqrt{2}}$. Notons pour conclure que $(BD) = (DI)$. En outre, $\mathcal{S}'(D) = I$ et $\mathcal{S}'(I)$ est le milieu du segment $[AB]$. Donc, $\mathcal{S}'((BD))$ est la droite passant par I et perpendiculaire à (AB).

Solution du Problème.

Partie A.

Soient $A(1,6,4)$, $B(2,5,3)$, $C(3,1,1)$ et $D(8,1,7)$ des points de l'espace $(\mathcal{E})$ muni d'un repère orthonormé direct $(O, \vec{u}, \vec{v}, \vec{w})$. Soit $\vec{N} = \vec{AB} \wedge \vec{AC}$.

1.

(a) Pour déterminer les coordonnées du vecteur $\vec{N}$, il sied de noter que

$$\vec{AB} = (2-1)\vec{i} + (5-6)\vec{j} + (3-4)\vec{k} = \vec{i} - \vec{j} - \vec{k}$$

et

$$\vec{AC} = (3-1)\vec{i} + (1-6)\vec{j} + (1-4)\vec{k} = 2\vec{i} - 5\vec{j} - 3\vec{k}.$$

Alors, $\vec{N} = X\vec{i} + Y\vec{j} + Z\vec{k}$, où

$$X = \begin{vmatrix} -1 & -5 \\ -1 & -3 \end{vmatrix} = 3 - 5 = -2$$

et

$$Y = \begin{vmatrix} -1 & -3 \\ 1 & 2 \end{vmatrix} = -2 + 3 = -1,$$

puis

$$Z = \begin{vmatrix} 1 & 2 \\ -1 & -5 \end{vmatrix} = -5 + 2 = -3.$$

En d'autres termes, $\vec{N} = -2\vec{i} + \vec{j} - 3\vec{k} \neq \vec{0}$. Les points A, B et C sont de ce fait non alignés.

(b) Soit $\mathfrak{a}$ l'aire du triangle ABC. Alors,

$$\mathfrak{a} = \frac{1}{2} \cdot \left\| \vec{AB} \wedge \vec{AC} \right\| = \frac{1}{2} \cdot \left\| \vec{N} \right\| = \frac{1}{2}\sqrt{(-2)^2 + 1^2 + (-3)^2}$$
$$= \frac{1}{2}\sqrt{4 + 1 + 9}$$
$$= \frac{1}{2}\sqrt{14}.$$

2.

Soit (Δ) la droite de vecteur directeur $\vec{u}(2,-1,3)$, passant par le point $D(8,1,7)$.

(a) Alors, $\vec{u} = -\vec{N}$. Or, $\vec{N} = \vec{AB} \wedge \vec{AC}$ est un vecteur normal au plan (ABC). Donc, toute droite dirigée par un vecteur $\lambda \cdot \vec{N}$ avec $\alpha \in \mathbb{R}\backslash\{0\}$, notamment (Δ), est orthogonale à (ABC).

(b) Un point $M(x,y,z)$ appartient au plan (ABC) si et seulement si
$$\vec{AM} \cdot \vec{u} = 0.$$

Cependant,
$$\begin{aligned}\vec{AM} \cdot \vec{u} &= 2(x-1) - (y-6) + 3(z-4) \\ &= 2x - 2 - y + 6 + 3z - 12 \\ &= 2x - y + 3z - 8.\end{aligned}$$

Une équation cartésienne du plan (ABC) est de ce fait donnée par
$$2x - y + 3z - 8 = 0.$$

(c) La droite (Δ) passe par un point $M(x,y,z)$ si et seulement s'il existe un réel λ tel que $\vec{DM} = \lambda \cdot \vec{u}$. Ceci équivaut à
$$(x-8, y-1, z-7) = \lambda \cdot (2, -1, 3),$$

c'est-à-dire
$$(x, y, z) = (2\lambda + 8, -\lambda + 1, 3\lambda + 7).$$

La droite (Δ) a donc pour représentation paramétrique
$$\begin{cases} x = 2\lambda + 8, \\ y = -\lambda + 1, \\ z = 3\lambda + 7, \end{cases}$$

avec $\lambda \in \mathbb{R}$.

(d) Soit $K(x, y, z)$ le point d'intersection de la droite (Δ) et du plan (ABC). Alors,
$$2x - y + 3z - 8 = 0$$
et il existe un réel λ tel que
$$\begin{cases} x = 2\lambda + 8, \\ y = -\lambda + 1, \\ z = 3\lambda + 7. \end{cases}$$

Ainsi,
$$8 = 2(2\lambda + 8) - (-\lambda + 1) + 3(3\lambda + 7) = 4\lambda + 16 + \lambda - 1 + 9\lambda + 21$$
$$= 14\lambda + 36.$$

D'où $\lambda = \frac{-36+8}{14} = -\frac{28}{14} = -2$. Par conséquent, $x = 2 \times (-2) + 8 = 4$, puis
$$y = -(-2) + 1 = 3 \quad \text{et} \quad z = 3 \times (-2) + 7 = 1.$$

Autrement dit, $K(4, 3, 1)$.

3.

Soit H le projeté orthogonal de D sur le plan (ABC).

(a) Alors, $H = K$, car la droite (Δ) passant par D est orthogonale au plan (ABC) et $(\Delta) \cap (ABC) = \{K\}$. Ainsi,
$$\overrightarrow{DH} = \overrightarrow{DK} = (4-8)\vec{i} + (3-1)\vec{j} + (1-7)\vec{k}$$
$$= -4\vec{i} + 2\vec{j} - 6\vec{k}$$
$$= 2\left(-2\vec{i} + \vec{j} - 3\vec{k}\right) = 2 \cdot \vec{N}.$$

En d'autres termes, $\overrightarrow{DH} = \alpha \cdot \vec{N}$ avec $\alpha = 2$.

(b) Ceci entraîne
$$DH = \left\|\overrightarrow{DH}\right\| = \left\|\alpha \cdot \vec{N}\right\| = |\alpha| \cdot \left\|\vec{N}\right\| = 2\sqrt{14}.$$

Le volume du tétraèdre $ABCD$ est cependant
$$V = \frac{1}{3} \times \mathfrak{a} \times DH,$$

où $\mathfrak{a}$ désigne l'aire du triangle ABC. Précisément,
$$V = \frac{1}{3} \times \frac{1}{2}\sqrt{14} \times 2\sqrt{14} = \frac{14}{3}.$$

4.

Soit $(\mathcal{P}_1)$ le plan d'équation $x + y + z - 6 = 0$ et $(\mathcal{P}_2)$ le plan d'équation $x + 4y - 7 = 0$.

(a) Les vecteurs $\vec{n_1} = \vec{i} + \vec{j} + \vec{k}$ et $\vec{n_2} = \vec{i} + 4\vec{j}$ sont normaux respectivement aux plans $(\mathcal{P}_1)$ et $(\mathcal{P}_2)$. Du reste,

$$\vec{n_1} \wedge \vec{n_2} = \begin{vmatrix} 1 & 4 \\ 1 & 0 \end{vmatrix} \cdot \vec{i} + \begin{vmatrix} 1 & 0 \\ 1 & 1 \end{vmatrix} \cdot \vec{j} + \begin{vmatrix} 1 & 1 \\ 1 & 4 \end{vmatrix} \cdot \vec{k}$$
$$= -4\vec{i} + \vec{j} + 3\vec{k} \neq \vec{0}.$$

Les $\vec{n_1}$ et $\vec{n_2}$ ne sont donc pas colinéaires. De ce fait, les plans $(\mathcal{P}_1)$ et $(\mathcal{P}_2)$, de vecteurs normaux respectifs $\vec{n_1}$ et $\vec{n_2}$, ne sont ni égaux, ni parallèles. Ils sont par conséquent sécants.

(b) Soit $M(x, y, z)$ un point de la droite (d) ayant pour représentation paramétrique
$$\begin{cases} x = -4t - 1, \\ y = t + 2, \\ z = 3t + 5, \end{cases}$$
avec $t \in \mathbb{R}$. Alors,
$$x + y + z - 6 = (-4t - 1) + (t + 2) + (3t + 5) - 6 = 0$$
et
$$x + 4y - 7 = (-4t - 1) + 4(t + 2) - 7 = -4t + 4t - 1 + 8 - 7 = 0.$$

Ainsi, $M \in (\mathcal{P}_1) \cap (\mathcal{P}_2)$. D'où $(d) \subseteq (\mathcal{P}_1) \cap (\mathcal{P}_2)$. Considérons maintenant un point $M(x, y, z)$ de l'intersection $(\mathcal{P}_1) \cap (\mathcal{P}_2)$. Alors,
$$x + y + z - 6 \quad \text{et} \quad x + 4y - 7 = 0.$$

Ceci entraîne
$$y = \frac{1}{4}(-x+7)$$
et
$$z = -x - y + 6 = -x - \frac{1}{4}(-x+7) + 6 = -x - \frac{1}{4}x - \frac{7}{4} + 6$$
$$= -\frac{3}{4}x + \frac{17}{4} = \frac{1}{4}(-3x+17).$$

À présent, posons $t = \frac{1}{4}(-x-1)$. Alors, $t \in \mathbb{R}$ et $x = -4t + 1$. De ce fait,
$$y = \frac{1}{4}(-x - 1 + 8) = \frac{1}{4}(-x-1) + 2 = t + 2$$
et
$$z = \frac{1}{4}(-3x - 3 + 20) = \frac{3}{4}(-x-1) + 5 = 3t + 5.$$

En résumé,
$$x = -4t - 1, \qquad y = t + 2 \qquad \text{et} \qquad z = 3t + 5.$$

Par conséquent, $M \in (d)$. Il en résulte que $(\mathcal{P}_1) \cap (\mathcal{P}_2) \subseteq (d)$ et
$$(\mathcal{P}_1) \cap (\mathcal{P}_2) = (d).$$

(c) Soit $M(x, y, z)$ un point de la droite (d). Alors, il existe un nombre réel t tel que
$$\begin{cases} x = -4t - 1, \\ y = t + 2, \\ z = 3t + 5. \end{cases}$$

Par conséquent,
$$2x - y - 3z - 8 = 2(-4t - 1) - (t + 2) - 3(3t + 5) - 8$$
$$= -8t - 2 - t - 2 + 9t + 15 - 8 = 3.$$

Le plan (ABC) ayant pour équation
$$2x - y + 3z - 8 = 0,$$

il en résulte que
$$(d) \cap (ABC) = \emptyset.$$
Or, dans l'espace, une droite quelconque est soit parallèle à un plan donné, soit sécante à ce dernier ou contenue dans celui-ci. À ce compte-là, l'égalité $(d) \cap (ABC) = \emptyset$ induit que la droite (d) est le plan (ABC) sont parallèles.

5.

Soit $(\mathcal{S})$ l'ensemble des points de l'espace $(\mathcal{E})$ défini par l'équation
$$x^2 - 2x + y^2 - 4y + z^2 - 4 = 0.$$

Du reste,
$$x^2 - 2x + y^2 - 4y + z^2 - 4 = x^2 - 2x + 1 + y^2 - 4y + 4 + z^2 - 9$$
$$= (x-1)^2 + (y-2)^2 + z^2 - 9.$$

Donc, un point $M(x, y, z)$ appartient à $(\mathcal{S})$ si et seulement si
$$(x-1)^2 + (y-2)^2 + z^2 - 9 = 0,$$
c'est-à-dire
$$(x-1)^2 + (y-2)^2 + z^2 = 3^2.$$

Par conséquent, $(\mathcal{E})$ est la sphère de centre $P(1, 2, 0)$ et de rayon 3.

Partie B.

Soit $(\mathcal{P})$ le plan de l'espace $(\mathcal{E})$ d'équation $z = 0$, rapporté au repère $(O, \vec{u}, \vec{v})$. Soit par ailleurs f la fonction numérique de la variable réelle x définie sur l'intervalle $]0, +\infty[$ par
$$f(x) = 2\ln x - \frac{3}{x} + 3,$$
puis $(\mathcal{C}_f)$ la courbe représentative de f dans le repère $(O, \vec{u}, \vec{v})$.

1.

(a) Pour chaque $x \in]0, +\infty[$, nous avons
$$f(x) = \frac{1}{x}(2x \ln x - 3 + 3x).$$

Puisque
$$\lim_{x\to 0^+} \frac{1}{x} = +\infty \quad \text{et} \quad \lim_{x\to 0^+} x\ln x = -\infty,$$
il en résulte que
$$\lim_{x\to 0^+} f(x) = +\infty \times (-\infty - 3 + 0) = -\infty.$$

Par ailleurs, $\lim\limits_{x\to +\infty} \ln x = +\infty$ et $\lim\limits_{x\to +\infty} \frac{3}{x} = 0^+$. D'où
$$\lim_{x\to +\infty} f(x) = +\infty - 0 + 3 = +\infty.$$

(b) La fonction f est dérivable sur $]0, +\infty[$, en tant que somme de fonctions dérivables. En outre,
$$f'(x) = 2(\ln x)' - 3 \cdot \left(\frac{1}{x}\right)' = \frac{2}{x} + \frac{3}{x^2} = \frac{2x+3}{x^2} > 0$$
pour chaque $x \in]0, +\infty[$. La fonction f est de ce fait strictement croissante sur son ensemble de définition $]0, +\infty[$. Au demeurant,
$$f(1) = 2\ln 1 - \frac{3}{1} + 3 = 0 - 3 + 3 = 0.$$
Par conséquent, $f(x) < 0$ si $0 < x < 1$, et $f(x) > 0$ si $x > 0$.

(c) La courbe $(\mathcal{C}_f)$ de f admet deux branches infinies : l'une en 0 à droite et l'autre en $+\infty$. Précisément, l'axe des ordonnées, la droite $(O, \vec{v})$, est asymptote verticale à $(\mathcal{C}_f)$ en 0 à droite, car
$$\lim_{x\to 0^+} f(x) = -\infty.$$
Par ailleurs, la courbe $(\mathcal{C}_f)$ admet en $+\infty$ une branche parabolique de direction $(O, \vec{u})$, l'axe des abscisses. En effet,
$$\lim_{x\to +\infty} f(x) = +\infty,$$
puis
$$\frac{f(x)}{x} = 2 \cdot \frac{\ln x}{x} - \frac{3}{x^2} + \frac{3}{x}$$

pour chaque $x \in]0, +\infty[$, et

$$\lim_{x \to +\infty} \frac{f(x)}{x} = 2 \times 0 - 0 + 0 = 0.$$

La courbe $(\mathcal{C}_f)$ est représentée sur le schéma 10.4 à la page 288, avec 1 cm pour échelle sur les axes.

2.

Soit la suite $(u_n)_{n \in \mathbb{N}}$ définie par $u_0 = 2$ et $u_{n+1} = f(u_n)$ pour tout $n \in \mathbb{N}$.

(a) Par définition,

$$u_1 = f(u_0) = f(2) = 2\ln 2 - \frac{3}{2} + 3 = 2\ln 2 + \frac{3}{2} \approx 2{,}89$$

et

$$u_2 = f(u_1) = f\left(2\ln 2 + \frac{3}{2}\right) \approx 4{,}08,$$

puis $u_3 = f(u_2) \approx 5{,}08$.

(b) De toute évidence, $u_0 = 2 < 2{,}8 < u_1$. Supposons maintenant que $u_n < u_{n+1}$ pour un entier naturel quelconque n. Alors,

$$u_{n+1} = f(u_n) < f(u_{n+1}) = u_{n+2},$$

en raison de la croissance stricte de f. Eu égard à la règle de raisonnement par récurrence, il en découle que la suite $(u_n)_{n \in \mathbb{N}}$ est strictement croissante.

(c) De toute évidence, $2 \leqslant u_0 = 2 \leqslant 6{,}5$. Admettons que $2 \leqslant u_n \leqslant 6{,}5$ pour un entier naturel n donné. Alors,

$$2 < 2{,}8 < f(2) \leqslant f(u_n) \leqslant f(6{,}5).$$

Cependant, $f(6{,}5) \approx 6{,}28 < 6{,}5$. D'où $2 \leqslant u_{n+1} \leqslant 6{,}5$. Tout compte fait,

$$2 \leqslant u_n \leqslant 6{,}5$$

pour tout $n \in \mathbb{N}$.

(d) La suite $(u_n)_{n \in \mathbb{N}}$ est donc strictement croissante et majorée par $6{,}5$. Par conséquent, elle est convergente.

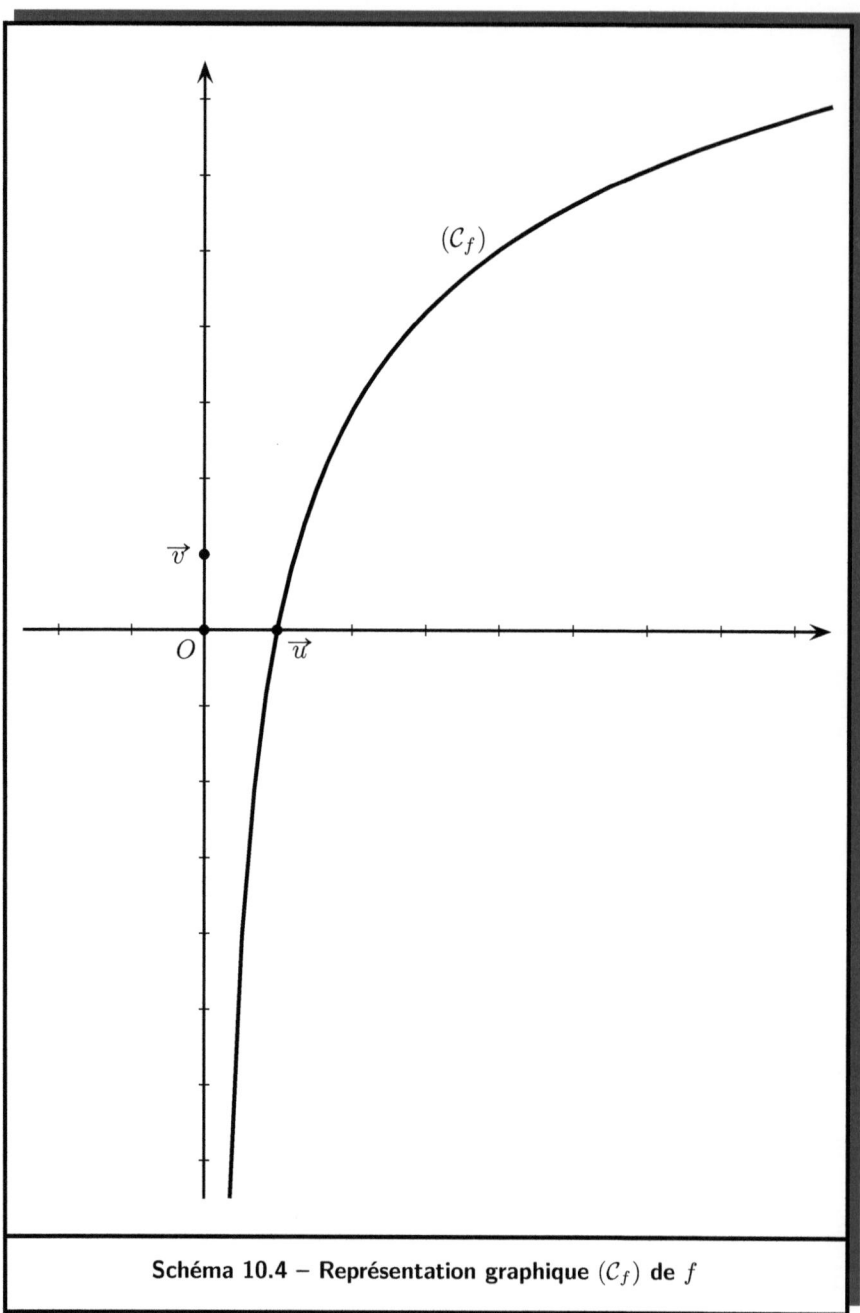

Schéma 10.4 – Représentation graphique $(\mathcal{C}_f)$ de f

3.

Soient les équations différentielles
$$y'' + y' = 0 \tag{D}$$

et
$$y'' + y' = \frac{(2x-3)(x+1)}{x^3}. \tag{D'}$$

(a) Soit $x \in]0, +\infty[$. Rappelons que
$$f'(x) = \frac{2}{x} + \frac{3}{x^2}.$$

Alors,
$$f''(x) = -\frac{2}{x^2} + \frac{3 \times (-2x)}{x^4} = -\frac{2}{x^2} - \frac{6}{x^3}.$$

Donc,
$$f''(x) + f'(x) = -\frac{2}{x^2} - \frac{6}{x^3} + \frac{2}{x} + \frac{3}{x^2} = \frac{2}{x} + \frac{1}{x^2} - \frac{6}{x^3} = \frac{2x^2 + x - 6}{x^3}$$
$$= \frac{(2x-3)(x+1)}{x^3}$$

pour chaque $x \in]0, +\infty[$. La fonction f est de ce fait une solution de l'équation différentielle $(\mathbf{D'})$.

(b) L'équation caractéristique de l'équation différentielle $(\mathbf{D})$ est
$$r^2 + r = 0.$$

Elle admet deux solutions réelles distinctes -1 et 0. Il en résulte que les solutions de $(\mathbf{D})$ sont les fonctions de la forme
$$\varphi_{\alpha,\beta} :]0, +\infty[\to \mathbb{R}, \ x \mapsto \alpha e^{-x} + \beta e^{0 \cdot x} = \alpha e^{-x} + \beta,$$

où $(\alpha, \beta) \in \mathbb{R}^2$.

(c) Soit g une fonction deux fois dérivable sur l'intervalle $]0, +\infty[$. Alors,
$$(g-f)'' + (g-f)' = g'' - f'' + g' - f' = (g'' + g') + (f'' + f').$$

Cependant,
$$f''(x) + f'(x) = \frac{(2x-3)(x+1)}{x^3}$$
pour tout $x \in \,]0, +\infty[$. Donc, g est une solution de $(\mathbf{D'})$ si et seulement si
$$g''(x) + g'(x) = \frac{(2x-3)(x+1)}{x^3}$$
pour chaque $x \in \,]0, +\infty[$, c'est-à-dire $(g-f)'' + (g-f)' = 0$. Par conséquent, g est une solution de $(\mathbf{D'})$ si et seulement si $g - f$ est une solution de $(\mathbf{D})$.

(d) En vertu des questions **(b)** et **(c)**, une fonction g, définie sur $]0, +\infty[$, est solution de $(\mathbf{D'})$ si et seulement si $g - f = \varphi_{\alpha,\beta}$, c'est-à-dire $g = f + \varphi_{\alpha,\beta}$ avec $(\alpha, \beta) \in \mathbb{R}^2$. De ce fait, toute solution de l'équation différentielle $(\mathbf{D'})$ est de la forme
$$]0, +\infty[\to \mathbb{R}, \quad x \mapsto 2\ln x - \frac{3}{x} + \alpha e^{-x} + \beta,$$
où α et β sont des constantes réelles.

10.3. Notes et commentaires sur le sujet 2017

Endomorphismes, changement de bases et matrices de passage.

Dans cette section, nous revenons sur l'Exercice 2 consacré à l'étude d'un endomorphisme sur un espace vectoriel de dimension 3. Précisément, considérant une base $\mathcal{B} = \left(\vec{i}, \vec{j}, \vec{k}\right)$ d'un espace vectoriel E, il s'agit d'étudier l'endomorphisme $f : E \to E$, défini de manière analytique par l'égalité
$$f(\vec{u}) = (-x - y + 2z)\vec{i} + (2x - y + z)\vec{j} + (x - 2y + 3z)\vec{k}$$
pour chaque $\vec{u} = x\vec{i} + y\vec{j} + z\vec{k}$. Cette égalité permet d'exprimer sans ambages $f\left(\vec{i}\right)$, puis $f\left(\vec{j}\right)$ et $f\left(\vec{k}\right)$ dans la base $\mathcal{B}$. Cela a été fait dans la première question pour obtenir à terme la matrice M de f dans la base $\mathcal{B}$. En l'occurrence,
$$M = \begin{pmatrix} -1 & -1 & 2 \\ 2 & -1 & 1 \\ 1 & -2 & 3 \end{pmatrix}.$$

En outre, dans le cours de l'Exercice 2, les vecteurs

$$\vec{e_1} = 2\vec{j} - \vec{k} \qquad \text{et} \qquad \vec{e_2} = 3\vec{i} + \vec{j} + \vec{k},$$

puis

$$\vec{e_3} = \vec{i} - \vec{k},$$

sont considérés. Il est alors question de montrer que le triplet $\mathcal{B}' = (\vec{e_1}, \vec{e_2}, \vec{e_3})$ est une base de l'espace vectoriel E, puis de déterminer la matrice M' de f dans cette base $\mathcal{B}'$. En l'espèce, au moins deux méthodes de résolution peuvent être mises à contribution : l'une directe et l'autre faisant usage des matrices de passage.

La méthode directe consiste en l'expression de l'image de chaque composante de la base dans cette dernière. Elle a également été utilisée dans le corrigé de l'Exercice 2 du sujet 2017 pour déterminer les matrices M et M' de f dans les bases $\mathcal{B}$ et $\mathcal{B}'$, respectivement. À toutes fins utiles, nous exposons ici la méthode de détermination de la matrice M' au moyen des matrices de passage.

Les expressions des vecteurs de la base $\mathcal{B}'$ dans la base $\mathcal{B}$, reprises ci-dessus, permettent de calculer la matrice P de passage de $\mathcal{B}$ à $\mathcal{B}'$. En l'espèce,

$$P = \begin{pmatrix} 0 & 3 & 1 \\ 2 & 1 & 0 \\ -1 & 1 & -1 \end{pmatrix}.$$

Au demeurant,

$$\vec{i} = -\frac{1}{9}\vec{e_1} + \frac{2}{9}\vec{e_2} + \frac{1}{3}\vec{e_3} \qquad \text{et} \qquad \vec{j} = \frac{4}{9}\vec{e_1} + \frac{1}{9}\vec{e_2} - \frac{1}{3}\vec{e_3},$$

puis

$$\vec{k} = -\frac{1}{9}\vec{e_1} + \frac{2}{9}\vec{e_2} - \frac{2}{3}\vec{e_3}.$$

De ce fait, la matrice de passage de $\mathcal{B}'$ à $\mathcal{B}$ est

$$P' = \begin{pmatrix} -\frac{1}{9} & \frac{4}{9} & -\frac{1}{9} \\ \frac{2}{9} & \frac{1}{9} & \frac{2}{9} \\ \frac{1}{3} & -\frac{1}{3} & -\frac{2}{3} \end{pmatrix}.$$

Par conséquent,

$$M' = P'MP = \begin{pmatrix} -\frac{1}{9} & \frac{4}{9} & -\frac{1}{9} \\ \frac{2}{9} & \frac{1}{9} & \frac{2}{9} \\ \frac{1}{3} & -\frac{1}{3} & -\frac{2}{3} \end{pmatrix} \begin{pmatrix} -1 & -1 & 2 \\ 2 & -1 & 1 \\ 1 & -2 & 3 \end{pmatrix} \begin{pmatrix} 0 & 3 & 1 \\ 2 & 1 & 0 \\ -1 & 1 & -1 \end{pmatrix}$$

$$= \begin{pmatrix} -\frac{1}{9} & \frac{4}{9} & -\frac{1}{9} \\ \frac{2}{9} & \frac{1}{9} & \frac{2}{9} \\ \frac{1}{3} & -\frac{1}{3} & -\frac{2}{3} \end{pmatrix} \begin{pmatrix} -4 & -2 & -3 \\ -3 & 6 & 1 \\ -7 & 4 & -2 \end{pmatrix}$$

$$= \begin{pmatrix} -\frac{1}{9} & \frac{22}{9} & 1 \\ -\frac{25}{9} & \frac{10}{9} & -1 \\ \frac{13}{3} & -\frac{16}{3} & 0 \end{pmatrix}.$$

Chapitre 11

Session 2018

11.1. Sujet 2018

Ce sujet se compose de trois exercices et d'un problème. L'exercice 1 est réservé aux aspirants de la série C, tandis que l'exercice 2 s'adresse exclusivement aux postulants de la série E. Le troisième exercice et le problème sont cependant communs aux candidats des deux séries C et E.

Exercice 1 (C) : Équation diophantienne et droite dans le plan.

Soit p un entier relatif. On pose $a = 14p + 3$ et $b = 5p + 1$. Soit l'équation

$$87x + 31y = 2 \qquad \textbf{(E)}$$

dans $\mathbb{Z}^2$. On désigne par $(\mathcal{D})$ la droite d'équation $87x - 31y - 2 = 0$ dans le plan rapporté au repère orthonormé $\left(O, \vec{i}, \vec{j}\right)$.

1. (a) En utilisant l'égalité de BÉZOUT, démontrer que a et b sont premiers entre eux.
   (b) En déduire que 87 et 31 sont premiers entre eux.

- (c) Trouver un couple (u_0, v_0) d'entiers relatifs tel que $87u_0 + 31v_0 = 2$.
2. Utiliser les questions précédentes pour résoudre l'équation (**E**).
3. Déterminer les points de la droite ($\mathcal{D}$) dont les coordonnées (x, y) vérifient les deux conditions suivantes :
   - (i) x et y sont des entiers naturels.
   - (ii) $0 \leqslant x \leqslant 100$.

Indications : On pourra remarquer qu'un point $M(x,y)$ appartient à la droite ($\mathcal{D}$) si et seulement si le couple $(x, -y)$ est solution de l'équation (**E**).

Exercice 2 (E) : Test de recrutement et calcul de probabilités.

Un test de recrutement dans une entreprise est constitué de cinq questions. Pour chaque candidat on attribue $+2$ points pour une réponse juste et -2 pour une réponse fausse ou non donnée. On note n le nombre de réponses justes données par un candidat.

1. (a) Montrer que la note d'un candidat à la fin du test est $N = 4n - 10$.
   (b) En déduire l'ensemble des notes possibles qu'un candidat à ce test peut avoir.
2. Le candidat Eya trouve les réponses exactes des deux premières questions. Il répond au hasard aux trois dernières questions. On admet que sa réponse est juste avec la probabilité de $\frac{1}{3}$. Et, pour tout autre candidat, la probabilité de donner une réponse juste à une des cinq questions est de $\frac{1}{2}$.
   - (a) Déterminer l'ensemble des notes que Eya peut avoir à la fin du test.
   - (b) Pour être admis à l'école, un candidat doit obtenir à l'issue du test une note supérieure ou égale à 6. Calculer la probabilité de chacun des deux événements suivants.
     A : « Eya réussit au test. »
     B : « Un candidat autre que Eya réussit au test. »

Exercice 3 : Calcul du volume d'un tétraèdre.

L'espace orienté est muni d'un repère orthonormé direct $\left(O, \vec{i}, \vec{j}, \vec{k}\right)$. On donne les points $A(2, 0, 1)$; $B(3, -2, 0)$ et $C(2, 8, -4)$.

1. Soit $M(x,y,z)$ un point. Exprimer en fonction de x, y et z les coordonnées du produit vectoriel $\overrightarrow{AM} \wedge \overrightarrow{BM}$.

2. Résoudre le système d'équations suivant :
$$\begin{cases} -x + y - 2z = -4, \\ -x - y - z = -11, \\ 2x + y - z = 8. \end{cases}$$

On fera figurer les étapes de la résolution sur la copie.

3. Démontrer qu'il existe un unique point N vérifiant $\overrightarrow{AN} \wedge \overrightarrow{BN} = \overrightarrow{CN}$ et donner les coordonnées de N.

4. On rappelle que le volume d'un tétraèdre est donné par la formule $v = \frac{1}{3} \times B \times h$, où B représente l'aire d'une base et h la hauteur relative à cette base.

   (a) Le point N étant défini à la question précédente, montrer que le volume du tétraèdre $ABCN$ est égal à $\frac{1}{6} \cdot CN^2$.

   (b) Calculer l'aire du triangle ABC.

   (c) Utiliser les résultats les précédents pour calculer la distance du point N au plan (ABC).

Problème : Lignes de niveau – Fonctions et calcul d'aire.

Partie A.

1. (a) Résoudre dans $\mathbb{C}$ l'équation
$$z^2 - 3z + 4 = 0. \tag{P}$$

   (b) Déterminer le module de chaque racine de cette équation.

Le plan est rapporté au repère orthonormé $(O, \vec{e_1}, \vec{e_2})$, et z désigne un nombre complexe non nul de partie imaginaire positive. On considère les points A, B et C d'affixes respectives 1, z et z^2, et on note $\mathcal{S}$ le système de points pondérés $\{(A,4), (B,-3), (C,1)\}$. Ce système est tel que O est son barycentre.

2. (a) Démontrer que z est solution de l'équation (P).

(b) En déduire les coordonnées de B et C.

3. (a) Soit k un nombre réel et $z = \frac{3+i\sqrt{7}}{2}$. Suivant les valeurs de k, préciser l'ensemble (Γ) des points M du plan tels que
$$4MA^2 - 3MB^2 + MC^2 = k.$$

(b) On suppose que $k = 89$. Donner alors une équation cartésienne de (Γ), puis tracer (Γ).

Partie B.

On considère l'équation différentielle
$$y'' + 4y' + 4y = 0, \qquad (\mathbf{E'})$$
puis les fonctions f et g, de la variable réelle x, définies respectivement par
$$f(x) = xe^{-2x} + x - \frac{5}{4}\ln 2 \quad \text{et} \quad g(x) = 1 + (-2x+1)e^{-2x}.$$

On note $(\mathcal{C}_f)$ la courbe représentative de f dans le plan rapporté au repère orthonormé $\left(O, \vec{i}, \vec{j}\right)$ (prendre 2 cm pour unité de longueur sur les axes).

1. (a) Dresser le tableau de variation de g.
   (b) En déduire le signe de $g(x)$ suivant les valeurs de x.
2. (a) Calculer les limites de f en $-\infty$ et $+\infty$, puis la dérivée de f.
   (b) Dresser le tableau de variation de f.
3. (a) Calculer $f(\ln 2)$.
   (b) Démontrer que la droite $(\mathcal{D})$ d'équation $y = x - \frac{5}{4}\ln 2$ est asymptote à $(\mathcal{C}_f)$. Étudier la position de la courbe $(\mathcal{C}_f)$ par rapport à la droite $(\mathcal{D})$. Tracer $(\mathcal{D})$ et $(\mathcal{C}_f)$.
4. (a) Déterminer la forme générale des solutions de $(\mathbf{E'})$.
   (b) Déterminer la solution générale de $(\mathbf{E'})$ dont la courbe admet une tangente en O parallèle à la droite d'équation $y = x + 1$.
   (c) Démontrer que la fonction f est une solution de l'équation différentielle
$$y'' + 4y' + 4y = 4x - 5\ln 2 + 4.$$

5. Soit λ un réel strictement positif et $(\mathcal{D}_\lambda)$ la partie un plan comprise entre les droites d'équations respectives $x = 0$, $x = \lambda$, $y = x - \frac{5}{4}\ln 2$ et la courbe $(\mathcal{C}_f)$.

   (a) En utilisant une intégration par parties, calculer, en cm^2, l'aire de $(\mathcal{D}_\lambda)$ en fonction de λ.

   (b) Calculer la limite de cette aire lorsque λ tend vers $+\infty$.

11.2. Corrigé 2018

Solution de l'Exercice 1 (C).

Soit p un entier relatif. On pose $a = 14p + 3$ et $b = 5p + 1$. Soit l'équation

$$87x + 31y = 2 \tag{E}$$

dans $\mathbb{Z}^2$. On désigne par $(\mathcal{D})$ la droite d'équation $87x - 31y - 2 = 0$ dans le plan rapporté au repère orthonormé $\left(O, \vec{i}, \vec{j}\right)$.

1.

   (a) De toute évidence,

   $$5a - 14b = 5(14p + 3) - 14(5p + 1) = 70p + 15 - 70p - 14 = 1.$$

D'après le théorème de BÉZOUT, il en résulte que a et b sont premiers entre eux.

   (b) Nous remarquons ici que

   $$87 = 14 \times 6 + 3 \qquad \text{et} \qquad 31 = 5 \times 6 + 1.$$

Donc, les entiers 87 et 31 sont premiers entre eux, selon la question **(a)**.

   (c) La question **(a)** à nouveau livre

   $$5 \times 87 - 14 \times 31 = 1.$$

D'où $87 \times (5 \times 2) + 31 \times (-14 \times 2) = 2$. Autrement dit,

$$87u_0 + 31v_0 = 2,$$

avec $u_0 = 5 \times 2 = 10$ et $v_0 = -14 \times 2 = -28$. Le couple $(u_0, v_0) = (10, -28)$ est donc une solution particulière de l'équation (**E**).

2.

Soit un couple $(x, y) \in \mathbb{Z}^2$ solution de (**E**). Alors,
$$87x + 31y = 87u_0 + 31v_0,$$
c'est-à-dire $87(x - u_0) = 31(-y + v_0)$. Il en résulte que 87 est un diviseur de $-y + v_0$, car 87 et 31 sont premiers entre eux. Il existe donc un entier relatif k tel que $-y + v_0 = 87k$, c'est-à-dire $y = -87k + v_0$. Ainsi,
$$87(x - u_0) = 31(87k - v_0 + v_0) = 31 \times 87k,$$
puis $x - u_0 = 31k$ et $x = 31k + u_0$. Du reste,
$$87(31k + u_0) + 31(-87k + v_0) = 87u_0 + 31v_0 + 87 \times 31k - 87 \times 31k = 2.$$
L'ensemble des solutions de l'équation (**E**) dans $\mathbb{Z}^2$ est par conséquent
$$S = \Big\{(31k + 10, -87k - 28) \mid k \in \mathbb{Z}\Big\}.$$

3.

Soit $M(x, y)$ un point de la droite $(\mathcal{D})$ vérifiant les conditions suivantes :
(i) x et y sont des entiers naturels.
(ii) $0 \leqslant x \leqslant 100$.
Alors, le couple $(x, -y)$ est solution dans $\mathbb{Z}^2$ de l'équation (**E**). Il existe donc un entier relatif k tel que
$$x = 10 + 31k \qquad \text{et} \qquad y = 28 + 87k.$$
La condition **(ii)** signifie de ce fait $0 \leqslant 10 + 31k \leqslant 100$, c'est-à-dire
$$-0{,}4 < -\frac{10}{31} \leqslant k \leqslant \frac{90}{31} < 3.$$
D'où $k \in \{0, 1, 2\}$. Pour $k = 0$, nous avons $x = 10$ et $y = 28$. De plus, si $k = 1$, alors $x = 41$ et $y = 115$; tandis que $x = 72$ et $y = 202$ pour $k = 2$. Par conséquent, l'ensemble des points de la droite $(\mathcal{D})$, ayant des entiers naturels pour coordonnées, puis une abscisse supérieure ou égale à 0 et inférieure ou égale à 100, est
$$\mathcal{M} = \Big\{A(10, 28), B(41, 115), C(72, 202)\Big\}.$$

Solution de l'Exercice 2 (E).

Un test de recrutement dans une entreprise est constitué de cinq questions. Pour chaque candidat on attribue $+2$ points pour une réponse juste et -2 pour une réponse fausse ou non donnée. On note n le nombre de réponses justes données par un candidat.

1.

(a) Soit n le nombre de réponses justes données par un candidat. Alors, $5 - n$ est le nombre de réponses fausses ou non données. De ce fait, la note de ce candidat à la fin du test est

$$N = 2n - 2(5 - n) = 2n - 10 + 2n = 4n - 10.$$

(b) Puisque $n \in \{0, 1, 2, 3, 4, 5\}$, il en résulte que l'ensemble des notes possibles qu'un candidat à ce test peut avoir est

$$E = \{-10, -6, -2, 2, 6, 10\}.$$

2.

Le candidat Eya trouve les réponses exactes des deux premières questions. Il répond au hasard aux trois dernières questions. On admet que sa réponse est juste avec la probabilité de $\frac{1}{3}$. Et, pour tout autre candidat, la probabilité de donner une réponse juste à une des cinq questions est de $\frac{1}{2}$.

(a) Le nombre de réponses exactes que peut avoir Eya est un élément de l'ensemble $\{2, 3, 4, 5\}$. L'ensemble des notes possibles de Eya est de ce fait

$$E' = \{-2, 2, 6, 10\}.$$

(b) Pour être admis à l'école, un candidat doit obtenir à l'issue du test une note supérieure ou égale à 6. Nous considérons les deux événements suivants.

A : « Eya réussit au test. »

B : « Un candidat autre que Eya réussit au test. »

Sur les trois dernières questions, soit X le nombre de réponses exactes données par Eya. Par ailleurs, soit Y le nombre de réponses justes rendues par un candidat autre que Eya. Alors, X et Y sont des variables aléatoires gouvernées par des lois binomiales. Précisément, X suit la loi binomiale de paramètres $n_1 = 3$ et $p_1 = \frac{1}{3}$, où n_1 est le nombre d'expériences et p_1 la probabilité de succès. Dans le même esprit, Y obéit à la loi binomiale de paramètres $n_2 = 5$ et $p_2 = \frac{1}{2}$.

À présent, remarquons que Eya réussit au test si et seulement si
$$6 \leqslant 4(2+X) - 10 = 4X - 2,$$
c'est-à-dire $8 \leqslant 4X$ et $2 \leqslant X$. Ceci équivaut à $X = 2$ ou $X = 3$. Par conséquent,
$$\mathbb{P}(A) = \mathbb{P}(X \in \{2, 3\}) = \mathbb{P}(X = 2) + \mathbb{P}(X = 3)$$
$$= C_3^2 \left(\frac{1}{3}\right)^2 \left(1 - \frac{1}{3}\right)^1 + C_3^3 \left(\frac{1}{3}\right)^3 \left(1 - \frac{1}{3}\right)^0$$
$$= 3 \left(\frac{1}{3}\right)^2 \frac{2}{3} + \left(\frac{1}{3}\right)^3$$
$$= \frac{6}{27} + \frac{1}{27}.$$

Donc,
$$\mathbb{P}(A) = \frac{7}{27}.$$

En outre, un autre candidat que Eya réussit au test si et seulement si $4Y - 10 \geqslant 6$, c'est-à-dire $4Y \geqslant 16$ ou $Y \in \{4, 5\}$. Ainsi,
$$\mathbb{P}(B) = \mathbb{P}(Y \in \{4, 5\}) = \mathbb{P}(Y = 4) + \mathbb{P}(Y = 5)$$
$$= C_5^4 \left(\frac{1}{2}\right)^4 \left(\frac{1}{2}\right)^1 + C_5^5 \left(\frac{1}{2}\right)^5 \left(\frac{1}{2}\right)^0$$
$$= 5 \left(\frac{1}{2}\right)^4 \frac{1}{2} + \left(\frac{1}{2}\right)^5$$
$$= \frac{5}{2^5} + \frac{1}{2^5} = \frac{6}{2^5} = \frac{3}{2^4}.$$

De ce fait,
$$\mathbb{P}(B) = \frac{3}{16}.$$

Solution de l'Exercice 3.

L'espace orienté étant muni d'un repère orthonormé direct $\left(O, \vec{i}, \vec{j}, \vec{k}\right)$, soient les points $A(2, 0, 1)$; $B(3, -2, 0)$ et $C(2, 8, -4)$.

1.

Soit $M(x, y, z)$ un point de l'espace. Alors,
$$\overrightarrow{AM} = (x-2)\vec{i} + y\vec{j} + (z-1)\vec{k}$$

et
$$\overrightarrow{BM} = (x-3)\vec{i} + (y+2)\vec{j} + z\vec{k}.$$

Par conséquent,
$$\overrightarrow{AM} \wedge \overrightarrow{BM} = \alpha\vec{i} + \beta\vec{j} + \gamma\vec{k},$$

où
$$\alpha = \begin{vmatrix} y & y+2 \\ z-1 & z \end{vmatrix} = yz - (y+2)(z-1)$$
$$= yz - yz + y - 2z + 2$$
$$= y - 2z + 2$$

et
$$\beta = \begin{vmatrix} z-1 & z \\ x-2 & x-3 \end{vmatrix} = (z-1)(x-3) - z(x-2)$$
$$= xz - 3z - x + 3 - xz + 2z$$
$$= -x - z + 3,$$

puis
$$\gamma = \begin{vmatrix} x-2 & x-3 \\ y & y+2 \end{vmatrix} = (x-2)(y+2) - y(x-3)$$
$$= xy + 2x - 2y - 4 - xy + 3y$$
$$= 2x + y - 4.$$

Ainsi,
$$\overrightarrow{AM} \wedge \overrightarrow{BM} = (y - 2z + 2)\vec{i} + (-x - z + 3)\vec{j} + (2x + y - 4)\vec{k}.$$

2.

Soit le système d'équations suivant :
$$\begin{cases} -x + y - 2z = -4, \\ -x - y - z = -11, \\ 2x + y - z = 8. \end{cases} \quad (\mathbf{S})$$

La somme de ces trois équations livre $y - 4z = -7$, c'est-à-dire
$$y = 4z - 7.$$

Donc,
$$-x + y - 2z = -x + 4z - 7 + 2z = -x + 2z - 7$$

et
$$-x - y - z = -x - 4z + 7 - z = -x - 5z + 7,$$

puis
$$2x + y - z = 2x + 4z - 7 - z = 2x + 3z - 7.$$

Le système (**S**) entraîne de ce fait
$$\begin{cases} x - 2z = -3, \\ x + 5z = 18, \\ 2x + 3z = 15. \end{cases}$$

La soustraction de la deuxième équation de ce système par la première livre $7z = 21$. D'où $z = \frac{21}{7} = 3$, puis
$$x = 2z - 3 = 6 - 3 = 3$$

et
$$y = 4z - 7 = 12 - 7 = 5.$$

Le triplet $(3, 5, 3)$ est donc la seule solution potentielle du système (**S**). Des calculs simples, mais fastidieux, permettent de montrer cette solution est effective. En somme, le triplet $(3, 5, 3)$ est l'unique solution du système (**S**).

3.

Soit $M(x, y, z)$ un point de l'espace. Alors,
$$\overrightarrow{CM} = (x-2)\vec{i} + (y-8)\vec{j} + (z+4)\vec{k}.$$

Par conséquent,
$$\left(\overrightarrow{AM} \wedge \overrightarrow{BM}\right) - \overrightarrow{CM} = a\vec{i} + b\vec{j} + c\vec{k},$$

où
$$a = (y - 2z + 2) - (x - 2) = -x + y - 2z + 4$$

et
$$b = (-x - z + 3) - (y - 8) = -x - y - z + 11$$

puis
$$c = (2x + y - 4) - (z + 4) = 2x + y - z - 8 = 0.$$

Ainsi, $\overrightarrow{AM} \wedge \overrightarrow{BM} = \overrightarrow{CM}$ si et seulement si
$$\begin{cases} -x + y - 2z + 4 = 0, \\ -x - y - z + 11 = 0, \\ 2x + y - z - 8 = 0. \end{cases}$$

Ceci signifie que le triplet (x, y, z) est une solution du système d'équations (**S**). Ce dernier ayant $(3, 5, 3)$ pour unique solution, il en résulte que le point $N(3, 5, 3)$ est le seul point vérifiant $\overrightarrow{AN} \wedge \overrightarrow{BN} = \overrightarrow{CN}$.

4.

Le volume d'un tétraèdre est donné par la formule $v = \frac{1}{3} \times B \times h$, où B représente l'aire d'une base et h la hauteur relative à cette base.

(a) Soit N le point défini à la question précédente. Alors, $\overrightarrow{AN} \wedge \overrightarrow{BN} = \overrightarrow{CN}$. Puisque $C \neq N$, il en résulte que $\overrightarrow{AN} \wedge \overrightarrow{BN} = \overrightarrow{CN} \neq \vec{0}$. Donc, les points A, B et N ne sont pas alignés, tandis que $ABCN$ est un tétraèdre. Du reste, la droite (CN) est orthogonale au plan (ABN) en N. Ainsi, dans le tétraèdre $ABCN$, le segment $[CN]$ est la hauteur relative à la base ABN. La longueur du segment $[CN]$ est la distance CN, et l'aire du triangle ABN vaut

$$\frac{1}{2} \cdot \left\|\overrightarrow{AN} \wedge \overrightarrow{BN}\right\| = \frac{1}{2} \cdot \left\|\overrightarrow{CN}\right\| = \frac{1}{2} \cdot CN.$$

Par conséquent, le volume du tétraèdre $ABCN$ est
$$v = \frac{1}{3} \times \frac{1}{2} \times CN \times CN = \frac{1}{6} \cdot CN^2.$$

(b) L'aire du triangle ABC est
$$\mathfrak{a} = \frac{1}{2} \cdot \left\| \overrightarrow{AC} \wedge \overrightarrow{BC} \right\|.$$

En vertu de la question **(1)**, nous avons
$$\begin{aligned}\overrightarrow{AC} \wedge \overrightarrow{BC} &= (y_C - 2z_C + 2)\overrightarrow{i} + (-x_C - z_C + 3)\overrightarrow{j} + (2x_C + y_C - 4)\overrightarrow{k} \\ &= (8 + 8 + 2)\overrightarrow{i} + (-2 + 4 + 3)\overrightarrow{j} + (4 + 8 - 4)\overrightarrow{k} \\ &= 18\overrightarrow{i} + 5\overrightarrow{j} + 8\overrightarrow{k}.\end{aligned}$$

D'où
$$\mathfrak{a} = \frac{1}{2}\sqrt{18^2 + 5^2 + 8^2} = \frac{1}{2}\sqrt{413} = \frac{1}{2}\sqrt{7 \times 59}.$$

(c) Soit h la distance du point N au plan (ABC). Alors, le volume v du tétraèdre $ABCN$ vaut
$$v = \frac{1}{3} \times \mathfrak{a} \times h.$$

Ceci entraîne
$$h = \frac{3v}{\mathfrak{a}} = \frac{3}{\mathfrak{a}} \times \frac{1}{6} \times CN^2 = \frac{CN^2}{2\mathfrak{a}}.$$

Cependant,
$$\begin{aligned}CN^2 &= (x_N - x_C)^2 + (y_N - y_C)^2 + (z_N - z_C)^2 \\ &= (3 - 2)^2 + (5 - 8)^2 + \left(2 - (-4)\right)^2 \\ &= 1 + 9 + 49 \\ &= 59.\end{aligned}$$

Par conséquent,
$$h = \frac{59}{\sqrt{7 \times 59}} = \sqrt{\frac{59}{7}} = \frac{\sqrt{413}}{7}.$$

Solution du Problème.

Partie A.

1.

(a) Nous considérons dans $\mathbb{C}$ l'équation
$$z^2 - 3z + 4 = 0. \tag{P}$$

Son discriminant est
$$\Delta = (-3)^2 - 4 \times 4 = 9 - 16 = -7 = \left(i\sqrt{7}\right)^2.$$

Ses solutions sont donc
$$z_1 = \frac{3 - i\sqrt{7}}{2} \quad \text{et} \quad z_2 = \frac{3 + i\sqrt{7}}{2}.$$

(b) Le module de chacune de ces solutions est
$$|z_1| = |\overline{z_1}| = |z_2| = \sqrt{\left(\frac{3}{2}\right)^2 + \left(\frac{\sqrt{7}}{2}\right)^2} = \sqrt{\frac{9}{4} + \frac{7}{4}} = \sqrt{\frac{16}{4}} = \sqrt{4}.$$

Autrement dit, $|z_1| = |z_2| = 2$.

Le plan étant rapporté au repère orthonormé $(O, \vec{e_1}, \vec{e_2})$, soit z un nombre complexe non nul de partie imaginaire positive. Du reste, soient les points A, B et C d'affixes respectives 1, z et z^2. De plus, soit S le système de points pondérés $\{(A, 4), (B, -3), (C, 1)\}$. L'origine O du repère est le barycentre de ce système.

2.

(a) Par définition,
$$4\overrightarrow{OA} - 3\overrightarrow{OB} + \overrightarrow{OC} = \vec{0}.$$

Ceci signifie que $4 \times 1 - 3z + z^2 = 0$ ou $z^2 - 3z + 4 = 0$. En d'autres termes, z est une solution de l'équation (**P**).

(b) La seule racine de (**P**) ayant une partie imaginaire est $\frac{3}{2} + i\frac{\sqrt{7}}{2}$. D'où

$$z = \frac{3}{2} + i\frac{\sqrt{7}}{2}$$

et

$$z^2 = \left(\frac{3}{2} + i\frac{\sqrt{7}}{2}\right)^2 = \left(\frac{3}{2}\right)^2 + \left(i\frac{\sqrt{7}}{2}\right)^2 + 2 \cdot \frac{3}{2} \cdot i\frac{\sqrt{7}}{2} = \frac{9}{4} - \frac{7}{4} + 3i\frac{\sqrt{7}}{2}$$

$$= \frac{2}{4} + 3i\frac{\sqrt{7}}{2} = \frac{1}{2} + 3i\frac{\sqrt{7}}{2}.$$

De ce fait, $B\left(\frac{3}{2}, \frac{\sqrt{7}}{2}\right)$ et $C\left(\frac{1}{2}, \frac{3\sqrt{7}}{2}\right)$.

3.

(a) Soit k un nombre réel et $z = \frac{3+i\sqrt{7}}{2}$, puis ($\Gamma$) l'ensemble des points M du plan tels que

$$4MA^2 - 3MB^2 + MC^2 = k.$$

Pour déterminer (Γ), notons que

$$MA^2 = \left(\overrightarrow{MO} + \overrightarrow{OA}\right)^2 = \left(-\overrightarrow{OM} + \overrightarrow{OA}\right)^2 = OM^2 + OA^2 - 2 \cdot \overrightarrow{OM} \cdot \overrightarrow{OA}$$

et

$$MB^2 = \left(\overrightarrow{MO} + \overrightarrow{OB}\right)^2 = \left(-\overrightarrow{OM} + \overrightarrow{OB}\right)^2 = OM^2 + OB^2 - 2 \cdot \overrightarrow{OM} \cdot \overrightarrow{OB},$$

puis

$$MC^2 = \left(\overrightarrow{MO} + \overrightarrow{OC}\right)^2 = \left(-\overrightarrow{OM} + \overrightarrow{OC}\right)^2 = OM^2 + OC^2 - 2 \cdot \overrightarrow{OM} \cdot \overrightarrow{OC}.$$

Donc,

$$4MA^2 - 3MB^2 + MC^2 = 2OM^2 + 4OA^2 - 3OB^2 + OC^2 - 2\overrightarrow{OM} \cdot \overrightarrow{W},$$

où $\overrightarrow{W} = 4\overrightarrow{OA} - 3\overrightarrow{OB} + \overrightarrow{OC}$. Or, $\overrightarrow{W} = 4\overrightarrow{OA} - 3\overrightarrow{OB} + \overrightarrow{OC} = \overrightarrow{0}$. Ainsi,

$$4MA^2 - 3MB^2 + MC^2 = 2OM^2 + 4OA^2 - 3OB^2 + OC^2.$$

Cependant, $OA^2 = 1^2 = 1$, puis
$$OB^2 = |z|^2 = 2^2 = 4 \quad \text{et} \quad OC^2 = |z^2|^2 = |z|^4 = 2^4 = 16.$$
De ce fait,
$$4MA^2 - 3MB^2 + MC^2 = 2OM^2 + 4 - 12 + 16 = 2OM^2 + 8.$$

Par conséquent, un point M appartient à (Γ) si et seulement si $2OM^2 + 8 = k$, c'est-à-dire si $OM^2 = \frac{k-8}{2}$. Il en résulte que

$$(\Gamma) = \begin{cases} \emptyset & \text{si } k < 8, \\ \{O\} & \text{si } k = 8, \\ \mathcal{C}\left(O, \sqrt{\frac{k-8}{2}}\right) & \text{si } k > 8, \end{cases}$$

où $\mathcal{C}\left(O, \sqrt{\frac{k-8}{2}}\right)$ désigne le cercle de centre O et de rayon $\sqrt{\frac{k-8}{2}}$.

(b) Soit $k = 89$. Alors,
$$\sqrt{\frac{k-8}{2}} = \sqrt{\frac{89-8}{2}} = \sqrt{\frac{81}{2}} = \sqrt{\frac{9^2}{2}} = \frac{9\sqrt{2}}{2}.$$

Par conséquent, (Γ) est le cercle de centre O et de rayon $\frac{9\sqrt{2}}{2}$. Il est représenté sur le schéma 11.1 à la page 308 (avec 0,75 cm pour échelle sur les axes).

Partie B.

Soit l'équation différentielle
$$y'' + 4y' + 4y = 0, \tag{E'}$$
puis les fonctions f et g, de la variable réelle x, définies respectivement par
$$f(x) = xe^{-2x} + x - \frac{5}{4}\ln 2 \quad \text{et} \quad g(x) = 1 + (-2x+1)e^{-2x}.$$

Soit du reste $(\mathcal{C}_f)$ la courbe représentative de f dans le plan rapporté au repère orthonormé $\left(O, \vec{\imath}, \vec{\jmath}\right)$ (avec 2 cm pour unité de longueur sur les axes).

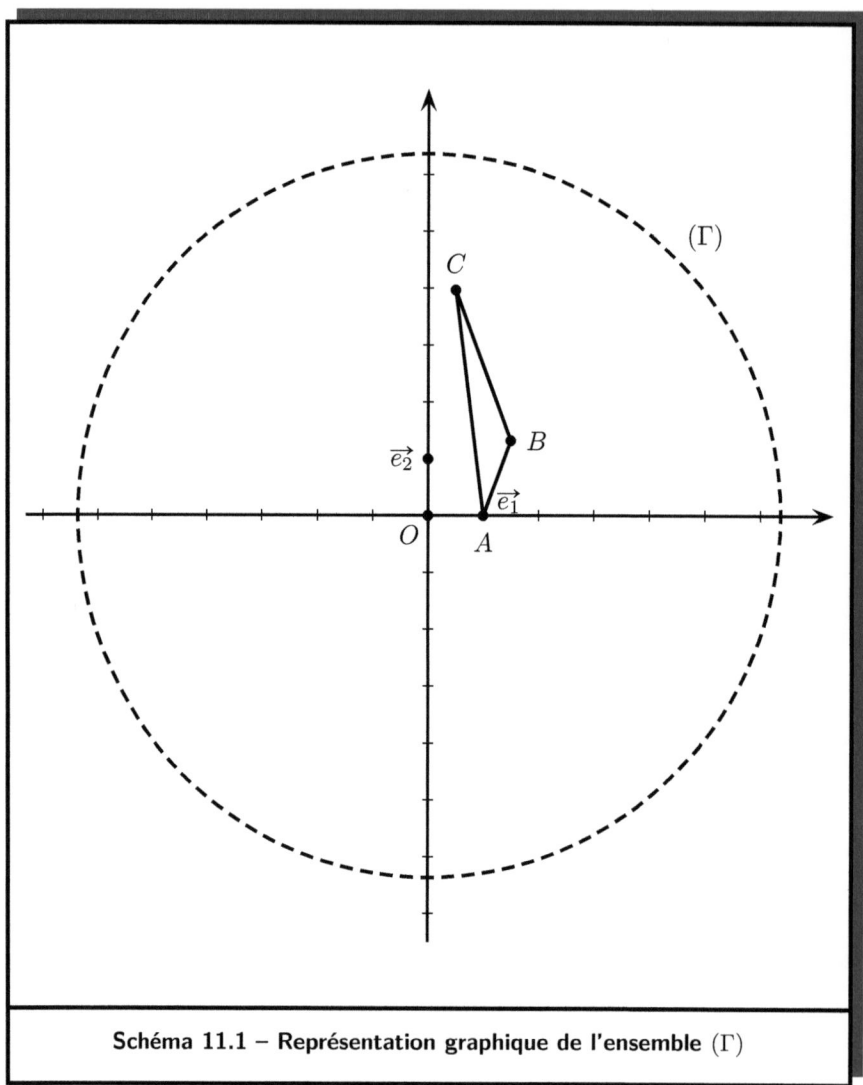

Schéma 11.1 – Représentation graphique de l'ensemble (Γ)

1.

(a) La fonction g est définie sur $\mathbb{R}$. Ses limites aux bornes de son ensemble de définition sont

$$\lim_{x \to -\infty} g(x) = \lim_{x \to -\infty} \left(1 + (-2x + 1)e^{-2x}\right) = \lim_{t \to +\infty} (1 + te^{t-1}) = +\infty,$$

puis

$$\lim_{x \to +\infty} g(x) = \lim_{x \to +\infty} \left(1 - 2xe^{-2x} + e^{-2x}\right) = \lim_{x \to +\infty} \left(1 - \frac{2x}{e^{2x}} + \frac{1}{e^{2x}}\right)$$

et

$$\lim_{x \to +\infty} g(x) = \lim_{t \to +\infty} \left(1 - \frac{t}{e^t} + \frac{1}{e^t}\right) = 1 - 0 + 0 = 1.$$

Au demeurant, la fonction g est dérivable sur $\mathbb{R}$ et

$$g'(x) = (-2x + 1)'e^{-2x} + (-2x + 1)(e^{-2x})'$$
$$= -2e^{-2x} - 2 \times (-2x + 1)e^{-2x}$$
$$= -2e^{-2x} + (4x - 2)e^{-2x}$$
$$= (-2 + 4x - 2)e^{-2x} = 4(x - 1)e^{-2x}$$

pour tout $x \in \mathbb{R}$. Donc, $g'(x) < 0$ si $x < 1$, puis $g'(x) > 0$ si $x > 1$. Du reste, $g'(1) = 0$ et

$$g(1) = 1 + (-2 + 1)e^{-2} = 1 - e^{-2} = 1 - \frac{1}{e^2} = \frac{e^2 - 1}{e^2} > 0.$$

Ces informations permettent de dresser le tableau de variation suivant.

x	$-\infty$		1		$+\infty$
$g'(x)$		$-$	0	$+$	
$g(x)$	$+\infty$	$\searrow$	$\frac{e^2-1}{e^2}$	$\nearrow$	1

(b) En vertu du tableau de variation de la fonction g ci-dessus, nous avons $g(x) \geqslant g(1)$ pour chaque $x \in \mathbb{R}$. Or, $g(1) = \frac{e^2-1}{e^2} > 0$. Par conséquent, $g(x) > 0$ pour chaque réel x.

2.

(a) Les limites de f en l'infini sont données par

$$\lim_{x \to -\infty} f(x) = \lim_{x \to -\infty} x\left(e^{-2x} + 1 - \frac{1}{x} \cdot \frac{5}{4}\ln 2\right) = -\infty \times +\infty = -\infty,$$

puis

$$\lim_{x \to +\infty} f(x) = \lim_{x \to +\infty} \left(\frac{x}{e^{2x}} + x - \frac{5}{4}\ln 2\right) = \lim_{x \to +\infty} \left(\frac{2x}{2e^{2x}} + \frac{2x}{2} - \frac{5}{4}\ln 2\right)$$

et

$$\lim_{x \to +\infty} f(x) = \lim_{t \to +\infty} \left(\frac{1}{2} \cdot \frac{t}{e^t} + \frac{1}{2}t - \frac{5}{4}\ln 2\right) = +\infty,$$

car $\lim_{t \to +\infty} \frac{t}{e^t} = 0^+$. Par ailleurs, f est dérivable sur $\mathbb{R}$, comme somme de fonctions dérivables. De plus, pour chaque $x \in \mathbb{R}$, nous avons

$$f'(x) = \left(xe^{-2x} + x - \frac{5}{4}\ln 2\right)' = \left(xe^{-2x}\right)' + 1 = e^{-2x} - 2xe^{-2x} + 1$$

$$= 1 + (-2x+1)e^{-2x} = g(x) > 0.$$

(b) Les informations obtenues dans les questions précédentes permettent de construire le tableau de variation suivant.

x	$-\infty$		$+\infty$
$f'(x)$		$+$	
$f(x)$	$-\infty$		$+\infty$

3.

(a) Nous avons

$$f(\ln 2) = \frac{\ln 2}{e^{2\ln 2}} + \ln 2 - \frac{5}{4}\ln 2 = \frac{\ln 2}{e^{\ln 4}} + \ln 2 - \frac{5}{4}\ln 2$$
$$= \frac{1}{4}\ln 2 + \ln 2 - \frac{5}{4}\ln 2$$
$$= \left(\frac{1}{4} + 1 - \frac{5}{4}\right)\ln 2$$
$$= 0 \times \ln 2 = 0.$$

(b) À l'évidence,

$$f(x) - \left(x - \frac{5}{4}\ln 2\right) = xe^{-2x} = \frac{1}{2} \cdot \frac{2x}{e^{2x}}$$

pour chaque réel x. De ce fait,

$$\lim_{x\to+\infty}\left[f(x) - \left(x - \frac{5}{4}\ln 2\right)\right] = \lim_{x\to+\infty}\frac{1}{2} \cdot \frac{2x}{e^{2x}} = 0.$$

Par conséquent, la droite $(\mathcal{D})$ d'équation $y = x - \frac{5}{4}\ln 2$ est asymptote à $(\mathcal{C}_f)$ en $-\infty$. En outre,

$$h(x) = f(x) - \left(x - \frac{5}{4}\ln 2\right) = xe^{-2x}$$

a le même signe que x. Cela signifie que

$$\begin{cases} h(x) < 0 \text{ si } x < 0, \\ h(x) = 0 \text{ si } x = 0, \\ h(x) > 0 \text{ si } x > 0. \end{cases}$$

Ainsi, la courbe $(\mathcal{C}_f)$ est en dessous de la droite $(\mathcal{D})$ pour les points d'abscisse négative ; elle est au dessus de $(\mathcal{D})$ pour les points d'abscisse positive. Du reste, la courbe $(\mathcal{C}_f)$ et la droite $(\mathcal{D})$ se rencontrent au point d'abscisse 0 et d'ordonnée $-\frac{5}{4}\ln 2$.

Cependant,
$$\lim_{x \to -\infty} f(x) = -\infty$$
et
$$\lim_{x \to -\infty} \frac{f(x)}{x} = \lim_{x \to -\infty} \left(e^{-2x} + 1 - \frac{1}{x} \cdot \frac{5}{4} \ln 2 \right) = +\infty.$$

De ce fait, la courbe $(\mathcal{C}_f)$ admet en $-\infty$ une branche parabolique de direction $\left(O, \vec{\jmath} \right)$, l'axe des ordonnées.

La courbe $(\mathcal{C}_f)$ et l'asymptote $(\mathcal{D})$ sont représentées sur le schéma 11.2 ci-dessous, avec 2 cm pour unité sur les axes.

4.

(a) L'équation différentielle $(\mathbf{E'})$ a pour équation caractéristique
$$r^2 + 4r + 4 = 0.$$

Cette dernière admet -2 pour racine double. Les solutions de $(\mathbf{E'})$ ont donc la forme
$$\varphi_{\alpha,\beta} : \mathbb{R} \to \mathbb{R}, \quad x \mapsto (\alpha x + \beta) e^{-2x},$$
où α et β sont des constantes réelles.

(b) La courbe de la fonction $\varphi_{\alpha,\beta}$ admet en O une tangente parallèle à la droite d'équation $y = x + 1$ si et seulement si $\varphi_{\alpha,\beta}(0) = 0$ et $\varphi'_{\alpha,\beta}(0) = 1$. Toutefois, $\varphi_{\alpha,\beta}(0) = \beta$ et
$$\varphi'_{\alpha,\beta}(x) = \alpha e^{-2x} - 2(\alpha x + \beta) e^{-2x} = (\alpha - 2\alpha x - 2\beta) e^{-2x}$$
$$= (-2\alpha x + \alpha - 2\beta) e^{-2x}$$
pour chaque $x \in \mathbb{R}$. En particulier,
$$\varphi'_{\alpha,\beta}(0) = \alpha - 2\beta.$$

Les égalités $\varphi_{\alpha,\beta}(0) = 0$ et $\varphi'_{\alpha,\beta}(0) = 1$ sont donc satisfaites si et seulement si $\beta = 0$ et $\alpha - 2\beta = 1$, c'est-à-dire $\alpha = 1$ et $\beta = 0$. Ainsi, la solution générale de $(\mathbf{E'})$ dont la courbe admet une tangente en O parallèle à la droite d'équation $y = x + 1$ est la fonction
$$\varphi_{1,0} : \mathbb{R} \to \mathbb{R}, \quad x \mapsto x e^{-2x}.$$

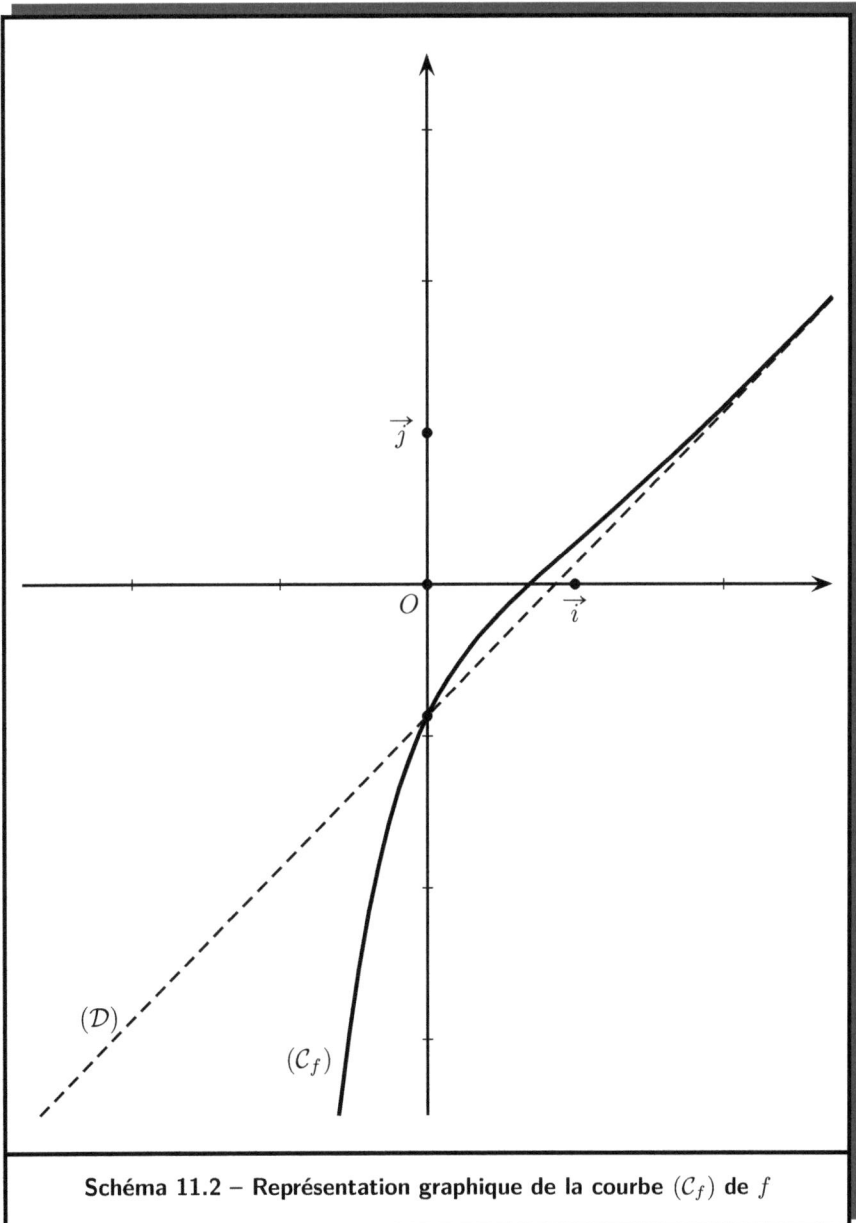

Schéma 11.2 – Représentation graphique de la courbe $(\mathcal{C}_f)$ de f

(c) Il convient ici de rappeler que
$$f'(x) = g(x) \quad \text{et} \quad g'(x) = (4x-4)e^{-2x}$$
pour chaque $x \in \mathbb{R}$. Donc,
$$\begin{aligned} f''(x) + 4f'(x) + 4f(x) &= g'(x) + 4g(x) + 4f(x) \\ &= (4x - 4 - 8x + 4 + 4x)e^{-2x} + 4x + 4 - 5\ln 2 \\ &= 4x - 4\ln 2 + 4 \end{aligned}$$
pour tout réel x. Ainsi, f est une solution de l'équation différentielle
$$y'' + 4y' + 4y = 4x - 4\ln 2 + 4.$$

5.

Soit λ un réel strictement positif et $(\mathcal{D}_\lambda)$ la partie du plan comprise entre les droites d'équations respectives $x = 0$, $x = \lambda$, $y = x - \frac{5}{4}\ln 2$ et la courbe $(\mathcal{C}_f)$ (voir la partie grisée du schéma 11.3 ci-dessus).

(a) Soit $\mathfrak{a}(\lambda)$ l'aire de $(\mathcal{D}_\lambda)$. Alors,
$$\begin{aligned} \mathfrak{a}(\lambda) &= \left\|\vec{i}\right\| \cdot \left\|\vec{j}\right\| \cdot \int_0^\lambda \left[f(x) - \left(x - \frac{5}{4}\ln 2\right)\right] dx \\ &= \left\|\vec{i}\right\| \cdot \left\|\vec{j}\right\| \cdot \int_0^\lambda xe^{-2x}\,dx. \end{aligned}$$
Or, $\left\|\vec{i}\right\| = \left\|\vec{j}\right\| = 2\,\text{cm}$. D'où $\left\|\vec{i}\right\| \cdot \left\|\vec{j}\right\| = 4\,\text{cm}^2$. Ainsi, en cm^2, nous avons
$$\mathfrak{a}(\lambda) = 4\int_0^\lambda xe^{-2x}\,dx.$$

Maintenant, pour chaque réel x, nous posons
$$u(x) = -\frac{1}{2}x \quad \text{et} \quad v(x) = e^{-2x}.$$
Alors,
$$u'(x) = -\frac{1}{2} \quad \text{et} \quad v'(x) = -2e^{-2x}.$$

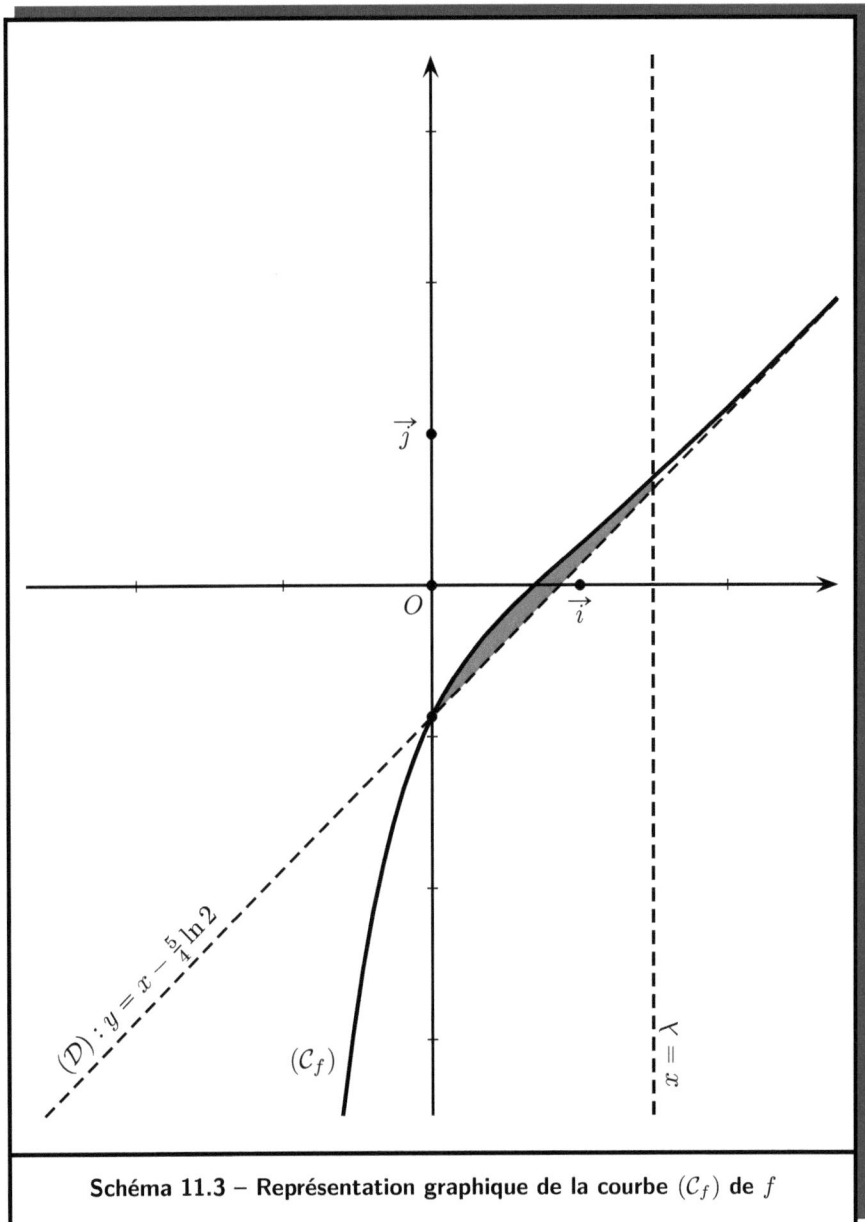

Schéma 11.3 – Représentation graphique de la courbe $(\mathcal{C}_f)$ de f

Donc,
$$\int_0^\lambda xe^{-2x}dx = \int_0^\lambda u(x)v'(x)dx.$$

Eu égard à la règle d'intégration par parties, il s'ensuit

$$\int_0^\lambda xe^{-2x}dx = \Big[u(x)v(x)\Big]_0^\lambda - \int_0^\lambda u'(x)v(x)dx$$
$$= \Big[-\frac{1}{2}xe^{-2x}\Big]_0^\lambda - \int_0^\lambda -\frac{1}{2}e^{-2x}dx$$
$$= -\frac{\lambda}{2}e^{-2\lambda} - \frac{1}{4}\int_0^\lambda -2e^{-2x}dx$$
$$= -\frac{\lambda}{2}e^{-2\lambda} - \frac{1}{4}\Big[e^{-2x}\Big]_0^\lambda$$
$$= -\frac{\lambda}{2}e^{-2\lambda} - \frac{1}{4}(e^{-2\lambda} - e^0)$$
$$= -\frac{1}{4}(2\lambda)e^{-2\lambda} - \frac{1}{4}e^{-2\lambda} + \frac{1}{4}$$
$$= \frac{1}{4} - \frac{1}{4}(2\lambda + 1)e^{-2\lambda}.$$

Par conséquent,
$$\mathfrak{a}(\lambda) = 1 - (2\lambda + 1)e^{-2\lambda},$$

l'unité ici étant le cm^2.

(b) De toute évidence,
$$\mathfrak{a}(\lambda) = 1 - \frac{2\lambda + 1}{e^{2\lambda}} = 1 - \frac{2\lambda}{e^{2\lambda}} - \frac{1}{e^{2\lambda}}$$

pour chaque réel $\lambda \geqslant 0$. Ainsi,

$$\lim_{\lambda \to +\infty} \mathfrak{a}(\lambda) = \lim_{\lambda \to +\infty}\left(1 - \frac{2\lambda}{e^{2\lambda}} - \frac{1}{e^{2\lambda}}\right) = \lim_{\kappa \to +\infty}\left(1 - \frac{\kappa}{e^\kappa} - \frac{1}{e^\kappa}\right).$$

Cependant,
$$\lim_{\kappa \to +\infty} \frac{\kappa}{e^\kappa} = \lim_{\kappa \to +\infty} \frac{1}{e^\kappa} = 0^+.$$

De ce fait,
$$\lim_{\lambda \to +\infty} \mathfrak{a}(\lambda) = 1.$$

11.3. Notes et commentaires sur le sujet 2018

Volume d'un tétraèdre et distance d'un point à un plan.

Le calcul du volume d'un tétraèdre est au centre de la quatrième question de l'Exercice 3. Il se réalise notoirement au moyen de la formule

$$v = \frac{1}{3} \times B \times h, \tag{$\dagger$}$$

où B est une base du tétraèdre et h la hauteur relative à cette base. Cette formule est également employée aux points suivants :

— **(2.b)** de l'Exercice 1 du sujet 2014,
— **(2)** de la section III de l'Exercice 2 du sujet 2016,
— **(3.b)** de la Partie A du Problème du sujet 2017.

Dans la quatrième question de l'Exercice 3, la formule ($\dagger$) est appliquée deux fois au tétraèdre $ABCN$. Considérant la base ABN et sa hauteur CN, la première application livre le volume v du tétraèdre $ABCN$. Prenant en compte ce volume v et la base ABC, la seconde application permet de déterminer la hauteur relative à cette base, qui correspond à la distance du point N au plan (ABC).

Il est donc possible de calculer la distance d'un point à un plan, sans un usage explicite des moyens déclinés à partir de la page 32.

Index thématique

À toutes fins utiles, cet index propose un aperçu des divers thèmes présents en toile de fond des sujets exposés dans le présent ouvrage. Chacun de ces thèmes y est notamment associé aux questions correspondantes. En l'espèce, chaque question est associée à l'année, l'exercice ou le problème, et éventuellement la partie.

Exercice et Problème sont symbolisés respectivement par **E** et **P**.

Ainsi, 2008-E3-3 désigne la question **(3)** de l'Exercice 3 du sujet de la session 2008.

En outre, 2016-E2-III-1-b fait référence à la question **(1.b)** de la Section **III** de l'Exercice 2 du sujet de la session 2016.

Dans le même esprit, la question **(2)** de la section **I** de la Partie **A** du Problème du sujet de la session 2010 est notée 2010-P-A-I-2.

Algèbre et Géométrie

Applications affines de l'espace

    Projection orthogonale   2008-E3-3, 2011-E2-2-a, 2016-E2-I-3, 2017-P-A-3-a

    Symétrie orthogonale(réflexion)   2014-E1-2-c, 2014-E1-3

Applications du plan

    Expression analytique   2010-E2-2-a, 2014-P-A-3-b, 2014-P-A-4

    Généralités   2014-P-A-1

    Projection orthogonale   2009-P-B-6-c

Applications linéaires

    Isomorphisme   2010-E3-3-a, 2015-E3-1, 2017-E2-2-c

    Image   2010-E3-3-b, 2015-E3-3, 2017-E2-2-b

    Généralités   2014-P-B-1

    Matrice associée   2008-P-C-5-b, 2015-E3-4, 2017-E2-1, 2017-E2-3-b

    Noyau   2010-E3-3-b, 2015-E3-3, 2017-E2-2-a

Calcul vectoriel

    Barycentre de points pondérés   2013-E3-1, 2013-E3-3-a

    Centre de gravité   2015-P-B-2, 2015-P-B-4

Ligne de niveau	2013-E3-2, 2018-P-A-3-a
Norme d'un vecteur	2014-P-B-2
Produit scalaire	2008-E3-5-a
Produit vectoriel	2008-E3-1, 2011-E2-1-a, 2016-E2-I-1, 2017-P-A-1-a, 2018-E3-1, 2018-E3-3

Coniques

Éléments caractéristiques	2009-P-C-2-b, 2012-P-C-3-b, 2015-P-A-3, 2016-E2-I-3, 2017-E3-II-3-b
Ellipse	2008-P-A-c, 2014-P-A-4
Équation réduite	2010-E2-1, 2012-P-C-3-a
Généralités	2009-P-C-2-a, 2015-P-A-3, 2017-E3-II-3-a
Hyperbole	2008-P-A-d

Espaces vectoriels

Base	2010-E3-3-b, 2017-E2-3-a
Changement de bases	2008-P-C-5-b, 2009-P-B-6-b
Sous-espace vectoriel	2014-P-B-2-b, 2014-P-B-3

Géométrie de l'espace

Aire d'un parallélogramme	2009-E1-3-b
Aire d'un triangle	2009-E1-1-b, 2015-P-B-1, 2017-P-A-1-b, 2018-E3-4-b
Angle orienté	2008-P-C-4-a, 2011-E3-2-c, 2013-E4-3

Cercle	2008-P-C-4-a, 2012-E3-2-b, 2014-P-A-1-b, 2014-P-A-3-c, 2014-P-A-3-d, 2018-P-A-3-b
Construction géométrique	2008-P-C-1, 2010-E2-2-b, 2013-E3-1, 2016-E2-III-1-a
Coordonnées d'un point	2010-E3-2, 2015-P-B-2, 2016-E2-III-1-b, 2017-P-A-2-d, 2018-E1-3, 2018-P-A-2-b
Distance d'un point à un plan	2018-E3-4-c
Équation d'un plan	2008-E3-2-b, 2008-P-A-b, 2009-E1-2, 2011-E2-1-b, 2013-E3-3-b, 2014-E1-2-a, 2017-P-A-2-b
Équation d'une droite	2014-P-A-2, 2015-P-B-4, 2017-P-A-2-c, 2017-P-A-4-b, 2018-E1-3
Expression analytique	2016-E2-I-2, 2016-E2-I-3, 2016-E2-II-1, 2016-E2-II-2-a, 2016-P-B-3-a
Intersection (sphère et plan)	2008-E3-4-b, 2011-E2-2-b, 2013-E3-3-c
Lieu géométrique	2017-E3-II-2-c
Orthogonalité	2008-E3-2-c, 2008-E3-5-a, 2008-P-C-4-b, 2015-P-B-4, 2017-P-A-2-a
Parallélisme	2008-P-A-a
Points alignés	2008-E3-1, 2009-E1-1-a, 2011-E3-2-d, 2017-P-A-1-a

Points coplanaires	**2009**-E1-3-a, **2014**-E1-1
Positions relatives (droite et plan)	**2017**-P-A-4-c
Positions relatives (deux droites)	**2010**-E3-1
Positions relatives (deux plans)	**2017**-P-A-4-a
Quadrilatère	**2009**-E1-3-b
Repère orthogonal	**2009**-P-B-6-a
Repère orthonormé	**2012**-P-C-1
Sphère	**2008**-E3-4-a, **2013**-E3-3-b, **2014**-E1-3, **2017**-P-A-5
Triangle	**2008**-E3-2-a, **2012**-E3-2-c, **2012**-E3-2-d, **2013**-E4-2, **2015**-P-A-3, **2017**-E3-II-1
Volume d'un tétraèdre	**2008**-E3-5-b, **2014**-E1-2-b, **2016**-E2-III-2, **2017**-P-A-3-b, **2018**-E3-4-a

Isométries du plan

Anti-déplacement	**2016**-P-B-5
Composition d'isométries	**2009**-P-B-5-a, **2011**-E3-1-a, **2017**-E3-I-1-b, **2017**-E3-I-2
Décomposition d'une isométrie	**2009**-P-B-6-c, **2009**-P-B-6-d, **2017**-E3-I-1-a
Déplacement	**2016**-P-B-4
Généralités	**2016**-P-B-3-b, **2016**-P-B-3-c, **2016**-P-B-6
Rotation	**2012**-P-C-2, **2016**-P-B-4-a, **2017**-E3-II-1

Symétrie centrale	**2011**-E3-1-b
Symétrie orthogonale (réflexion)	**2016**-P-B-5
Translation	**2011**-P-B-1-a, **2013**-P-2

Nombres complexes

Équation	**2010**-E1-1, **2012**-E3-1, **2013**-E4-1, **2015**-P-A-1, **2015**-P-A-2, **2018**-P-A-1-a, **2018**-P-A-2-a
Forme trigonométrique	**2008**-E1-2-a
Généralités	**2016**-E1-2, **2018**-P-A-1-b
Géométrie et nombres complexes	**2008**-E1-2-b, **2009**-P-C-1, **2009**-P-C-2, **2010**-E1-2-a, **2010**-E1-2-b, **2011**-E3-2, **2012**-E3-2, **2014**-P-A-2, **2014**-P-A-3-a, **2015**-P-A-4

Similitudes

Écriture complexe d'une similitude	**2008**-P-C-5-a, **2010**-E1-2-b, **2015**-P-A-4
Généralités	**2008**-P-C-2, **2008**-P-C-3, **2017**-E3-II-2-a, **2017**-E3-II-2-b

Analyse

Équations différentielles

Équation du type $y' - ay = 0$	**2010**-P-A-I-3
Équation du type $y'' + ay' + by = 0$	**2012**-P-A-1, **2013**-E4-4, **2014**-E2-1-c, **2017**-P-B-3-b, **2018**-P-B-4-a, **2018**-P-B-4-b

Équation avec second membre	2010-P-A-I-2, 2010-P-A-I-3, 2014-E2-1-b, 2017-P-B-3-c, 2017-P-B-3-d
Généralités	2008-P-B-7, 2010-P-A-I-1, 2010-P-A-II-1, 2012-P-A-3-a, 2014-E2-1-a, 2015-P-C, 2016-P-A-2-e, 2017-P-B-3-a, 2018-P-B-4-c

Fonctions numériques d'une variable réelle

Branche infinie	2010-P-A-II-3-a, 2012-P-A-2-c, 2013-P-1-d, 2018-P-B-3-b
Courbe d'une fonction	2009-P-A-3, 2010-P-A-II-3-b, 2011-P-B-1-b, 2012-E1-1, 2012-E2-4, 2012-P-A-2-d, 2013-P-1-d, 2014-E2-2-d, 2015-E2-3, 2016-P-A-3-a, 2016-P-A-4, 2016-P-B-2, 2017-P-B-1-c, 2018-P-B-3-b
Dérivation	2008-P-B-5, 2008-P-B-6, 2009-P-A-1-a, 2012-E1-4, 2012-P-A-2-a, 2013-P-6-a, 2014-E2-2-a, 2015-E2-3, 2016-P-A-2-b, 2016-P-A-2-c, 2018-P-B-2-a
Encadrement, majoration, minoration	2008-P-B-2, 2009-E2-2, 2011-P-B-2, 2013-E2-2-b, 2013-P-6-b, 2014-E2-2-b, 2014-E3-1, 2016-P-B-1
Ensemble de définition	2011-P-A-1
Étude d'une fonction	2008-P-B-1, 2012-E1-1

Exponentielle	2018-P-B-3-a
Fonction bijective	2009-P-A-2-a, 2012-E1-2, 2012-E1-3
Fonction impaire ou paire	2016-P-A-1
Image d'une courbe	2009-P-B-5-b
Intersection de deux courbes	2011-P-A-2, 2011-P-A-3-c, 2013-P-1-b
Limite	2008-P-B-4-a, 2010-P-A-II-4-b, 2017-P-B-1-a, 2018-P-B-2-a
Logarithme	2008-P-B-3, 2011-P-B-1-a, 2018-P-B-3-a
Maximum d'une fonction	2015-P-B-3
Point d'inflexion d'une courbe	2009-P-A-1-c
Positions relatives (deux courbes)	2013-P-1-c, 2018-P-B-3-b
Prolongement par continuité	2008-P-B-4-b
Réciproque d'une bijection	2009-P-A-2-b, 2009-P-A-3
Signe d'une fonction	2008-E2-2, 2009-P-A-1-b, 2011-P-A-3-b, 2014-E2-2-c, 2017-P-B-1-b, 2018-P-B-1-b
Tableau de variation	2008-P-B-1, 2009-P-A-1-a, 2010-P-A-II-2, 2011-P-A-2, 2011-P-A-3-a, 2012-P-A-2-b, 2013-P-1-a, 2014-E2-2-b, 2014-E2-2-c, 2016-P-A-2-d, 2018-P-B-1-a, 2018-P-B-2-b
Tangente à une courbe	2009-P-A-1-b, 2012-P-A-2-d

Variations d'une fonction	**2008**-E2-2, **2010**-P-A-II-2, **2011**-P-A-2, **2011**-P-A-3-a, **2011**-P-A-3-b, **2015**-E2-3, **2017**-P-B-1-b

Intégration

Aire délimitée par des courbes	**2010**-P-A-II-4-b, **2011**-P-B-3, **2013**-P-3, **2016**-P-A-3-b, **2018**-P-B-5-a
Calcul d'une intégrale	**2010**-P-A-II-4-a, **2012**-E1-5, **2012**-P-A-3-b
Intégration par parties	**2009**-P-A-4-a, **2011**-E1-1, **2011**-P-B-3, **2013**-E2-1-a, **2013**-P-3
Fonction définie par une intégrale	**2008**-P-B-3, **2013**-E2-1-b

Nombres réels

Équation	**2015**-E1-2-a, **2016**-E2-II-2-c
Identité remarquable	**2013**-E2-2-a
Système d'équations	**2011**-E1-2, **2015**-E1-1, **2011**-E1-2, **2015**-E1-2, **2018**-E3-2
Valeur absolue	**2016**-P-A-2-a
Valeur approchée d'un réel	**2011**-P-C-5

Suites réelles

Convergence	**2010**-P-B-4, **2011**-E1-3, **2013**-P-7-b, **2014**-E3-2-c, **2015**-E2-1, **2015**-E2-2, **2017**-P-B-2-d

Encadrement, majoration, minoration	2008-E2-3, 2008-E2-4, 2011-P-C-2, 2011-P-C-3, 2011-P-C-4, 2013-P-4, 2013-P-5-c, 2013-P-7-a, 2014-E3-2-b, 2017-P-B-2-c
Limite	2008-E2-1, 2008-E2-4, 2009-P-A-4-b, 2012-P-B-2-b, 2013-P-7-b, 2014-E3-2-c, 2015-E2-2, 2018-P-B-5-b
Suite géométrique	2010-P-B-2, 2010-P-B-3
Suite définie par récurrence	2010-P-B-1, 2011-P-C-1, 2012-P-B-2, 2016-P-A-5-a, 2017-P-B-2-a
Variations d'une suite	2011-P-C-2, 2013-P-5-a, 2013-P-5-b, 2016-P-A-5-b, 2017-P-B-2-b

Arithmétique

Nombres entiers naturels

Carré parfait	2009-E2-3
Division euclidienne	2013-E1-1, 2017-E1-2-b
Nombres premiers	2009-E2-1
Raisonnement par récurrence	2008-E1-2-a, 2008-E2-3, 2012-P-B-1, 2012-P-B-2-a, 2014-E3-2-a
Numération	2013-E1-2

Nombres entiers relatifs

Congruence	**2012**-E2-1, **2013**-E1-2, **2017**-E1-2-a
Divisibilité	**2009**-E2-1, **2016**-E2-II-2-b
Équation diophantienne	**2008**-E1-1, **2012**-E2-3, **2017**-E1-1, **2018**-E1-1-c, **2018**-E1-2
Forme irréductible d'un rationnel	**2015**-E1-2-b
Nombres premiers entre eux	**2016**-E2-II-2-a, **2018**-E1-1-a, **2018**-E1-1-b
Parité	**2012**-E2-2

Probabilités

Probabilités sur un ensemble fini

Calcul de la probabilité	**2008**-P-A-a, **2008**-P-A-b, **2008**-P-A-c, **2008**-P-A-d, **2009**-E3-1, **2016**-E1-2, **2018**-E2-2-b
Dénombrement	**2016**-E1-1, **2017**-E1-3-a, **2018**-E2-1, **2018**-E2-2-a

Variables aléatoires

Écart-type	**2015**-E3-2-b
Espérance mathématique	**2015**-E3-2-b, **2017**-E1-3-c, **2017**-E1-3-d
Loi de probabilité	**2009**-E3-2-b, **2015**-E3-2-a, **2016**-E1-3, **2017**-E1-3-b
Univers-image	**2009**-E3-2-a

Liste des tableaux

2.1. Univers-image de la variable aléatoire X 51
2.2. Loi de probabilité de la variable aléatoire X 52
2.3. Image d'une fonction continue et strictement monotone 66

Liste des schémas

1.1. Carrés directs dans un plan direct 26
1.2. Carré direct et cercle circonscrit 27
1.3. Illustration du théorème de l'angle au centre 38

2.1. Représentations graphiques $(\mathcal{C}_f)$ et $(\mathcal{C}_g)$ 56
2.2. Image de la courbe $(\mathcal{C}_f)$ par la symétrie glissée φ 60

3.1. Tétraèdre régulier 69
3.2. Cercle circonscrit à un triangle et similitude directe 73
3.3. Ellipse et cercle liés 79
3.4. Tétraèdre régulier et repère de l'espace 80
3.5. Représentation graphique $(\mathcal{C}_f)$ 88

4.1. Cercle dans le plan complexe 107
4.2. Représentations graphiques de $(\mathcal{C}_1)$, (Γ) et $(\mathcal{D})$ 113
4.3. Courbe $(\mathcal{C}_1)$ et termes de la suite $(u_n)_{n\in\mathbb{N}}$ 117

5.1. Représentation de l'inverse de la fonction sinus 126
5.2. Représentation de la courbe $(\mathcal{C})$ et de sa tangente $(\mathcal{T}_0)$ 136

6.1. Construction du barycentre d'un triangle rectangle 152
6.2. Représentation des courbes $(\mathcal{C}_f)$ et $(\mathcal{C}_g)$ 162
6.3. Parallélogramme avec la règle et le compas 167
6.4. Médiatrice et milieu d'un segment avec la règle et le compas 169

7.1.	Représentation de la courbe $(\mathcal{C})$	183
7.2.	Image d'une droite par une inversion dans un cercle	195
8.1.	Courbes d'une fonction et de sa dérivée	198
8.2.	Centre de gravité et secteur d'un triangle équilatéral	201
8.3.	Triangle équilatéral dans le plan complexe	216
8.4.	Repère orthonormé dans un triangle équilatéral	221
9.1.	Tétraèdre régulier dans repère orthonormé direct	238
9.2.	Représentation graphique de $(\mathcal{C}) = (\mathcal{C}_1) \cup (\mathcal{C}_2)$	244
9.3.	Représentation graphique de $(\mathcal{C})$ et $(\mathcal{C}')$	246
9.4.	Représentation graphique de $(\mathcal{E})$	253
10.1.	Carré de sens direct et applications affines	272
10.2.	Carré de sens direct et rotation plane	275
10.3.	Carré de sens direct et rotation plane	276
10.4.	Représentation graphique $(\mathcal{C}_f)$ de f	288
11.1.	Représentation graphique de l'ensemble (Γ)	308
11.2.	Représentation graphique de la courbe $(\mathcal{C}_f)$ de f	313
11.3.	Représentation graphique de la courbe $(\mathcal{C}_f)$ de f	315

Bibliographie

[1] C.I.A.M (Collection Inter Africaine de Mathématiques), Touré, Saliou (direction), **Mathématiques**, *Terminale Sciences Mathématiques*, EDICEF, Vanves, 1999.

[2] Nguembou Tagne, C. V., *Discours formel sur les mathématiques pour le secondaire*, Volume I, Books on Demand, Paris, Norderstedt, 2018.

[3] Nguembou Tagne, C. V., *Du Point à l'Espace : Introduction formelle à la géométrie euclidienne*, Books on Demand, Paris, Norderstedt, 2018.

Index

A

Abscisse, 7, 8, 54, 75–77, 112, 116, 135, 160, 238, 242, 245, 298, 311

Affixe, 7

Aire
    d'un parallélogramme, 48
    d'un triangle, 17, 47, 176, 218, 241, 280, 283, 304
    d'une partie du plan, 58, 89, 161, 217, 245, 314

Algorithme d'Euclide, 6, 32

Angle
    bissectrice, 26, 277
    géométrique, 36
    mesure, 26
    orienté, 26, 28, 36
        mesure, 156
    vectoriel, 36

Anti-déplacement, 59

Application
    affine, 139, 190
    identique, 250
    linéaire
        associée, 272
        image, 212, 268
        matrice, 212
        noyau, 82, 211, 267
    linéaire associée, 29
    vectorielle, 27, 191
        non linéaire, 192

Asymptote
    horizontale, 55, 87, 135
    oblique, 311
    verticale, 126, 161, 286

Automorphisme, 208

B

Barycentre, 150, 305

Base, 267, 269
    canonique, 208
    du plan vectoriel, 30, 59

Bernoulli, Jacques, 18

Bézout, Étienne, 6, 31, 129, 297

Bijection, 55, 127
    inverse, 55, 127
    réciproque, 55, 127

Branche infinie, 55, 87, 126, 135, 160, 286, 311

Branche parabolique, 87, 135, 161, 286, 312

C

Carré direct, 25, 271, 274

Centre de gravité, 132

Cercle, 15, 131, 154, 187, 189, 307
    arc de, 37
    circonscrit, 27, 73
    corde, 37
    diamètre, 28, 37, 189
    équation cartésienne, 190

Changement de bases, 30

Chasles, Michel, 40, 48, 80

Conique, 63, 215
    directrice, 63, 215
    équation cartésienne, 77, 140
    excentricité, 63, 215
    foyer, 63, 215

D

Dé pipé, 50

Décomposition
    en facteurs premiers, 6
    en produit de facteurs premiers, 206

Demi-cercle, 37

Demi-droite, 7

Demi-tangente
    verticale, 242

Déplacement, 59, 250

Distance, 76
    d'un point à un plan, 32–35, 154, 176, 241
    d'un point à une droite, 76, 103

Divisibilité, 48, 206, 237

Division euclidienne, 147, 264

Droites
    orthogonales, 220
    perpendiculaires, 13, 74, 189, 274
    sécantes, 13

E

Écriture décimale, 147

Écriture en base 10, 147

Ellipse, 19, 63, 78, 141, 191, 278
    directrice, 278
    excentricité, 141, 191, 278
    foyer, 278

Endomorphisme, 82, 208, 211, 267

Ensemble de définition, 108

Entier relatif impair, 128

Entiers premiers entre eux, 129, 206, 237

Épreuve de Bernoulli, 18

Équation
    caractéristique, 157, 180, 289, 312
    cartésienne d'un plan, 102, 176, 281
    dans $\mathbb{C}$, 72, 130, 155, 213, 305
    différentielle, 25, 84, 133, 135, 157, 179, 225, 243, 289, 307, 312
    diophantienne, 264, 298

Espace vectoriel, 82, 267

Euclide, 6, 32
Expérience aléatoire
    univers, 231

F

Famille libre, 59, 269
Fonction
    bijective, 55, 127
    continue, 20, 127, 243
    cos, 9, 20, 127, 155, 180
    courbe représentative, 56, 60, 88, 113, 126, 136, 162, 183, 244, 246, 253, 288, 313, 315
    croissante, 10
    décroissante, 20
    dérivable, 10, 20, 85, 108, 109, 125, 158, 159, 242, 309
    dérivée, 53, 158, 159, 181, 242
    dérivée seconde, 54, 181
    deux fois dérivable, 180
    ensemble de définition, 108
    exponentielle, 53, 186, 225
    exponentielle complexe, 156
    identité, 161
    impaire, 161
    limite, 110, 125, 158, 286, 309, 310
    ln, 108, 112, 157, 185, 285
    logarithme népérien, 108, 112, 157, 185, 285
    paire, 242
    primitive, 148
    racine carrée, 243
    restriction, 127, 242
    sin, 7, 9, 20, 125, 155, 180
    strictement croissante, 53, 55, 116, 160, 163, 181, 207, 243, 286
    strictement décroissante, 112, 127, 160
    tableau de variation, 21, 53, 86, 109–111, 125, 134, 158, 159, 182, 223, 243, 309, 310
    valeur absolue, 242

G

Gauss, Johann Carl Friedrich, 237

H

Homothétie, 277
Hyperbole, 19, 63, 215
    directrice, 215, 236
    équilatère, 19
    excentricité, 215, 236
    foyer, 215, 236

I

Identité remarquable, 49
Inégalité
    des accroissements finis, 118, 165
    du triangle, 248
Intégration par parties, 57, 99, 149, 163, 316
Intersection
    d'un plan et d'une sphère, 15, 35–36, 103
Invariance globale, 247, 249, 251, 255
Inversion, 186
Involution, 62, 271
Isométrie
    du plan, 247, 249, 250
    vectorielle, 27

L

Lieu géométrique, 278

M

Matrice, 30, 208, 211, 267, 271

N

Nombre complexe
- affixe, 76, 188
- forme exponentielle, 7
- module, 232, 305
- partie imaginaire, 155, 233

Nombre premier, 48

O

Ordonnée, 8, 54, 75–77, 116, 242, 245, 311

Orthogonalité, 13, 28

P

Parabole, 63, 130

Parallélisme, 18

Parallélogramme, 48

pgcd, 32, 237

Plan complexe, 156, 213

Point
- affixe, 156, 214
- coordonnees, 154
- d'inflexion, 54
- d'intersection, 112

Points
- non alignés, 13, 47, 81, 175, 280
- non coplanaires, 175

Polynôme du second degré
- discriminant, 50
- racine, 50

Première bissectrice, 64, 127, 135

Primitive, 24

Probabilité, 18–20

Produit
- scalaire, 14
- vectoriel, 13, 47, 175

Projection orthogonale, 14, 61, 62, 102, 189, 282
- sur un plan, 154, 235, 240

Prolongement par continuité, 23

Puissance de 7, 148

Pythagore, 26

R

Raisonnement par récurrence, 7, 11, 116, 118, 137, 185, 287

Réflexion, 176, 252
- expression analytique, 178, 255

Relation
- de Chasles, 40, 48, 80
- de congruence
  - modulo 5, 264
  - modulo 8, 129
  - modulo 100, 147

Repère
- cartésien, 81
- orthogonal
  - direct, 101
- orthonormé, 139, 219, 305
  - direct, 71, 175, 224, 234, 280

Rotation, 139, 217, 250, 271, 274
    application linéaire associée, 139
    écriture complexe, 103
    expression analytique, 250
    vectorielle, 140

S

Segment
    médiatrice, 132, 218
    milieu, 80, 131, 219, 273
Similitude, 25, 27, 274, 277
    directe, 28
    écriture complexe, 28, 75
    expression analytique, 29
Sous-espace vectoriel, 193
    dimension, 268
Sphère, 15, 153, 154, 178, 285
Suite
    adjacente, 166, 207
    arithmétique, 9
      raison, 9
    convergente, 12, 101, 118, 207, 289
    croissante, 118, 164, 207
    décroissante, 164, 207
    divergente, 92
    encadrée, 164
    géométrique, 91
      raison, 91
    limite, 118, 138, 207
    majorée, 116, 118, 164, 207
    minorée, 164, 207
    réelle, 57, 89, 115, 137, 158, 184, 247, 287
    strictement croissante, 287

Surface plane, 234
Symétrie
    centrale, 104, 250, 271
    glissée, 59
    orthogonale, 55, 59, 127, 242, 243, 245, 250
Système d'équations
    à deux inconnues, 202
    d'une droite, 225, 281

T

Tangente à une courbe, 54, 135, 208, 312
Tangente horizontale
    à une courbe, 243
Tétraèdre, 176, 303
    hauteur, 303
    régulier, 80, 238
Théorème
    de Bézout, 6, 31, 129, 297
    de Gauss, 237
    de l'angle au centre, 28, 37–42, 92, 106
    de la bijection, 64
    de Pythagore, 26, 35, 153
    des gendarmes, 12, 23, 166, 186
    du rang, 93
Translation, 59, 62, 161, 250, 271
Triangle
    centre de gravité, 132, 218, 239
    équilatéral, 214, 241
    hauteur, 218
    isocèle, 132, 156, 276, 277
    médiane, 132
    rectangle, 13, 28, 74, 150, 275–277

V

Valeur approchée, 119

Variable aléatoire, 51
- écart-type, 211
- espérance mathématique, 210, 266
- loi binomiale, 233, 300
- loi de probabilité, 52, 210, 265
- univers, 209
- univers-image, 51

Vecteur
- directeur
  - d'une droite, 188, 220
- normal
  - à un plan, 154, 175, 177, 224, 281

Vecteurs
- non colinéaires, 81, 283
- orthogonaux, 59, 74, 139

Volume
- d'un tétraèdre, 176, 303
- du tétraèdre, 16